组学机器学习

刘 琦 著

科学出版社

北京

内 容 简 介

人工智能驱动的组学挖掘是数据驱动的生物医学研究的支撑技术。组学测序技术逐步向多尺度、跨模态、有扰动等方向发展，但体现出的高维度、高噪声、多模态、标记稀缺等特点，成为制约其有效挖掘的瓶颈。本书面向生命组学数据特点，较为系统和深入地对组学机器学习的主要研究范式、适用场景、分析方法、理论思想进行介绍。结合相应组学挖掘的具体研究案例，向读者展示组学人工智能驱动的生命健康交叉研究的绚烂图景。

本书适合生命科学、医学、生物信息学、计算机和信息科学等相关交叉专业的高年级本科生、研究生，以及人工智能领域的科研人员和产业人员参考使用。

图书在版编目（CIP）数据

组学机器学习 / 刘琦著. —北京：科学出版社，2023.10
ISBN 978-7-03-076151-4

Ⅰ. ①组⋯　Ⅱ. ①刘⋯　Ⅲ. ①机器学习　Ⅳ. ①TP181

中国国家版本馆 CIP 数据核字(2023)第 151469 号

责任编辑：罗　静　刘　晶 / 责任校对：郑金红
责任印制：赵　博 / 封面设计：无极书装

科 学 出 版 社 出版
北京东黄城根北街 16 号
邮政编码：100717
http://www.sciencep.com

北京中科印刷有限公司印刷
科学出版社发行　各地新华书店经销

*

2023 年 10 月第 一 版　开本：720×1000　1/16
2025 年 1 月第四次印刷　印张：16
字数：263 000

定价：198.00 元

(如有印装质量问题，我社负责调换)

序　一

进入 21 世纪，生命科学的一个重大进展是人类基因组计划的完成。这一划时代的计划不但带来了一系列最大科学突破，也开辟了以大规模获取全方位数据为基础的生命科学研究新范式，由此诞生了基因组学、转录组学、蛋白质组学、表观基因组学、代谢组学、微生物组学等一系列"组学"，使得生命科学研究迅速进入数据驱动的新时代。

与此同时，人工智能技术取得了突飞猛进的发展。尤其是，以深度学习和大型神经网络模型为代表的机器学习技术，已经在各行各业和人们日常生活中发挥越来越大的作用，让人们看到了实现通用人工智能的曙光。鉴于机器学习展现出强大的从数据中学习规律的能力，科学家们很自然想到用人工智能帮助和推动科学发现，以极大的热情展开"面向科学的人工智能"研究。

实际上，从基因组学和生物信息学诞生之初，机器学习就一直在组学数据的处理和分析中发挥着重要的作用，最有代表性的例子包括早年的从基因组序列中识别基因及其关键元件、根据蛋白质序列预测其结构和亚细胞定位、基因表达数据的模式识别和疾病分型等等。近十几年来，随着以高通量单细胞测序技术为代表的一系列高通量组学技术发展，机器学习越来越成为解决多种组学数据处理、分析和挖掘问题的关键技术。

同济大学刘琦教授团队多年来在这一领域开展了大量出色的研究工作，取得了多项领先成果，积累了很多深刻的认识和经验。我很高兴得知刘琦教授基于他多年工作和国内外最新进展，写成了这本《组学机器学习》。该书结合一系列代表性案例阐述了组学机器学习中表征学习、弱监督学习和联邦学习等的基本原理和典型解决方案，为该领域提供了一本兼顾机器学习与生物组学内容的优秀著作。

生物组学数据的机器学习包含的方面非常广，该书虽然选择只在其中一部分有代表性的问题上进行阐述，但足以窥见整个领域的重要特点和核心思想，相信该书对于广大生命科学和机器学习研究者都将有很大的借鉴和启发意义。通过该书，读者应该认识到，面向生命科学的人工智能，与现在最成功的面向计算机视觉、自然语言处理和机器博弈等领域的人工智能相比，有很多独特的挑战。其中最大的区别是：在人工智能取得重要突破的这些领域，人们希望人工智能完成的任务和具有的能力是人类本身能完成和已经具备的，虽然在其中一些任务上人工智能已开始超越人类；但在生命科学领域，以组学数据分析为例，人们获取组学数据的目的是理解人类现在尚不能理解的原理和规律，人类本身并没有能力仅依靠自己的知识完成对如此大量、高维、高噪声和不完整数据的分析，我们希望人工智能帮助完成的是人类本身并不能完成的任务。我想，这应该是面向生命科学的人工智能所面临的最大挑战。该书给出的成功案例让我们看到了组学机器学习的巨大潜力，但这仅仅是人们用人工智能帮助探究生命奥秘的开始，更多问题还在等待我们去突破。相信通过生命科学和智能科学与技术的不断深度融合，机器学习将会在生命科学探索中发挥更大的作用，而面向生命科学的机器学习研究也将成为智能科学与技术发展的重要推动力，让我们一起为之奋斗。

　　谨以此为刘琦教授所著《组学机器学习》作序，并对该书的问世表示热烈祝贺！

张学工

清华大学教授

2023 年 9 月 20 日于清华园

序　二

　　人工智能的概念于 20 世纪 50 年代被正式提出,之后其发展经历了多个阶段,并逐渐赋能科学研究的各个方面,形成了以统计学习、深度学习等人工智能技术驱动基础科学和应用科学研究的下一代科学研究的新范式——"AI for Science"。我们也正在不断见证诸如 AlphaGO、AlphaFold、ChatGPT 等先进的人工智能技术所取得的巨大成功。在这其中,人工智能驱动的生物组学数据挖掘是进行数据驱动的生命健康研究的重要手段之一,将会在满足人类生命健康的重大需求中发挥巨大的技术支撑作用。

　　生物组学数据与传统的文本、图像、互联网、物联网、金融领域的数据存在诸多区别,正如作者所总结,该类数据呈现出"高维度、小样本"的特点,体现出"跨模态"、"多尺度"、"有扰动"等特性,故以一种弱监督的视角来理解和分析生物组学数据则显得尤为必要。如何把握生物组学的这一特点,发展和形成系统性的组学数据挖掘的研究和应用的新范式,也是每个生物医学领域和人工智能领域学生、老师、学者和从业者乃至决策层所关心的问题。而该书,相信会为回答这一问题提供一个满意的答卷。

　　当收到该书的样稿时,我内心的兴奋和惊喜不言而喻——一方面,该书填补了人工智能技术和生物组学技术交叉领域的空缺。另一方面,我欣慰地看到作者团队多年来一直坚持和聚焦于组学人工智能理论和方法的开发以及生命健康领域的应用和转化。作者曾在我于香港科技大学的课题组从事人工智能方向的博士后研究工作,之后在迁移学习、联邦学习等人工智能技术的开发和生命健康领域的应用方面进行了系统的探索,取得了若干重要的研究成果,而该书的内容,均展现了这些重要的人工智能范式在生命健康领域的典型应用。我注意到该书的整体编排循序渐进,且保持了统一的风格,各个章节之间具有很强的逻辑性和系统性。其内容有别于传统的机器学习专著,避免对于具体的机器学习模型进行繁复的介绍,而是关注于对于重要的人工智能范式进行系统的梳理和总结,同时紧密地联系了生命健康领域组学挖掘的具体案例,以兼顾不同专业背景读者的需求。总的来说,该书不仅立足于当下,为读者清晰梳理了人工智能和组学挖掘的基本理论、方法和范式,帮助读者建立组学人工智能的系统图景;同时也展望未来,为读者介绍和展示了当前组学数据驱动的生命健康研究的前沿方向和前沿案例,助力读者进行更加深度和广度的思考和探索。

　　在人工智能技术全球快速发展的当下,利用人工智能技术推动各个学科和行业的发展是未来全球科技创新和产业变革的大趋势,这其中生命健康相关领域将占据重要的一席之地,需要领域内所有相关人员的不断努力。在此背景下,该书的出版可以说是恰逢其时,我相信并期待它将对于"AI for Life Science"这一领域产生广泛的影响,为推动生命健康领域的人工智能技术的发展和应用发挥重要的作用。

杨　强

微众银行首席人工智能官

加拿大工程院及加拿大皇家学院院士

2023 年 10 月 1 日

前　　言

随着生命科学的快速发展，组学（omics）测序技术层出不穷，为我们理解复杂的生命体提供了支撑性的技术手段。而人工智能（AI）技术的突飞猛进，又将有效助力生物医学研究，形成"AI for Science"的交叉研究新范式。从 AlphaGO 到 AlphaFold 再到 ChatGPT，颠覆性的 AI 技术和应用不断涌现。传统生命科学研究的范式正在从研究单个基因/蛋白质的还原论范式，向依托于大规模组学测序技术研究基因组/蛋白质组的数据驱动范式转变，而 AI 正是推动这场范式变革的重要驱动力之一。可以看到，生命科学领域的科学研究正在经历一场风暴，风暴源于狂飙突进的人工智能技术，"拥抱"还是"逃离"，成为摆在每位教学和科研工作者面前的选择题。本书撰写的初衷，便是希望帮助读者做好这道选择题。

本书的起笔，源于作者在同济大学所开设的"机器学习理论与方法"教学课程，以及所进行的科研实践。我们注意到机器学习课程一般开设在计算机相关专业，组学数据分析一般开设在生命科学相关专业，但是二者鲜有结合。面向生物医学专业，响应国家发展"人工智能+"及"医工结合"的重大战略需求，依托于同济大学生命科学与技术学院生物信息学本科专业的相关课程设置，我们进行了组学机器学习相关内容的系统梳理和建设（https://github.com/Machine-Learning-Class/ Machine-learning/ blob/master/README.md）。本书即该教学课程和相关科学实践的延伸。虽然"AI + Omics"已逐渐成为生物医学研究的利器，但国内外尚缺乏组学人工智能交叉领域的教材或著作，故本书在该领域进行了有益的尝试和探索。本书旨在面向组学数据挖掘的特点和挑战，进行组学机器学习相关范式、理论、方法的系统总结和介绍，并结合作者团队多年的科学研究工作，进行相关应用案例的展示，以期帮助读者了解这一激动人心的前沿领域，抛砖引玉，激发读者举一反三，进行深入的思考。

另外，为帮助读者建立组学机器学习这一交叉领域所必需的知识体系，本书对于撰写内容和风格进行了精心的规划。本书避免对组学测序技术本身或者机器学习的具体模型进行繁复的介绍，而是力求对"组学+机器学习"二者结合的范式和思想进行总结、梳理，力图体现作者对于该领域的若干思考。本书各章具体内容如下。第 1 章首先提出了组学测序技术发展的方向，包括多尺度、跨模态、有扰动等，同时总结了组学数据的高维度、高噪声、多模态、标记稀缺等特点，这种组学数据的特点成为制约其有效挖掘的瓶颈。基于此，我们提出了面向组学数据弱监督特点的机器学习研究范式的整体框架。本书的第二部分为组学的表征学习，具体包括第2~4章，分别介绍了对于组学样本进行有效表征的三个层面：度量（第2章）、嵌入（第3章）、多模态整合（第4章）。本书的第三部分为组学的弱监督学习，具体包括5~8章，分别介绍了弱监督场景下组学数据挖掘具体的机器学习范式和方法，包括：半监督学习（第5章），迁移学习（第6章），元学习（第7章），主动学习（第8章）；本书第四部分为组学的隐私计算，具体介绍一种特定的隐私计算方法——联邦学习（第9章）。本书在最后进行了总结和展望。全书在撰写过程中力求保持统一风格，每一章均按照特定机器学习范式的"适用场景"—"理论思想"—"组学应用概述"—"研究案例"—"案例小结"五部分展开，旨在结合组学数据特点对相应的机器学习范式进行介绍，并展示相应的组学挖掘研究案例。这些案例均体现了作者团队多年来在组学数据挖掘领域进行的有益尝试，主要隶属于精准医学方向，涉及靶点识别、药物发现、个体化用药、免疫治疗及基因编辑等多个具体领域。

最后，让我们一起走进"组学+智能"这一激动人心的前沿交叉领域。人工智能驱动的组学数据挖掘，将是"碳基智能"和"硅基智能"的完美融合，我们期望为读者展现这二者融合的美丽风景，也希望和读者一起在其中留下绚烂的一笔！

感谢在本书撰写过程中提供巨大帮助的团队成员和朋友，他们共同参与了本书若干章节的撰写和修订：段斌（第2章）、危志庭（第3章）、傅沙镠（第4章）、孙怡（第5章）、啜国晖（第6章）、高溢骋（第7章）、龚余康（第8章）、陈绍奇（第9章）。本书的撰写亦得到了国家自然科学基金项目、科技部重点研发计划项目、上海市"科技创新行动计划"项目和微众学者项目的资助。

由于作者的能力和精力有限，本书难免会出现一些纰漏，欢迎广大读者批评指正！

感谢正在阅读本书的你！

衷心感谢我的亲人和挚友，没有你们的一路支持、陪伴和理解，无法完成对于组学机器学习的探索和本书的写作！

刘　琦

同济大学

2023 年 5 月 1 日于沪

目　录

第一部分　组学机器学习导论

第二部分　组学的表征学习

第三部分 组学的弱监督学习

第四部分　组学的隐私计算

第一部分

组学机器学习导论

第1章　组学机器学习概述

1.1　组　学　概　述

组学（omics）数据挖掘是当今数据驱动（data driven）的生物医学研究的支撑性技术之一。"组学"这一词的起源最早可追溯至 1920 年，当植物学家汉斯·温克勒（Hans Winkler）最初提出"基因组（genome）"这个词时，并没有想到这个词会有今天的辉煌——基因组测序技术及其所获得的关于人类染色体的高通量基因组数据。当时还有其他以"组"字结尾的单词，但都不同于现在的含义，如"生物组"（原指生命体的总称）和"根组"（原指根系统），它们中许多含有希腊文后缀"组"，大致含义为"有……的本质"。但是，组学技术只有依赖于人类基因组计划（Human Genome Project，HGP）这样的大科学项目才能真正得以发展。耶鲁大学的计算生物学家马克·格斯坦（Mark Gerstein）说："我认为'组'是一个非常重要的单词后缀，它吹响了基因组学的号角，或是激动人心的进军曲"[1]。

随着高通量测序技术的快速发展，我们可以获得研究对象（细胞、组织、个体）各个层面的高通量描述信息。从狭义角度定义，"组学"指高通量测序技术及其所获得的高通量测序数据。根据测序对象的不同，这些组学包括基因组（genome）、转录物组（transcriptome）、蛋白质组（proteome）、表观遗传组（epigenome）、宏基因组（metagenome）、代谢组（metabolome）、免疫组（immunome）、三维基因组（3D genome）等；根据测序尺度的差异，这些组学可以分为混测序（bulk sequencing）、单细胞测序（single cell sequencing）、空间组测序（spatial sequencing）等；根据扰动类型的区别，这些组学可以分为药物基因组（pharmacogenome）、功能基因组（functional genome）等。从广义角度定义，"组学"数据是指任意的大规模、高通量技术手段所获得的数据。例如，医学影像领域的成像组（imaginome），研究蛋白质序列和结构的序列组和结构组，蛋白质相互作用或者脑神经细胞相互作用的连接组（connectome），研究单细胞各种亚细胞器的亚细胞组（subcellular ome）[2]，以及囊括由基因、表观遗传、共生微生物、饮食和环境暴露之间复杂的相互作用而产生的一系列可测量特征，包括个体和群体的物理特征、化学特征、生物特征的表型组（phenome）等。

当今组学测序技术逐步向多尺度（multi-resolution）、跨模态（multi-modality）、有扰动（intervention）三个方向发展。

"多尺度"指我们可以在不同尺度（单细胞尺度、空间尺度、时间尺度）获得同一种组学的不同粒度层次的描述信息。例如，当下的测序技术从传统的混测序（bulk sequencing），发展至当前火热的单细胞组测序和空间组测序（图 1.1）[3]。最新的研究亦初步建立了时空转录组测序技术，可以系统探究 RNA 的生成、转运和降解速率等动力学特征[4]。我们有理由预期在不久的将来，高通量组学测序技术可以发展至更加精细和微观的尺度，让我们可以从时间、空间等多个角度对于复杂生命体进行探索。本书也会向读者介绍面向单细胞组的机器学习理论和方法。

　　"跨模态"指我们可以对同一样本的不同模态组学（如基因组和转录组）进行同时测序和刻画，这方面的研究尤以单细胞组学为甚。单细胞多组学（single cell multimodal omics）技术是指在同一细胞中同时测量多种组学数据的前沿技术[3, 5, 6]。随着新技术的不断发展，传统的转录组可以与其他组学在单细胞水平上进行同步测量，包括 ATAC、DNA 甲基化、核小体分布、空间位置等[3]，从而可以克服单细胞单一转录组测序固有的局限性[6]。图 1.1 同样列举了当前常见的单细胞多组学测序技术。正是由于单细胞多组学技术的发展，如何整合多模态数据信息也成了瓶颈问题，对单细胞多组学整合分析的方法学需求也与日俱增[6]。我们将在本书的第 4 章向读者介绍面向单细胞多模态整合的机器学习理论和方法。

　　"有扰动"指组学测序存在不同的扰动条件，例如，2006 年 Lamb 等利用基因芯片技术测定了 1309 种药物作用于 5 种人类肿瘤细胞系的全基因组表达谱，并构建了关联图谱数据库 CMap（Connectivity Map）。后续，美国国立卫生研究院（NIH）于 2010 年启动了"基于网络的细胞反应印记整合图书馆计划"（Library of Integrated Network-based Cellular Signatures，LINCS），旨在全面描述不同小分子化合物、配体以及基因沉默扰动下的多层次细胞反应（如转录物表达水平、蛋白质表达水平、细胞表型等）[7]。另外，近年来 CRISPR 功能基因组筛选技术（CRISPR screening）快速发展，并逐渐和多种高通量的表征技术（high-content read-outs）相结合（例如，与和单细胞转录组测序、图像表征相结合等），产生了一系列被称为高通量表征下的 CRISPR 筛选技术的衍生技术——高内涵 CRISPR 功能基因组筛选技术（high content CRISPR screening），为我们揭示细胞的表型和复杂基因调控关系提供了更加精准的手段和视角（图 1.2）[8]。这其中的代表性技术为面向单细胞的 CRISPR 筛选技术，即 Perturb-seq，该技术通过结合传统 CRISPR 筛选技术和单细胞转录组测序技术（scRNA-seq）各自的优点，使得研究者能够在单细胞水平上实施大规模的基因扰动，从而在更加精细而全面的单细胞转录组尺度下对基因扰动的作用效果进行表征和评估，适合针对高异质性的细胞类型（如肿瘤细胞、免疫细胞等）进行大规模的基因功能研究和靶点筛选[8]。这

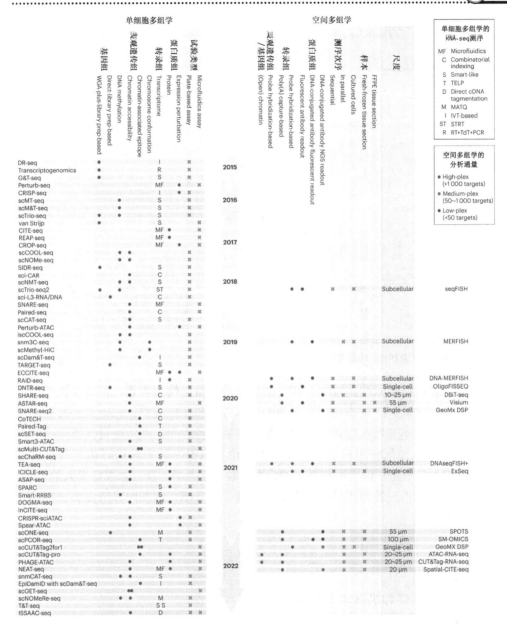

图 1.1　单细胞组测序和空间组测序常见技术[3]

种以 Pooled CRISPR screening 和 Perturb-seq 为代表的、利用 CRISPR 技术研究细胞或者个体在基因扰动条件下表型变化的扰动组学（作者称之为 perturbomics）的前沿技术，为我们解释生命体的复杂基因调控关系提供了支撑。我们将在本书的第 1、2 章向读者介绍面向 LINCS 药物基因组和 Perturb-seq 扰动组数据分析的机器学习理论与方法。

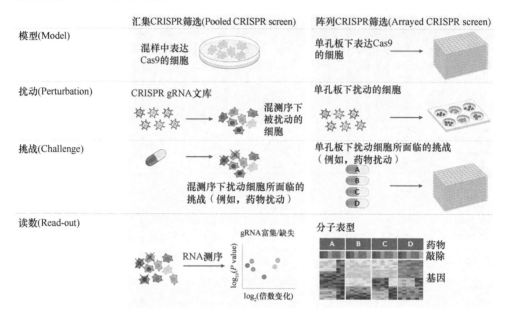

图 1.2　高内涵 CRISPR 功能基因组筛选[8]

　　综上，组学技术快速发展，相关的组学数据得以快速积累，但该类组学数据噪声大、维度高、跨模态，缺乏有效的计算方法和计算模型，成为制约其技术应用的瓶颈。故本书旨在面向上述组学数据挖掘的特点和挑战，通过具体的研究案例向读者展示如何利用前沿的人工智能理论和机器学习方法进行组学数据的挖掘，以期抛砖引玉，给予读者更多的启发，激发读者举一反三，进行深入的思考。在这里，我们不对各种组学技术本身进行过多的介绍，相关内容请读者自行参考相关材料[3, 8]。

1.2　组学机器学习

1.2.1　人工智能和机器学习概述

　　在本节中，我们向读者概述人工智能（artificial intelligence，AI）和机器学习（machine learning，ML）理论发展的历史及前沿方向。人工智能的探索道路曲折起伏，我们可将这段发展历程大致划分为 5 个阶段。①起步发展期：1943 年至 20 世纪 60 年代，产生了人工神经元和浅层神经网络的早期模型；②反思发展期：20 世纪 70 年代，人工神经网络经历低谷；③应用发展期：20 世纪 80 年代，概率统计模型兴起；④平稳发展期：20 世纪 90 年代至 2010 年，统计模型大行其道，深度神经网络初现端倪；⑤蓬勃发展期：2011 年至今，深度神经网络蓬勃发展，同时出现了词嵌入模型、生成对抗网络、大规模预训练技术等。目前，人工智能技术已经进入了以深度学习（deep learning）、大模型（如 ChatGPT 等）和 AI 生成内容（AI generated content，AIGC）为代表的各类技术百花齐放、百家争鸣的时代。同时，和神经科学的深度结合，以及面向小样本学习的推理和智能感知、因果推理、可解释性 AI（XAI）、可信及隐私保护下的 AI 等均是 AI 发展的前沿方向。本书的后续章节将对其中的若干技术进行具体介绍。

1.2.2　人工智能驱动组学数据挖掘

人工智能快速发展，目前在各个学科领域都有着广泛的应用（"AI for Science"）。本书关注"AI for Life Science"，具体向读者介绍前沿的人工智能理论和机器学习技术及其在组学数据挖掘领域的应用。笔者的研究团队长期致力于人工智能驱动的组学数据挖掘研究，形成了"AI for Omics"的交叉研究范式。具体来说，由于组学测序样本（特别是临床样本）的获取成本高，对其标注需要较高门槛的领域知识（如依赖于经验丰富的医生的诊断），故对其进行样本标注的成本高并具备标注不完备、不确定及不准确等弱监督（weakly-supervised）特性[9]，组学数据的高维度、高噪声、多模态和弱监督特性十分普遍，并且相对于传统的文本、图像、视频，以及互联网商业推荐、金融数据等来说尤为突出。所以，可以用 "小样本高维度"与"大样本低维度"（big small data vs. small big data）的说法来说明组学数据的特点及其与其他数据的区别[10]。针对组学数据的这种特点，我们总结了组学数据挖掘的弱监督特性，主要体现在以下两个层面。

（1）组学数据的不完备监督（incomplete supervision）：一方面，大量的组学样本由于标注门槛高、标注成本高，缺乏完备的标注体系，只存在少量的标注样本，故需要发展面向不完备标注场景下的组学数据挖掘范式和方法，如半监督学习（第 5 章）、迁移学习（第 6 章）、元学习（第 7 章）、主动学习（第 8 章）等；另一方面，有标记样本数据分散（如分散在各个医疗机构），同时具有隐私保护需求（如患者的基因组数据等具有隐私敏感性、药物数据具有知识产权保护需求），故需要开发隐私保护下的数据整合和联邦的有效策略，如联邦学习（第 9 章）等。

（2）组学数据的不准确监督（inaccurate supervision）：笔者认为这里的不准确性即为组学数据的高维度、高噪声、多模态的一种体现，亦和组学样本的表示（representation）方式紧密相关。组学数据的特征本身具有高噪声、高维度（如基因组 30 亿个碱基维度、转录组 2 万个基因表达维度等）、高稀疏性（如单细胞组学的高 zero count 等）、多模态（如同一个样本的多个组学模态的测序数据等），导致了对于其分析具有极大挑战，也导致了对于生物组学标注的不准确性。故需要发展面向高噪声、高维度、多模态、样本标记不准确场景下的组学数据的有效表征和有效挖掘的范式及方法，如度量（第2章）、嵌入（第3章）、多模态整合（第4章）等。

综上，我们用图 1.3 对组学数据本身所存在的特性和相关机器学习范式进行总结。本书的后续章节将围绕该总述图，面向组学数据所呈现出的弱监督特性，介绍特定的机器学习范式和方法。

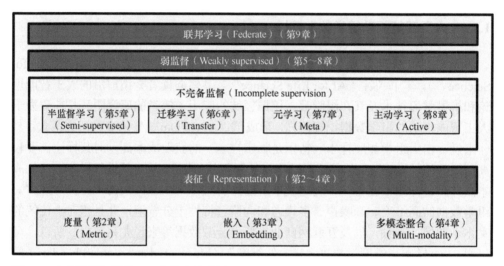

图 1.3　本书组学机器学习研究范式总述图

1.3　本章小结

人工智能驱动的组学挖掘是数据驱动的生物医学研究的支撑技术。组学测序技术逐步向多尺度、跨模态、有扰动等方向发展，但体现出高维度、高噪声、多模态、标记稀缺等特点，成为制约其有效挖掘的瓶颈。本章结合组学数据的特点，为大家展示了基于人工智能技术驱动组学数据挖掘的总体蓝图。基于此，本书的主要内容分为四个部分。第一部分包括第 1 章，主要对于组学机器学习的相关概念和理念进行概述，并提出了面向组学数据弱监督特点的机器学习研究范式和方法的整体框架；第二部分为组学的表征学习，具体包括第 2～4 章，分别介绍对于组学样本进行有效表征的三个层面：度量（第 2 章）、嵌入（第 3 章）、多模态整合（第 4 章），该部分的机器学习方法有助于克服组学数据的不准确监督瓶颈；第三部分为组学的弱监督学习，具体包括第 5～8 章，分别介绍了弱监督场景下组学数据挖掘的机器学习范式和方法，包括：半监督学习（第 5 章）、迁移学习（第 6

章)、元学习(第 7 章)、主动学习(第 8 章),该部分的机器学习方法有助于克服组学数据的不完备监督瓶颈。本书将组学数据的隐私计算单独列为第四部分,介绍一种特定的隐私计算方法——联邦学习,对应于本书的第 9 章。最后,对本书进行总结和展望。

需要特别说明的是,由于人工智能和机器学习相关的书籍、文献、网上资源非常丰富,故本书避免了对特定的机器学习算法进行繁复的介绍,但关注对相应的机器学习范式和理论思想进行梳理与总结。如果把具体的机器学习模型比喻成特定的"武功招式",那么本书介绍的机器学习范式和理论思想则相当于"内功心法"。我们建议读者不必拘泥于一招一式,而是去学习"内功"。正所谓"万象归一,大道至简",机器学习的模型层出不穷、千变万化,但是其核心的理念和思想是可以梳理与总结的。这类似于周志华在《机器学习理论导引》一书中总结的机器学习理论的"七种武器"(可学性、复杂度、泛化界、稳定性、一致性、收敛率和遗憾界)[11]。本书总结的各种学习范式,可以演化出丰富的机器学习模型。我们希望帮助读者建立这种学习范式的全景图(landscape),进而做到举一反三,这也是本书撰写的初衷之一。为达到这个目的,本书提供了丰富的参考文献,可供读者自行参考学习并进行延伸阅读,同时全书在撰写过程中保持统一风格,每一章均按照特定机器学习范式的"适用场景"—"理论思想"—"组学应用概述"—"研究案例"—"案例小结"五部分展开,旨在结合组学数据特点对相应的机器学习范式进行介绍,并展示相应的组学挖掘研究案例。这些案例均体现了作者团队多年来在组学数据挖掘领域进行的有益尝试,主要隶属于精准医学方向,涉及靶点识别、药物发现、个体化用药、免疫治疗及基因编辑等多个具体领域。本书不求面面俱到,但求深入浅出、抛砖引玉、授人以渔,力图向读者展示应用组学人工智能来驱动精准医学研究和应用的精彩画卷。

最后,本书目前介绍的机器学习理论方法多以相关性分析为基础,对于因果机器学习相关内容未作介绍,但当前关于智能系统进行"理解"的关键问题亦包括如何判别统计相关性和因果机制,故因果机器学习是重要的研究方向,在生物医学研究领域具有广泛的应用场景,读者可以参考相关书籍[12]。另外,AI 领域关于 ChatGPT 这种大语言模型(large language model,LLM)的智能理解能力仍然存在广泛争论,认为这些系统可能存在依靠捷径学习(shortcut learning)的问题,即学习系统通过分析数据集中的伪相关性,而不是通过类人理解(humanlike understanding)来获得在特定基准任务上的良好表现[13]。随着研究者不断追求智能的本质,新兴的理解模式将不断涌现。依赖大量历史编码知识(encoded knowledge)的问题(强调模型性能表现)将继续青睐大规模的统计模型(如 LLM),而那些依赖有限知识(如元学习)和强大因果机制(如因果推理)的问题将更青睐人类智能。未来的挑战是开发出新的研究方法,以详细揭示不同智能形式的理解机制，辨别它们的优势和局限性，并学习如何整合这些不同的认知模式[13]。

综上，本书结合组学数据特点，较为系统和深入地对于组学机器学习的相关研究范式、适用场景、分析方法、理论思想进行介绍，并给出了相应的组学挖掘研究案例。本书适合的读者人群包括生命科学、医学、生物信息学、计算机和信息科学等相关交叉专业的高年级本科生、研究生，以及人工智能领域的科研人员和产业人员。本书的阅读需要具备一定的生物学、数理统计、概率论和人工智能入门基础。

参 考 文 献

[1] 李升伟: 大生物学的"组学"之谜. 世界科学 2013, 5:39-43.

[2] Eberwine J, Kim J, Anafi RC, Brem S, Bucan M, Fisher SA, Grady MS, Herr AE, Issadore D, Jeong H: Subcellular omics: a new frontier pushing the limits of resolution，complexity and throughput. *Nature methods* 2023, 20:331-335, 1548-7091.

[3] Vandereyken K, Sifrim A, Thienpont B, Voet T: Methods and applications for single-cell and spatial multi-omics. *Nature Reviews Genetics* 2023, 1-22: 1471-0056.

[4] Ren J, Zhou H, Zeng H, Wang CK，Huang J，Qiu X，Sui X，Li Q，Wu X, Lin Z: Spatiotemporally resolved transcriptomics reveals the subcellular RNA kinetic landscape. *Nature Methods* 2023, 1-11: 1548-7091.

[5] Ogbeide S, Giannese F, Mincarelli L, Macaulay IC: Into the multiverse: advances in single-cell multiomic profiling. *Trends in Genetics* 2022, 38: 831-843.

[6] Heumos L, Schaar AC, Lance C, Litinetskaya A, Drost F, Zappia L, Lücken MD, Strobl DC, Henao J, Curion F: Best practices for single-cell analysis across modalities. *Nature Reviews Genetics* 2023, 1-23: 1471-0056.

[7] 黄昕, 何松, 刘阳, 白卉, 伯晓晨: LINCS——面向转化医学的细胞反应大数据计划. 生物化学与生物物理进展 2017, 44:1041-1043.

[8] Bock C, Datlinger P, Chardon F, Coelho MA, Dong MB, Lawson KA, Lu T, Maroc L, Norman TM, Song B: High-content CRISPR screening. *Nature Reviews Methods Primers* 2022, 2:8, 2662-8449.

[9] Zhou Z-H: A brief introduction to weakly supervised learning. *National Science Review* 2018, 5:44-53, 2095-5138.

[10] 刘琦: 生物信息学研究的思考. 中国计算机学会通讯 2016, 12:49-51.

[11] 周志华, 王魏, 高尉, 张利军: 机器学习理论导引. 机械工业出版社 2020.

[12] Pearl J, Mackenzie D: *The book of why: the new science of cause and effect.* New York: Basic books, 2018.

[13] Mitchell M, Krakauer DC: The debate over understanding in AI's large language models. *Proceedings of the National Academy of Sciences* 2023, 120: 1-5.

第二部分

组学的表征学习

第 2 章　组学的表征——度量

2.1　度　量　学　习

2.1.1　适用场景

度量学习（metric learning）也称距离度量学习（distance metric learning，DML）或相似性学习（similarity learning），是一种数据驱动的相似性度量的学习范式。众多传统机器学习算法，如 K 均值聚类算法、K 近邻搜索算法、基于核思想（kernel-based）的支持向量机（support vector machine，SVM）等，均依赖于样本之间相似性或者距离的度量。常见的度量方式有欧式距离（Euclidean distance）、马氏距离（Mahalanobis distance）和余弦距离（cosine distance）等，然而这些度量并非适用于任何数据类型和训练任务。度量学习的基本思想体现为"最佳的度量应该是数据驱动而非人为设定"，因此度量学习是一种数据驱动的测度学习范式，根据不同的数据分布特征和学习任务来自主学习最佳的度量函数。度量学习的具体计算过程可以理解为学习一种映射函数，通过该映射函数将原始数据映射至一个新的特征空间。在新的特征空间中，具有相同标签的样本更加相似，具有不同标签的样本更不相似，从而更好地表征样本特征（图 2.1）。度量学习算法尝试寻找一个低维映射空间，在降维的同时，将学习的度量矩阵正则化为低秩表示。度量学习的核心问题是如何利用样本的类别标签（即监督信息）使得具有相同标签的样本更加相近，具有不同标签的样本相互远离。度量学习的优势是可以最大限度地发挥样本的类别标记信息，以一种数据驱动的方式学习最适合样本的度量，而非依赖人为定义的度量，从而提高数据的信噪比，学习更好的数据表征。

图 2.1　度量学习的几何示意图[1]

度量学习具有广泛的应用场景，如应用于计算机视觉[2, 4]、信息检索[5]以及生物信息学分析等领域[6]。在计算机视觉领域中，度量学习主要应用于图片分类、人脸识别等。在信息检索领域中，度量学习主要应用于文本检索。近年来，度量学习逐渐被应用于生物信息学研究中，如序列比对、细胞类型识别、蛋白质折叠等。组学数据，特别是单细胞组学样本，由于其高噪声、高稀疏性及高异质性等特点，传统的度量方式难以有效地衡量细胞之间的相似性，故适合采用度量学习。此外，如果一个样本具有多个层面的标签，通过度量学习可以将多个标签的信息结合起来，获得更好的表征效果。以上两种场景，均适合使用度量学习。具体适用场景描述如下。

1. 高噪声的标记样本

该场景是组学数据度量学习的常用场景，常见于批次效应矫正和基于参考数据集的细胞类型识别任务等。该场景的标记样本维度高、噪声大，如果只使用传统的度量方式衡量样本之间的相似性，则无法获得稳定而优异的效果。若采用度量学习的策略，则可以根据样本自身的标签和特征信息学习最适合该数据及特定学习任务的度量方式。

2. 多标签的标记样本

该场景是组学数据度量学习的一种特殊场景。由于生物样本的复杂性，有些样本存在多个层面的标签。以细胞为例，一个细胞可能同时具有细胞类型标签、细胞发育时间点标签、药物处理标签及基因敲除标签等。为了全面预测一个样本的类别信息，需要同时预测该样本多个层面的标签。若每次单独预测一种标签，最后通过组合（ensemble）的方式来进行多标签预测，则忽略了不同标签之间的关联信息，难以获得令人满意的预测效果。此时，可采取多标签度量学习策略，整合多类标签的信息，共同学习一个适用于多标签预测的度量。

2.1.2 理论思想

度量学习最早于 2002 年由 Xing 等提出[7]。在其问题的形式化描述中，度量学习被定义为一个凸优化问题。此后，度量学习一直是机器学习领域的研究热点。度量学习的目的是学习成对实值的（pairwise real-valued）度量函数。以马氏距离为例，其计算公式如下：

$$d_M\left(x, x'\right) = \sqrt{\left(x - x'\right)^{\mathrm{T}} M\left(x - x'\right)} \qquad (2.1)$$

大部分度量学习算法的目的是通过弱监督的方式从基于成对或者三元组约束中学习 $d_M\left(x, x'\right)$ 中的正半定矩阵 M。成对约束通常表示如下：

（1）必连接/禁止连接约束（也叫阳性对/阴性对约束）：

$$S = \left\{(x_i, x_j) : x_i \text{ and } x_j \text{ should be similar}\right\} \tag{2.2}$$

$$D = \left\{(x_i, x_j) : x_i \text{ and } x_j \text{ should be dissimilar}\right\} \tag{2.3}$$

（2）相对约束（也叫三元组约束）：

$$R = \left\{(x_i, x_j, x_k) : x_i \text{ should be more similar to } x_j \text{ than to } x_k\right\} \tag{2.4}$$

一般来说，度量学习算法的目标是优化度量参数，最大化地满足以上约束条件，逼近潜在的最佳度量。这个过程通常被定义为一个优化问题，公式如下：

$$\min_M \ell(M, S, D, R) + \lambda R(M) \tag{2.5}$$

其中，$\ell(M, S, D, R)$ 是损失函数，用以更新度量参数；$R(M)$ 是正则惩罚项，防止模型过拟合；$\lambda \geq 0$ 是正则项的超参数。

度量学习目前存在诸多分类方式。如图 2.2 所示，可以从不同角度，如学习范式（learning paradigm）、度量形式（form of metric）、可扩展性（scalability）、优化策略（optimality of the solution），以及是否可降维等层面进行分类。

1）基于学习范式的分类

度量学习主要包括以下三种学习范式：全监督（fully supervised）、弱监督（weakly supervised）及半监督（semi supervised）。全监督系指度量学习算法需要数据的全部标签。这些标签在实际应用中往往用于构建成对约束或者三元组约束。弱监督系指该度量学习算法不需要获知全部的样本标签，而只需要样本之间的关系信息。半监督系指除了训练需要少部分具有样本标签或者样本间关系的数据外，还需要大量无标签的数据，这些无标签数据的加入可以避免由于有标签数据太少而导致的过拟合问题。

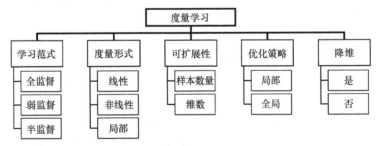

图 2.2　评价度量学习算法的 5 个关键特征[1]

2）基于度量形式的分类

度量学习主要有以下三种度量形式：线性度量（linear metrics）、非线性度量（nonlinear metrics）及局部度量（local metrics）。线性度量，如马氏距离，它们的信息表征能力不足，但是更容易优化（往往是一个凸优化问题），可以得到全局最优解且不易过拟合。非线性度量，如直方图卡方距离（χ^2 histogram distance），这类度量方法通常被定义为求解非凸优化问题，虽然能捕获数据中的非线性变化信息，但易过拟合。局部度量往往同时包含线性度量和非线性度量，能更好地处理复杂问题，如对于异质性数据的分析，但是这类方法由于需要学习的参数过多，因此更容易导致过拟合问题。

3）基于可扩展性的分类

随着数据量的快速增长，可扩展性问题是机器学习领域普遍存在的难题之一。首先，度量学习需要对训练样本或者约束数量具有可扩展性。在线学习（online learning）是一种可行的方式。其次，度量学习方法应该能够对数据的维度进行合理扩展，如何合理地扩展这个维度数量存在巨大挑战。

4）基于优化策略的分类

不同度量学习算法的优化策略决定了该算法找到能最大满足约束条件的参数的能力。理论上，当度量学习的优化函数是凸函数时，该问题是一个全局最优化问题；反之，如果是非凸问题；只能采取局部最优化的方式。

5）基于是否能够对原始数据进行降维分类

度量学习有时也被表述为将原始数据映射至一个新的特征空间，或者学习一个转换矩阵。因此，有些度量学习算法会寻找一个低维映射空间，加快运行速度并学习更有效的表示。这通常是通过将学习的度量矩阵正则化为低秩来实现的。

度量学习目前已经发展了诸多算法。例如，Xing 等[7]提出的马氏距离度量学习算法是最早的度量学习算法，它依赖于没有正则化的凸函数，旨在最大化不同样本之间的距离总和，同时保持相似样本之间的距离总和较小。随后，基于最近邻思想的度量学习方法开始出现，目前使用最广泛的、基于最近邻思想的度量学习算法之一是大间隔最近邻居算法（large margin nearest neighbor，LMNN）[8]，该算法以一种局部的方式来定义约束条件，即确保训练样本的 k 个最近邻居应该属于同一类，同时远离其他类。此外，存在基于信息论的度量学习方法，如相关成分分析（relevant component analysis，RCA）[9]，该算法只使用阳性对，训练样本的子集被称为 chunklet，在一个 chunklet 中的样本拥有相同的标签。该算法的目标是使在一个 chunklet 中的样本尽可能相似。该方法通过使用互信息测度最小化类内差异来达成最优化的目的，但是忽略了类间的信息，因此实际应用中效果不佳。为了弥补这个缺陷，判别成分分析（discriminative component analysis，DCA）[10]被提出，该方法可以同时利用阳性对和阴性对的信息，进一步提升了度量学习的效果。其他基于信息论的度量学习方法如 ITML （information-theoretic metric learning）[11]等，也具有良好的性能。更多度量学习算法可查阅 Bellet 等撰写的度量学习经典综述[1]。

2.1.3　组学应用

度量学习逐渐被广泛应用于组学分析领域中，主要集中于基因组的序列比对、单细胞组学数据分析、药物重定位等。表 2.1 总结了组学分析领域应用度量学习的若干经典案例。在下一节中，我们将选取具体的案例进行深入介绍。

表 2.1　度量学习的组学应用案例

工具	问题	组学	方法	年份	参考文献
MLR	酶活性位点预测	蛋白质组学	度量学习	2010	[12]
SIMLR	单细胞转录组聚类分析	单细胞转录组	基于核的度量学习	2017	[13]
scMetric	单细胞转录组降维，过滤噪声	单细胞转录组	ITML	2018	[14]
—	病人分类	电子健康档案	深度度量学习（triplet network）	2018	[15]
MLC	基因功能预测	单细胞转录组	度量学习	2020	[16]
scLearn	细胞类型自动识别	单细胞转录组	判别成分分析，多标签度量学习	2020	[17]
mtSC	细胞类型自动识别	单细胞转录组	多任务深度度量学习	2021	[18]
CMLDR	药物重定位	药物基因组	协同度量学习	2021	[19]
TCR-Epitope-Binding	TCR-Epitope 结合预测	蛋白质组	深度度量学习（triplet network+多模态学习）	2021	[20]
Schema	细胞类型自动识别	单细胞转录组，单细胞表观组	多模态数据整合的度量学习	2021	[21]
NPCFold/NPCFoldpro	蛋白质折叠识别	蛋白质组	深度度量学习	2022	[22]
DrSim	药物重定位	转录组	线性判别度量学习	2022	[23]
scDML	单细胞转录组数据去批次	单细胞转录组	深度度量学习	2023	[24]

2.2　案例一：基于参考单细胞转录组进行细胞类型识别的度量学习

2.2.1　背景介绍

单细胞转录组测序（single-cell RNA-seq，scRNA-seq）技术可以捕获单个细胞的基因表达信息[25]，极大地促进了人们对于细胞异质性的认识[26-31]。在 scRNA-seq

数据分析过程中，细胞类型的识别是首要步骤，是进行后续分析的先决条件。

目前细胞类型识别方法可以分为两大类（图2.3）[32]。

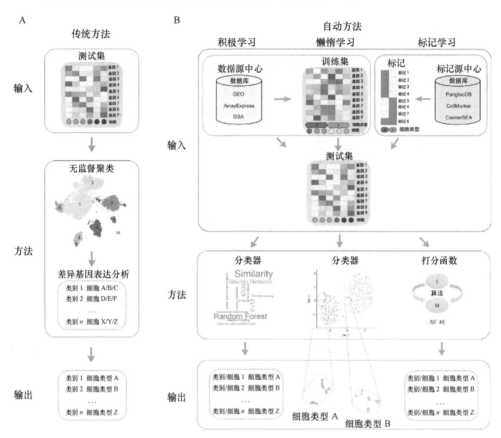

图 2.3　传统无监督细胞类型识别和自动细胞类型识别方法的工作框架示意图[32]

（1）传统的无监督聚类方法。该类方法的大致流程是先根据细胞的基因表达信息进行无监督聚类，然后计算每个类的特异性表达基因，再与先验的细胞类型标记基因信息进行匹配，最后推断出每个类的细胞类型。例如，常用的 Seurat v3[33]集成了 Louvain 算法，可以对单细胞数据进行聚类。这类方法的不足之处在于目前缺乏统一的细胞类型标记基因库，而且细胞类型识别的结果除了受使用的细胞类型标记基因影响外，还会受到使用的聚类方法、选择的聚类数量的影响。因此，不同实验室之间识别的细胞类型很难一一对应，难以比较。

（2）基于单细胞参考数据集的细胞类型自动识别方法。随着人类细胞图谱计划（Human Cell Atlas，HCA）的提出[34]，具有不同细胞类型标签、来自不同组织的 scRNA-seq 数据不断产生。将这些数据作为参考数据集进行细胞类型识别，预测出新测序细胞的细胞类型成为一种有效的策略[32, 35]。这类方法的核心思想是计算参考数据集与新测序细胞的基因表达的相似性，将参考数据集中具有最高相似性细胞的细胞类型作为预测结果。由于目前单细胞参考数据集还比较有限，不能包含所有的细胞类型，因此，这类方法往往会设置一个相似性阈值，低于该阈值的新测序细胞被识别为未匹配（unassigned），表示参考数据中不存在这个细胞的细胞类型，这往往预示该细胞可能是新的细胞亚型。这类方法具有以下两个优势：①简单易用，该类方法只需要运用训练好的计算模型，依据参考数据集便可进行细胞类型自动识别；②可重复性强，不同的实验室应用相同的训练好的模型，能确保识别出来的细胞类型具有可比性。

目前，科学家们已经开发出大量不依赖于先验标记基因的细胞类型自动识别方法[35-42]。这些方法的出现促进了细胞类型识别的研究进展，但是由于 scRNA-seq 数据具有高噪声、高稀疏性及高异质性等特点，现有方法的性能还有待进一步提升[35]。总体来说，现有方法的性能可以通过两个应用场景来评估，即阳性对照场景和阴性对照场景。一方面，在阳性对照场景中，将具有细胞类型标签的 scRNA-seq 数据集作为参考数据集（reference），将与该参考数据集相同组织的新测序细胞作为待查询的单细胞数据集（query）。该场景用于测试特定方法是否具有准确识别细胞类型的能力。另一方面，在阴性对照场景中，参考数据集和待查询的单细胞数据集来自完全不同的组织，包含完全不同的细胞类型。该场景测试特定方法是否可以识别参考数据集中未见的细胞类型，即发现新的细胞类型的能力。

综上，现有方法尚存在以下三个方面的问题。①鲁棒性不佳。无论是对于阳性对照场景还是阴性对照场景，当前方法的性能严重依赖于选择的参考数据集。②无法兼顾多个应用场景。尽管不少方法能同时处理阳性对照场景和阴性对照场景，但是往往只能确保其中一种场景的性能。例如，scmap-cluster[36]对于阴性对照场景具有良好的性能，但是不善于处理阳性对照场景，scmap-cell[36]则恰好相反。③判定待查询的细胞为 unassigned 的阈值往往是人为选定的，但一个阈值对应全部参考数据集显然是不合理的。在真实的应用场景下，很难判定待查询细胞的细胞类型是否都存在于选择的参考数据集当中。绝大部分情况下是部分存在、部分不存在，即同时包含阳性对照场景和阴性对照场景。另外，目前尚缺乏全面统一的参考数据集，因此，亟须开发能够同时处理两种场景并且具有高度鲁棒性的单细胞类型自动识别计算模型和计算平台。

2.2.2　解决方案

1. 计算框架总述

在本研究案例中，我们将构建一套用于细胞类型自动识别的计算系统 scLearn（learning for single-cell assignment）[17]。scLearn 能够自动学习最佳的度量方式以及自动学习判定 unassigned 的阈值,高效地识别参考数据集中存在和缺失的细胞类型。不仅如此,scLearn 还能有效地针对具有时间状态信息的多标签单细胞转录组参考数据集进行训练,同时识别待查询细胞的细胞类型及其所处的时间状态。scLearn 所采用的核心思想即为度量学习,我们根据细胞的细胞类型标签,通过度量学习,使具有相同细胞类型的细胞更加相似、具有不同细胞类型的细胞更加不相似,从而提高信噪比,提升细胞类型自动识别的能力。scLearn 的构建过程主要包含三部分(图 2.4)。①数据预处理,包括常规的单细胞转录组数据的质控、标准化及差异基因选择。②模型建立过程。采用度量学习,具体包括单标签细胞类型识别的判别成分分析模型(discriminative component analysis,DCA)[10]、多标签细胞识别的基于最大化依赖的多标签维度约简策略(multilabel dimension reduction via dependence maximization,MDDM)[43]。这两种方法用于构建度量学习模型以及学习参考数据集的每个细胞类型的相似性阈值。③细胞类型识别过程。运用度量学习模型及相似性阈值,识别待查询细胞的细胞类型,发现潜在的新细胞类型。

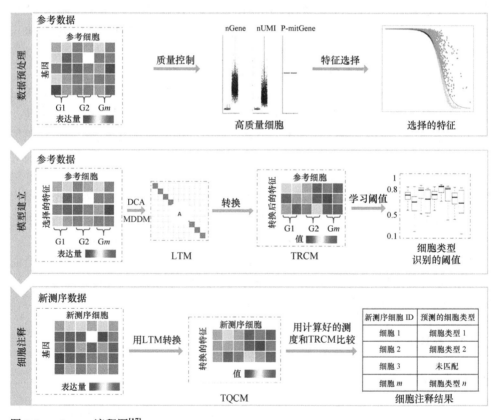

图 2.4   scLearn 流程图[17]

2. 数据来源

　　scLearn 在 30 个单细胞转录组参考数据集上进行了系统的评估，具体情况如表 2.2 所示。另外，对于多标签细胞类型自动识别问题，scLearn 在三个同时具有细胞类型标签和细胞所处时间状态标签的单细胞转录组参考数据集中进行了性能测试，这三个数据集分别是胚胎干细胞（embryonic stem cell，ESC）[44]、小鼠胚胎腹侧中脑细胞（mouse embryo ventral midbrain cell，mEM）[44]、人类前额叶皮层细胞（human prefrontal cortex cell，hPFC）[45]。ESC 数据集涵盖了向 Th$^+$神经元分化的不同阶段，共有 17 种细胞类型的 4 个时间点。mEM 数据集涵盖了 E11.5～E18.5 的 6 个发育阶段，共有 26 种细胞类型的 6 个时间点。hPFC 数据集涵盖了 8～26 孕周的发育阶段，共有 6 种细胞类型的 9 个时间点。

表 2.2　本案例测试数据概况

数据集	细胞数量	细胞类型数量 （>10 个细胞）	数据描述	测序平台	参考文献
Baron_mouse[a]	1 886	13（9）	小鼠胰腺	inDrop	[46]
Baron_human[a,b,c,d]	8 569	14（13）	人类胰腺	inDrop	[46]
Muraro[a,b,d]	2 122	9（8）	人类胰腺	CEL-Seq2	[47]
Segerstolpe[a,b]	2 133	13（9）	人类胰腺	SMART-Seq2	[48]
Xin[a,b]	1 449	4（4）	人类胰腺	SMARTer	[49]
Deng[a,c]	268	6（6）	小鼠胚胎发育	Smart-Seq, Smart-Seq2	[50]
Pollen[a,c]	301	11（11）	人类大脑皮层	SMARTer	[51]
Li[a]	561	9（9）	人类结直肠癌肿瘤	SMARTer	[52]
Usoskin[a]	622	4（4）	小鼠大脑	STAT-Seq	[53]
Tasic[a]	1 679	18（18）	小鼠皮层	SMARTer	[54]
Klein[a,c]	2 717	4（4）	小鼠胚胎干细胞	inDrop	[55]
Zeisel[a,c]	3 005	9（9）	小鼠大脑	STRT-Seq	[56]
Shekhar[a,c]	27 499	5/19（5/19）	小鼠视网膜	Drop-Seq	[57]
Macosko[a,c]	44 808	12（12）	小鼠视网膜	Drop-Seq	[58]
CellBench_10X[a]	3 803	5（5）	5 个肺癌细胞系的混合	10X chromium	[59]
CellBench_CELSeq2[a]	570	5（5）	5 个肺癌细胞系的混合	CEL-Seq2	[59]
TM[a]	54 865	55（55）	小鼠	SMART-Seq2	[27]
AMB[a]	12 832	4/22/110 （3/16/92）	小鼠初级视觉皮质	SMART-Seq v4	[60]
Zheng_sorted[a]	20 000	10（10）	荧光激活细胞分选的 外周血单核细胞	10X chromium	[61]
Zheng_68K[a]	65 943	11（11）	外周血单核细胞	10X chromium	[61]
VISp[a]	12 832	3/36（3/34）	小鼠初级视觉皮质	SMART-Seq v4	[60]
ALM[a]	8 758	3/37（3/34）	小鼠前外侧运动区	SMART-Seq v4	[60]

续表

数据集	细胞数量	细胞类型数量（>10 个细胞）	数据描述	测序平台	参考文献
MTG[a]	14 636	3/35（3/34）	人类颞中回	SMART-Seq v4	[62]
Pbmc_Bench_10Xv2[a,b]	9 806	9（9）	外周血单核细胞	10X version 2	[63]
Pbmc_Bench_10Xv3[a,b]	3 222	8（8）	外周血单核细胞	10X version 3	[63]
Pbmc_Bench_CL[a,b]	526	7（7）	外周血单核细胞	CEL-Seq2	[63]
Pbmc_Bench_DR[a,b]	6 584	9（9）	外周血单核细胞	Drop-Seq	[63]
Pbmc_Bench_iD[a,b]	6 289	7（7）	外周血单核细胞	inDrop	[63]
Pbmc_Bench_SM2[a,b]	476	6（6）	外周血单核细胞	SMART-Seq2	[63]
Pbmc_Bench_SW[a,b]	3 727	7（7）	外周血单核细胞	Seq-Well	[63]

　　[a]代表该数据集用于计算类内紧凑性和类间复杂性；[b]代表该数据集用于进行阳性对照场景的性能测试；[c]代表该数据集用于进行阴性对照场景的性能测试；[d]代表该数据集用于进行真实应用场景的性能测试。

3. 数据预处理

　　scLearn 计算框架的第一步是数据预处理，包括数据的质量控制、标准化、稀有细胞类型的过滤及差异基因选择，具体过程请参考相关文献[17]。

4. 基于单标签度量学习的细胞类型自动识别模型

　　对于具有细胞类型标签的单细胞参考数据集，本研究建立了一个基于度量学习的计算框架 scLearn，它能根据数据本身的信息学习出最佳的度量方式，而非人为定义的传统的度量方式，如欧氏距离、皮尔森相关系数、余弦相似性或斯皮尔曼相关性等。

　　具体的，scLearn 采用了度量学习方法中的判别成分分析（discriminative component analysis，DCA）。该方法首先从单细胞参考数据集的每个类中随机选取一部分细胞形成 chunklet，每个 chunklet 中的细胞具有相同的标签。具有相同细胞标签的 chunklet 成为阳性对，而具有不同细胞类型标签的 chunklet 之间形成阴性对。在该度量学习方法中，学习最佳度量的过程可以理解为学习一个最佳转换矩阵 A，通过该转化矩阵将原始数据映射至另一个特征空间。在该特征空间中，阴性对之间的差异最大、阳性对之间的差异最小，然后再用传统的度量方式计算细胞之间的相似性。更直观的理解是该方法使得具有相同标签的细胞更相似、具有不同标签的细胞更加不相似，进而提高了单细胞参考数据集的信噪比，使得转化后的参考数据集更加适合细胞类型自动识别任务。获得最优转换矩阵 A 之后，转化后参考细胞矩阵（transformed reference cell matrix，TRCM）及转化后待识别细胞矩阵（transformed query cell matrix，TQCM）可以通过以下公式计算：

$$\mathrm{TRCM} = R_{\text{selected features}} A \tag{2.6}$$

$$\mathrm{TQCM} = Q_{\text{selected features}} A \tag{2.7}$$

其中，$R_{\text{selected features}}$ 代表只包含差异基因的单细胞参考数据集；$Q_{\text{selected features}}$ 代表只包含差异基因的待识别单细胞数据集，最后，scLearn 采用皮尔森相关系数计算 TRCM 和 TQCM 之间的相似性。scLearn 设置了对每个细胞类型抽样过程重复 10 次，以减少随机性。

5. 基于多标签度量学习的细胞类型自动识别模型

在单细胞转录组参考数据集中有一类特殊的数据，它们不仅具有细胞类型标签，同时还具有细胞所处特定时间状态的标签（如发育时间状态等），这类数据我们称为多标签参考数据集。基于多标签参考数据集同时识别出待查询的细胞的两种标签具有重要意义，尤其对于胚胎发育领域的相关研究工作具有重要指导意义。该问题是一个典型的多标签分类问题（multi-label classification），而 DCA 只能处理单标签分类问题，因此 scLearn 针对这类数据采用了新的度量学习策略，即多标签最大化约束简约策略（multilabel dimension reduction via dependence maximization，MDDM）[43]。MDDM 试图通过最大化原始特征空间与相关类别标签之间的依赖关系并考虑标签之间的相关性，来获得一个可以将原始数据投影到低维特征空间的最优转换矩阵。

具体来说，MDDM 包括三个步骤：①计算不同标签之间的依赖性关系；②最大化细胞的特征和细胞标签之间的依赖性关系；③通过优化过程获得最佳转换矩阵。为方便理解，以 $X_{D \times N}$ 代表差异表达基因矩阵，其中，D 是差异表达基因的数量，N 是细胞的数量。以 Θ 代表标签集合包含 M 个标签。与样本 x 相关的标签构成了 Θ 的子集，可以表示为一个 M 维的布尔向量 y，其中 1 代表该样本具有对应的标签，0 则相反。用 $Y_{M \times N}$ 代表标签矩阵。首先，MDDM 计算不同标签的关系，用矩阵 L 来表示，其计算公式如下：

$$L = Y^{\mathrm{T}} Y \tag{2.8}$$

然后，MDDM 通过 Hilbert-Schmidt Independence Criterion[64] 来最大化特征和类别标签之间的依赖，并定义如下优化的目标函数：

$$\begin{cases} \max_{p} \, p^{\mathrm{T}} \left(\mathrm{XHLHX}^{\mathrm{T}} \right) p \\ s.t. \ \ p^{\mathrm{T}} p = 1 \\ H = I - \dfrac{1}{N} e e^{\mathrm{T}} \end{cases} \tag{2.9}$$

其中，e 是一个全为 1 的列向量。以上优化过程的解是矩阵 $XHLHX^T$ 的特征值 λ 以及对应的特征向量 p。最后，MDDM 将选择前 d 个特征向量，在满足 $\sum_{i=1}^{d} \lambda_i \geq thr \times \left(\sum_{i=1}^{d} \lambda_i\right)$ 的情况下构建出最佳转换矩阵 $A_{D \times d}$。thr 参数介于 0 和 1 之间，默认值为 99.9%[65]。

获得最佳转换矩阵 $A_{D \times d}$ 之后，scLearn 进行类似基于 DCA 的 scLearn 的后续操作，即计算转换后的单细胞参考数据集及转换后的待识别数据集，并计算它们之间的相似性以判定待识别细胞的细胞类型。

6. 自动学习相似性阈值

在新的细胞类型识别过程中，传统的方法对于所有的单细胞参考数据集以及所有的细胞类型均采用一个相同的先验相似性阈值（如皮尔森相关系数为 0.7[36]）来判定待查询细胞的细胞类型是否存在于参考数据集中（判定是否为 unassigned）。这种方式存在不合理性，因为 scRNA-seq 数据具有高度异质性，不同参考数据集及不同细胞类型的数据分布具有较大的差别。例如，细粒度细胞类型识别的阈值理论上要高于粗粒度细胞类型识别的阈值，因为细粒度细胞类型内部的细胞相似性要明显高于粗粒度的细胞类型。基于该思想，scLearn 设计了数据驱动的相似性阈值学习策略，利用数据本身的相似性分布来学习相似性阈值，从而取代人为设定的阈值。具体过程请参考相关文献[17]。

7. 细胞类型自动识别过程

通过以上步骤，scLearn 计算获得了最佳转换矩阵及每个细胞类型的相似性阈值，进而利用这些信息对待查询的细胞进行细胞类型识别。scLearn 首先采用学习好的最佳转换矩阵将单细胞参考数据集和待查询的细胞投影至相同的特征空间，然后比较转换后的待查询细胞和单细胞参考数据集中每种细胞类型质心之间的皮尔森相关系数，选择参考数据集中相似性最高的细胞类型作为最后细胞类型识别的结果，并根据之前计算好的每个细胞类型的相似性阈值来判定 unassigned 细胞，具体过程见参考文献[17]。

8. scLearn 工作原理的评估指标

scLearn 基于度量学习方法，其核心思想是经过度量学习，使得具有相同标签的细胞变得更相似、具有不同标签的细胞变得更不相似，以达到提高信噪比的效果，这将非常有利于后续的细胞类型自动识别过程。我们定义了两个指标，即类内紧凑性（intracluster compactness）及类间复杂性（intercluster complexity）[35]，并基于该类指标证明了 scLearn 方法的优越性。类内紧凑性代表了单细胞参考数据集中同种细胞类型的细胞相似程度，用于衡量经过 scLearn 转换后相似的细胞是否变得更加相似。类间复杂性代表了单细胞参考数据集中不同细胞类型间的相似程度，用于衡量经过 scLearn 转换后不相似的细胞是否变得更加不相似。具体公式请参考文献[17]。

9. 性能评估指标

我们比较了 scLearn 和多个现有方法在多个应用场景中的性能差异。scLearn 同时适用于单标签细胞类型自动识别和多标签细胞类型自动识别，它们各自采用不同的评价指标。

对于单标签细胞类型识别，scLearn 测试了三种应用场景，这些应用场景各自的评价指标如下：①对于阳性对照场景，采用准确率（accuracy）来评估，即在所有待查询的细胞中，细胞类型识别正确的细胞所占的比例。在该场景中，准确率越高，代表该方法性能越好；②对于阴性对照场景，由于选择的参考数据集和待查询细胞的细胞类型完全不同，正确的预测结果应该是所有的待查询细胞均被判定为 unassigned，因此设置 unassigned rate，即在所有待查询的细胞中，判定结果为 unassigned 的细胞所占的比例。在该场景中，unassigned rate 越高，代表该方法性能越好；③对于真实应用场景，该场景既包含阳性对照又包含阴性对照，因此对于该场景的评估具有两个指标：准确率（accuracy），即所有未预测为 unassigned 的细胞中类型识别正确的细胞比例；unassigned rate，即所有预测为 unassigned 的细胞中，具有真实的新细胞类型的细胞比例。

对于多标签细胞类型识别，我们采用 micro-F1[65]进行性能评估。具体来说，存在两种不同的多标签细胞类型识别策略，即独立识别（separate assignment）和细粒度识别（fine-grained assignment），前者分别识别不同的标签，后者是将两类标签结合起来形成一个细粒度的标签进行识别。这两种策略的评估可以通过将原始的不同标签空间组合成细粒度的方式来统一进行处理。在这种情况下，只有当该组合中的所有类型标签都预测正确时，组合的预测标签才被判定为正确；当该组合中的任何一种标签被判定为 unassigned 时，组合的预测标签为 unassigned。

2.2.3　结果与讨论

1. 论证 scLearn 原理可靠性

为了验证 scLearn 的细胞类型识别性能，我们首先论证了 scLearn 的计算原理。我们以人类胰腺细胞数据集[46]（Baron_human）为例进行介绍（图 2.5）。如图 2.5A~D 所示，与传统研究中常用的度量（皮尔森相关系数）相比，我们对原始数据矩阵进行度量学习变换，再使用皮尔森相关系数进行相似性计算，此时相同细胞类型的细胞更加相似，不同细胞类型的细胞变得更不相似。

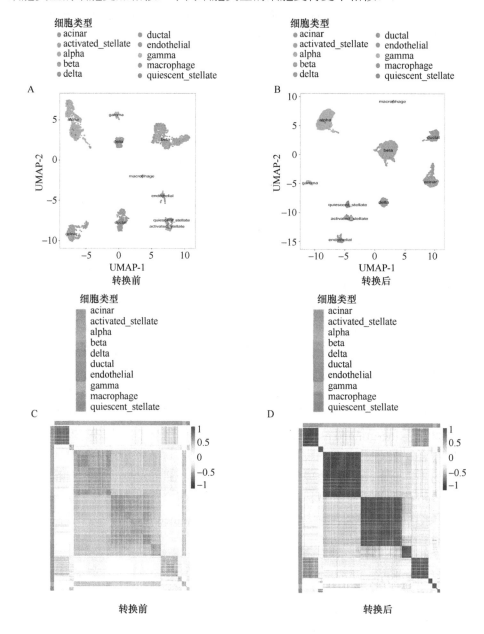

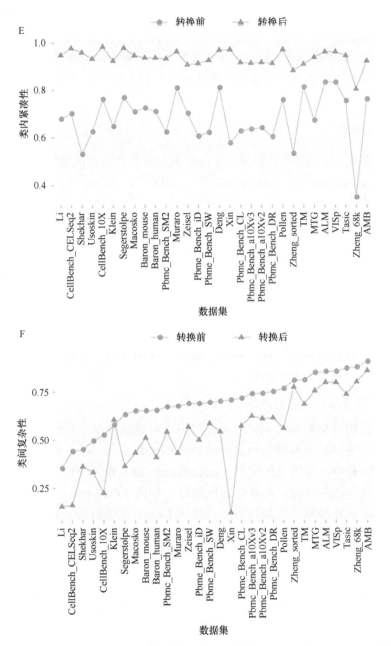

图 2.5 经 scLearn 转换前后单细胞参考数据集的比较[17]。A、B. 对 Baron_human 数据集进行基于 DCA 的 scLearn 转换前后的聚类可视化结果。C、D. 对 Baron_human 数据集进行基于 DCA 的 scLearn 转换前后的相似度热图。E. 对 30 个单细胞参考数据集进行基于 DCA 的 scLearn 转换前后的类内紧凑性的比较。F. 对 30 个单细胞参考数据集进行基于 DCA 的 scLearn 转换前后的类间复杂性的比较

　　为了进一步验证 scLearn 原理的普适性,我们计算了使用 scLearn 转换前后的 30 个单细胞参考数据集(见表 2.2)的类内紧凑性和类间复杂性,结果如图 2.5E,F 所示,可以清楚地看到,对于几乎所有单细胞参考数据集,scLearn 转换后的数据集具有更高的类内紧凑性和更低的类间复杂性,进一步证明了 scLearn 的普适性。

2. scLearn 性能测试

　　我们在四种应用场景中比较了 scLearn 和现有其他方法的性能差异,这些方法包括 scmap-cluster[36]、scmap-cell[36]、scID[37]、scPred[38]、CHETAH[39] 及 SVMrejection[66]。

　　1)应用场景一:阳性对照场景

　　该场景比较结果如图 2.6A 所示。在该场景测试中,我们使用 4 个单细胞胰腺数据集[46-49]和 7 个免疫细胞数据集[63],运用不同细胞类型识别方法进行细胞类型识别并计算准确率,准确率越高,说明该方法在阳性对照场景中表现越好。如图 2.6A 所示,scLearn 在该场景中获得了最高的准确率。此外,通过计算所有结果的标准差,可以发现 scLearn 识别的结果具有最小的标准差,证明 scLearn 不仅准确率高,结果也较为稳定。总体而言,通过系统的比较,在阳性对照场景中,scLearn 表现出最佳和最稳定的性能。

　　2)应用场景二:阴性对照场景

　　该场景比较结果如图 2.6B 所示。在阴性对照场景中,我们选用具有不同细胞类型的单细胞参考数据集和新测序的单细胞数据集,以此来模拟阴性对照场景。在该场景中,采用未匹配率(unassigned rate)作为评价指标,未匹配率越高,代表该方法在该应用场景中表现越好。如图 2.6B 所示,只有 scLearn 和 scmap-cluster 在该场景中表现良好,而且 scLearn 在该场景中的细胞类型识别结果具有最小的标准差,表明 scLearn 在该场景中最为稳定。另外,无论是阳性对照场景还是阴性对照场景,这些数据集都来自于不同的测序平台,例如,4 个胰腺数据集来自 4 个不同的测序平台,7 个免疫数据集来自 7 个不同的测序平台(见表 2.2),证明 scLearn 对不同测序平台间的细胞类型识别具有良好的鲁棒性。

　　如图 2.6C 所示,通过将阳性对照场景的结果和阴性对照场景的结果进行整合,我们可以直观地发现 scLearn 在这两种应用场景中均获得了良好的表现。

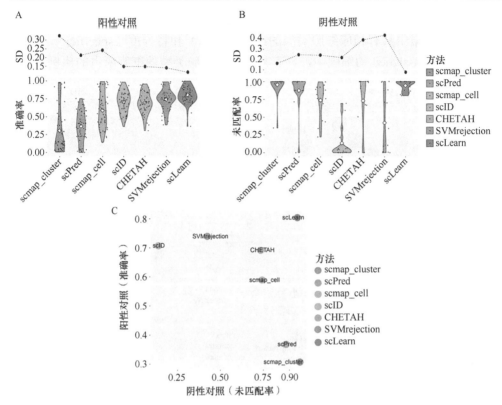

图 2.6 scLearn 和其他方法在阳性对照场景与阴性对照场景中的性能比较[17]

3）应用场景三：真实应用场景

尽管前两个场景已经证明 scLearn 在实验数据集上具有良好的性能，但是在真实应用场景中，往往是阳性对照场景和阴性对照场景共存，因此我们模拟了该真实应用场景，即待查询细胞的细胞类型大部分存在于参考数据集中（类似阳性对照场景），小部分细胞类型在参考数据集中未见（类似阴性对照场景）。前者需要以尽可能高的准确率进行类型识别，后者则需要尽可能地判定为"unassigned"细胞。为了模拟该应用场景，我们利用两个胰腺数据集 muraro[47] 和 baron[46] 中共有的 7 个细胞类型作为胰腺细胞参考数据集，以 baron 数据集中所有的细胞作为待查询的细胞进行细胞类型识别。在 baron 数据集中，除了和 muraro 数据集中共有的 7 个细胞类型外，还包含了另外 7 个细胞类型：活化星形细胞（activated stellate cell）、ε 细胞（epsilon cell）、巨噬细胞（macrophage cell）、肥大细胞（mast cell）、静止星形细胞（quiescent stellate cell）、施万细胞（Schwann cell）和 T 细胞（T cell）。这些细胞类型在 muraro 数据集中是缺失的，因此这些细胞类型被当作阴性对照，需要被判定为 unassigned。结果如图

2.7 所示，scLearn 获得了最高的准确率（accuracy，正确识别细胞类型的细胞占待查询数据集中具有相应细胞类型的细胞的比例）和特异度（specificity，在所有判定为 unassigned 的细胞中，具有真实的新细胞类型的细胞所占的比例）。

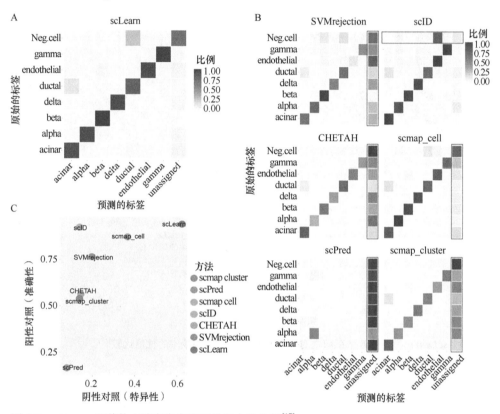

图 2.7　scLearn 和其他方法在真实应用场景中的比较[17]

4）应用场景四：将 scLearn 扩展至多标签细胞类型自动识别场景

时间状态信息在单细胞数据的细胞发育和谱系分析[44, 45]中具有关键的作用。在这样的分析场景中，细胞除了需要识别其细胞类型以外，识别其所处的时间状态同样至关重要。该场景下的单细胞参考数据集具有两个方面的标签：细胞类型和时间状态。如何在识别新测序细胞类型的同时识别其所处的时间状态，是 scLearn 需要进一步解决的问题，这类问题我们称之为多标签细胞类型自动识别问题。

概括来说，这类问题有两种解决方案：①将两类标签单独分别进行识别，称之为独立识别（separate assignment）；②将两类标签结合起来形成一个细粒度的标签，称之为细粒度识别（fine-grained assignment）。同一细胞的不同类标签之间是存在关联的，例如，在细胞发育过程中，部分细胞类型总是倾向于富集在某个特定发育时间点[44]，故将每种类型的标签之间的信息充分整合起来，对于提升这种应用场景下的细胞识别性能是非常有帮助的。因此，我们应用多标签最大化特征依赖约简策略（multilabel dimension reduction via dependence maximization，MDDM）[65]，将 scLearn 扩展至多标签细胞识别场景中。MDDM 可以充分整合多类标签之间的关系，通过最大化标签和特征之间的依赖性，最终学习出最佳度量方式，其表现形式和 DCA 一致，即学习出一个最佳转化矩阵，通过该转化矩阵，将多标签参考数据集和新测序的单细胞数据集转化至同一个特征空间，再进行类似的细胞标签识别。

为了便于区分，我们称基于单标签细胞类型识别的 scLearn 为 DCA-based scLearn，基于多标签细胞类型识别的 scLearn 为 MDDM-based scLearn。首先，为了方便理解 DCA-based scLearn 和 MDDM-based scLearn 在处理多标签细胞识别问题上的策略差异，我们绘制了这两种策略的几何示意图，如图 2.8A 所示。相比 DCA-based scLearn，MDDM-based scLearn 的优势在于它能充分利用多类标签之间的关系，以便能将细胞同时按照细胞类型和时间状态进行区分。进一步，本案例以胚胎干细胞数据集（embryonic stem cell，ESC）[44]为例，比较了 MDDM-based scLearn 数据转换前后的细胞聚类情况，验证了 MDDM-based scLearn 能将细胞按照细胞类型和时间状态标签同时区分开（图 2.8B）。

我们系统比较了 MDDM-based scLearn 和 DCA-based scLearn 进行多标签识别的性能差异。该测试所用的数据集为三个同时具有细胞类型和时间状态标签的单细胞参考数据集。基于该数据集，我们进行了两种方法在两种策略（独立识别和细粒度识别）上的性能测试。如图 2.8C 所示，在多标签细胞识别场景中，无论采用独立识别策略还是细粒度识别策略，MDDM-based scLearn 的性能均优于 DCA-based scLearn。总体而言，基于 MDDM-based scLearn，采用细粒度识别策略对多标签细胞类型进行识别是目前的最佳方案。

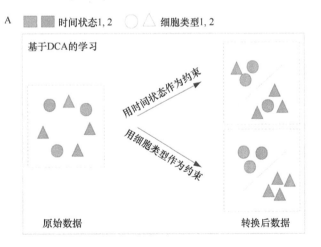

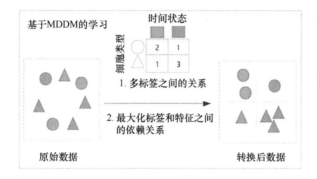

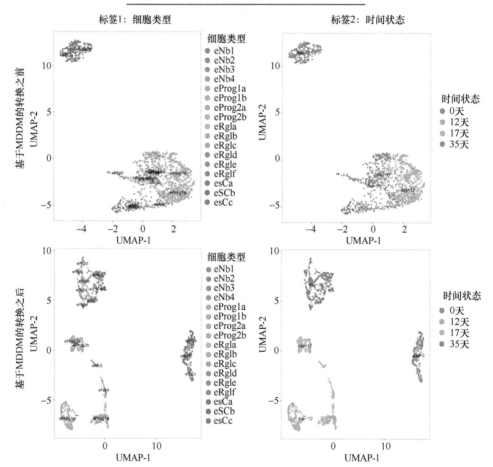

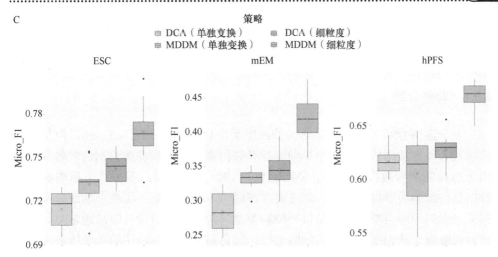

图 2.8 DCA-based scLearn 和 MDDM-based scLearn 在多标签细胞类型识别场景中的比较[17]。
A. DCA-based scLearn 和 MDDM-based scLearn 方法几何示意图；B. 对于数据集 ESC（Embryonic stem cells），经过 MDDM-based scLearn 转换前后的聚类可视化结果；C. DCA-based scLearn 和 MDDM-based scLearn 在两种策略（独立识别和细粒度识别）下的 micro-F1。ESC，embryonic stem cell，胚胎干细胞；mEM，mouse embryo ventral midbrain cell，小鼠胚胎腹侧中脑细胞；hPFC，human prefrontal cortex cell，人类前额叶皮层细胞。

2.2.4 案例小结

本案例开发了基于度量学习的细胞类型自动识别系统 scLearn，该系统的核心思想是通过度量学习增加具有相同标签的细胞之间的相似性，同时减少不同标签的细胞之间的相似性，以此提升单细胞参考数据集的信噪比，进而提升后续细胞类型识别的性能。通过在 30 个来自不同实验室、不同测序平台的单细胞参考数据集上的系统测试和性能比较，证明了 scLearn 在原理上及多个应用场景中都具有最佳的准确率和鲁棒性。同时，scLearn 首次提出基于数据驱动的学习方式来自动选取 unassigned 的阈值，极大地提高了细胞类型的识别性能。此外，我们将 scLearn 扩展至多标签细胞类型识别场景，使 scLearn 不仅能识别细胞类型，同时亦可识别待查询的细胞所处的时间状态。

综上，scLearn 系统采用单标签和多标签度量学习算法来构建细胞类型自动注释模型，有效地解决了单细胞参考数据集高噪声的问题，是度量学习结合单细胞转录组学助力细胞类型自动注释的一个典型案例。

2.3 案例二：整合多个参考单细胞组进行细胞类型识别的度量学习

2.3.1 背景介绍

上一案例介绍了基于度量学习的细胞类型自动识别系统 scLearn，但是该方法以及其他方法均依赖于单个单细胞参考数据集，其细胞类型识别性能将严重依赖于选择的参考数据集的质量和细胞数量[35]。具体来说，基于单个单细胞参考数据集的细胞类型自动识别方法主要存在两个方面的缺陷：①单个单细胞参考数据集包含的细胞类型数量以及每个细胞类型包含的细胞数量有限，通常会导致待查询的细胞无法识别出正确的细胞类型；②目前缺乏国际通用的单细胞参考数据集，选择的单细胞参考数据集的质量将严重影响细胞类型识别的结果[35]。随着人类细胞图谱计划[34]的提出，同一组织、不同来源的单细胞参考数据集越来越多，整合多个单细胞参考数据集进行细胞类型自动识别将弥补以上缺陷。如何将多个单细胞参考数据集进行有效整合并对新测序的细胞进行细胞类型自动识别，是领域内目前面临的重要挑战。

目前主要存在三种单细胞参考数据集整合策略，分别是数据水平的整合策略（data-level integration）、算法水平的整合策略（algorithm-level integration）及决策水平的整合策略（decision-level integration）。①数据水平的整合策略：将多个参考数据集去除批次效应后形成一个综合的单细胞参考数据集，然后采用前述的方法进行细胞类型自动识别。②算法水平的整合策略：通过有效整合不同单细胞参考数据集之间的信息进行建模，但是数据之间保持分离状态，并非直接整合成一个综合的单细胞参考数据集。③决策水平的整合策略：基于每个单细胞参考数据集分别进行细胞类型识别，最后将各个识别结果进行整合。

目前，只存在少数的、可以整合多个单细胞参考数据集的细胞类型自动识别方法，例如，Seurat v3 采用数据水平的整合策略，scmap-cluster 和 SingleR 采用决策水平的整合策略。这两种策略尽管都利用了多个单细胞参考数据集，但是存在两个方面的缺陷：①数据水平的整合策略严重依赖于数据去批次方法，目前的去批次方法通常面临着批次过矫正（over-corrected）问题，而且这些方法往往会将数据原始的特征，如基因转换成综合变量[33, 67-71]，不利于后续的细胞类型识别过程；②决策水平的整合策略无法充分利用多个单细胞参考数据集之间的信息，不能充分发挥多个单细胞参考数据集的优势。

2.3.2 解决方案

1. 计算框架总述

针对以上问题，本案例介绍度量学习的另一个组学分析案例：整合多个单细胞参考数据集的细胞类型自动识别系统 mtSC[72]。该系统整合了算法水平的整合策略和决策水平的整合策略，既能充分发挥多个单细胞参考数据集的优势，又非单纯依赖于数据水平的整合策略，避免了批次过矫正的问题。mtSC 是一个动态系统，可以整合所需的多个参考数据集进行细胞类型自动识别。在上一个案例中，scLearn 证明了度量学习在细胞类型自动识别任务中的有效性和优越性。mtSC 在度量学习的基础上将单个参考数据集扩展至多个参考数据集的多任务学习场景，构建了基于多任务深度度量学习（multi-task deep metric learning）的计算框架。具体来说，mtSC 将每个单细胞参考数据集视为一个任务，训练一个基于多任务学习的深度神经网络模型，而非直接将多个单细胞参考数据集整合成一个综合的单细胞参考数据集，亦非直接对每个单细胞参考数据集进行单独训练再进行简单整合。mtSC 可以整合每个参考数据集潜在的共同信息来进行批次矫正，并且多个单细胞参考数据集中不同的信息可以互补，进而提升细胞类型识别的整体性能。

具体来说，mtSC 的计算框架主要包括两个步骤：模型学习和细胞类型识别过程（图 2.9）。①在进行简单的数据预处理之后，mtSC 构建了一个多任务深度度量学习框架，即参数共享的深度度量学习神经网络（parameter-shared deep metric learning network，PS-DMLN）。通过该模型整合了多个单细胞参考数据集的共同信息。②随后，对于新测序的细胞，mtSC 首先应用训练好的 PS-DMLN 模型，将新测序的细胞映射至和单细胞参考数据集同一特征空间，然后计算新测序细胞与每个转换后的单细胞参考数据集中的每个细胞类型的相似性，取相似性最高的细胞类型作为最后的识别结果。

2. 数据来源

本案例收集了 27 个单细胞参考数据集用以测试 mtSC 的性能和优越性，它们来自 4 项研究，包括 3 个组织：外周血单核细胞（peripheral blood mononuclear cell，PBMC）[63, 73]、大脑[54, 60]和胰腺[46-49]（表 2.3）。

3. 数据预处理

mtSC 首先需进行必要的数据预处理，包括数据质量控制、数据标准化、稀有细胞类型过滤等，详情请参考相关文献[18]。

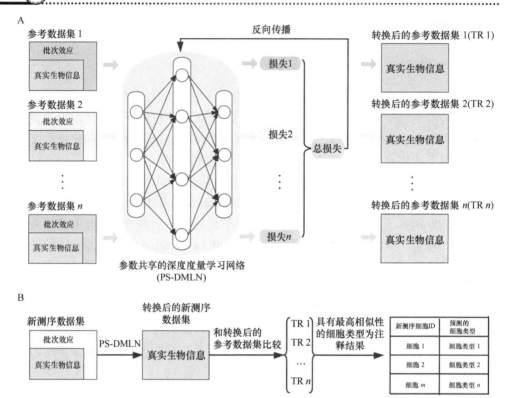

图2.9 mtSC 的计算框架[18]

表2.3 用于测试 mtSC 性能的单细胞参考数据集

数据集	数据描述	质控后的细胞数量	细胞类型的数量	测序平台	参考文献
Baron_human	人类胰腺	8 562	13	inDrop	[46]
Muraro	人类胰腺	2 110	8	CEL-Seq2	[47]
Segerstolpe	人类胰腺	2 126	9	SMART-Seq2	[48]
Xin	人类胰腺	1 491	4	SMARTer	[49]
Tasic	小鼠皮层	695	4	SMARTer	[60]
AMB	小鼠初级视觉皮层	4 351	11	SMART-Seq v4	[54]
VISp	小鼠初级视觉皮层	12 446	16	SMART-Seq v4	[54]
ALM	小鼠前外侧运动区	7 742	16	SMART-Seq v4	[54]
MTG	人类颞中回	13 907	17	SMART-Seq v4	[54]
Pbmc_10Xv2	外周血单核细胞	9 683	9	10X version 2	[63]
Pbmc_10Xv3	外周血单核细胞	3 188	8	10X version 3	[63]
Pbmc_CL	外周血单核细胞	526	7	CEL-Seq2	[63]
Pbmc_DR	外周血单核细胞	6 584	9	Drop-Seq	[63]
Pbmc_iD	外周血单核细胞	6 287	7	inDrop	[63]

续表

数据集	数据描述	质控后的细胞数量	细胞类型的数量	测序平台	参考文献
Pbmc_SM2	外周血单核细胞	475	6	SMART-Seq2	[63]
Pbmc_SW	外周血单核细胞	3 706	7	Seq-Well	[63]
Pbmc_C1HT-medium	外周血单核细胞	1 406	8	C1HT-medium	[73]
Pbmc_C1HT-small	外周血单核细胞	1 330	8	C1HT-small	[73]
Pbmc_CEL-Seq2	外周血单核细胞	834	7	CEL-Seq2	[73]
Pbmc_Chromium2	外周血单核细胞	1 509	8	Chromium2	[73]
Pbmc_Chromium	外周血单核细胞	1 287	8	Chromium	[73]
Pbmc_ddSEQ	外周血单核细胞	1 949	8	ddSEQ	[73]
Pbmc_Drop-Seq	外周血单核细胞	1 922	8	Drop-Seq	[73]
Pbmc_ICELL8	外周血单核细胞	1 597	9	ICELL8	[73]
Pbmc_inDrop	外周血单核细胞	606	7	inDrop	[73]
Pbmc_MARS-Seq	外周血单核细胞	1 276	8	MARS-Seq	[73]
Pbmc_mcSCRB-Seq	外周血单核细胞	1 592	8	mcSCRB-Seq	[73]
Pbmc_Quartz-Seq2	外周血单核细胞	693	8	Quartz-Seq2	[73]

4. 基于多任务深度度量学习整合多个单细胞参考数据集

在模型学习阶段，mtSC 将深度度量学习（deep metric learning，DML）扩展至多任务学习框架来整合多个单细胞参考数据集。对于 DML，N-pair loss[74]被用作损失函数。mtSC 构建的 DML 神经网络包含一个输入层、一个隐藏层和一个输出层。输入层具有与所有单细胞参考数据集中的基因并集相同的节点数。隐藏层和输出层分别有 500 个和 20 个节点。

mtSC 将 DML 扩展到多任务学习场景，通过在任务之间共享模型参数来构建多任务学习框架，对于全部或部分 m 个相关的学习任务，多任务学习旨在通过利用这些任务中包含的所有知识来提升单个任务的学习效果，进而提升模型整体的性能[75]。在单任务 DML 的基础上，mtSC 将所有任务的损失累加，并在每次迭代中通过反向传播算法更新参数。所有任务在训练过程中共享所有层的模型参数。详情请参考相关文献[18]。

5. 细胞类型自动识别过程

经过模型学习，mtSC 获得了训练好的参数共享深度度量学习网络（PS-DMLN）。然后，mtSC 可以对新测序的细胞进行细胞类型识别。

首先对新测序的细胞进行数据预处理（具体过程请参考相关文献[18]），并使用 mtSC 在多个单细胞参考数据集中训练好的模型，即参数共享深度度量学习网络

（PS-DMLN），将新测序细胞映射至和模型转换后的参考数据集一致的特征空间中。然后，计算转换后的新测序数据集和转换后的每个参考数据集中细胞类型的相似性，将每个新测序细胞的细胞类型预测为在参考数据集中具有最高相似性的细胞类型。具体来说，对于每个转换后的参考数据集，mtSC 通过测量新测序的细胞与每个转换后的参考数据集的细胞类型质心之间的相似性来进行细胞类型识别。mtSC 采用皮尔森相关系数计算相似性，与本章前述的 scLearn 一致。最后，将所有转换后的参考数据集中相似性最高的细胞类型作为新测序细胞的细胞类型。

2.3.3 结果与讨论

1. mtSC 工作原理论证

首先，我们从 mtSC 的原理上论证了其有效性。为了直观地说明 mtSC 如何有效地整合多个单细胞参考数据集以提升细胞类型识别性能，我们分别比较了 PCA（principal component analysis）变换、DML（deep metric learning）变换及 mtSC 变换后的参考数据集的数据聚类结果。如图 2.10A～F 所示，DML 可以使具有相同细胞类型标签的细胞更加相似、具有不同细胞类型标签的细胞更不相似，获得了和上一案例中 scLearn 一致的结论。然而，对于一些特殊的细胞类型，如 CD4$^+$ T 细胞和 CD8$^+$ T 细胞，由于 scRNA-seq 数据的高噪声以及这两个细胞类型的高度相似性，尽管采用 DML 训练，依然无法很好地区分。在整合了其他多个单细胞参考数据集之后，我们将 DML 扩展至多任务学习场景，如图 2.10C、F 所示，mtSC 可以将这两个细胞类型进一步区分，有效地证明了 mtSC 可以通过整合多个参考数据集提升单个参考数据集的信噪比。

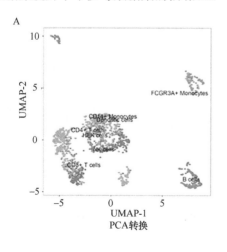

PCA转换

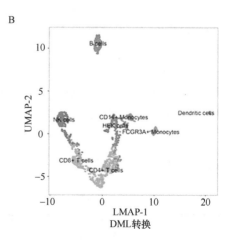

DML转换

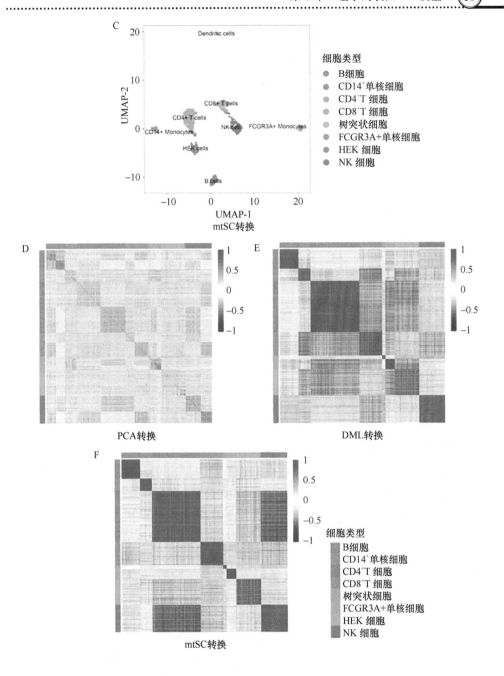

PCA转换

DML转换

mtSC转换

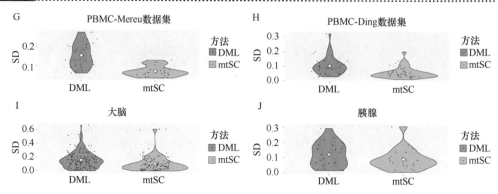

图 2.10　PCA、DML 及 mtSC 数据转换后的聚类结果比较[18]。SD，标准差（standard deviation）

　　为了进一步证明以上结论，我们分别计算了经过 mtSC 和 DML 转换的每个参考数据集中任意两种细胞类型之间的相似性。通过比较该相似性，我们发现相比 DML，mtSC 获得了更加一致的结果，证明 mtSC 确实捕获了数据集之间的共同信息。具体的，我们对 4 项研究的 27 个单细胞参考数据集（见表 2.3）进行了测试，结果如图 2.10G~J 所示，mtSC 在所有 4 项研究中都获得了比 DML 更为一致的结果（标准差更小）。

2. mtSC 整合策略的性能评估

　　当前主流的整合多个参考数据集进行细胞类型识别的方法主要采用两种策略。①数据水平的整合策略（data-level integration）。该策略首先通过去除批次效应的方法[33]将多个参考数据集整合成一个综合的单细胞参考数据集，然后使用已有的基于单个单细胞参考数据集进行细胞类型自动识别的方法进行细胞类型识别。②决策水平的整合策略（decision-level integration）。该策略首先分别对单个参考数据集进行细胞类型自动识别，最终整合各自识别的结果进行细胞类型识别[36, 41]。mtSC 整合多个单细胞参考数据集的方式与前述方法均不相同，通过采用多任务学习的策略既能充分利用多个参考数据集之间的关系，又可以避免数据直接整合带来的批次效应过矫正的问题。为了进一步证明 mtSC 基于多任务学习策略整合多个参考数据集的优越性，我们将 mtSC 与数据水平的整合策略和决策水平的整合策略进行系统的比较。

　　在该比较测试中，我们采用 PBMC-Mereu、PBMC-Ding、Brain 及 Pancreas 4 项研究的 27 个单细胞参考数据集进行了不同整合策略的系统评估。结果如图 2.11 所示。①在数据水平的整合策略中，对于每项研究中的多个参考数据集，每次选用其中任意一个数据集作为新测序的单细胞数据集，其余数据集作为多个参考数据集进行整合。我们用 Seurat v3 来进行数据水平的整合，将多个参考数据集整合成一个综合的单细胞参考数据集，然后使用 DML 训练该综合参考数据集，即图

2.11 中的"DML+数据水平的整合"策略。②在决策水平的整合策略中，对于每项研究中的多个参考数据集，每次选用其中任意一个数据集作为新测序的单细胞数据集，其他数据集作为多个参考数据集，分别使用 DML 进行单独训练，并且对新测序的单细胞数据集独立进行细胞类型识别。最后将每个参考数据集的细胞类型识别结果进行投票整合（voting），将拥有最高相似性的细胞类型作为最后的细胞类型识别结果，即图 2.11 中的"DML+决策水平的整合"策略。③我们使用基于 DML 训练单个参考数据集的细胞类型识别结果作为基准。在该情况下，对于每项研究的多个参考数据集，每次选择其中一个数据集作为新测序的单细胞数据集，其他数据集依次选取一个参考数据集进行基于 DML 的细胞类型识别，计算 macro-F1 的平均值作为在该场景中的该新测序的单细胞数据集的细胞类型识别结果，即图 2.11 中的"DML+单个参考数据集"策略。

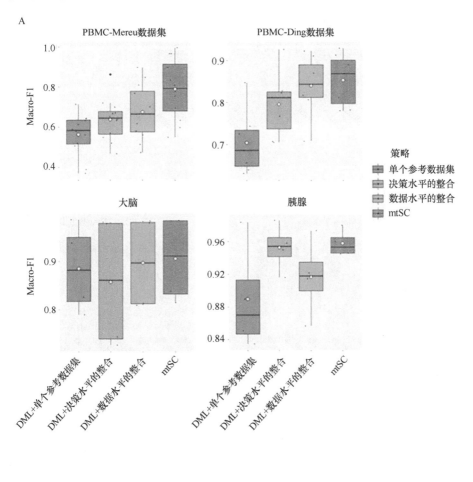

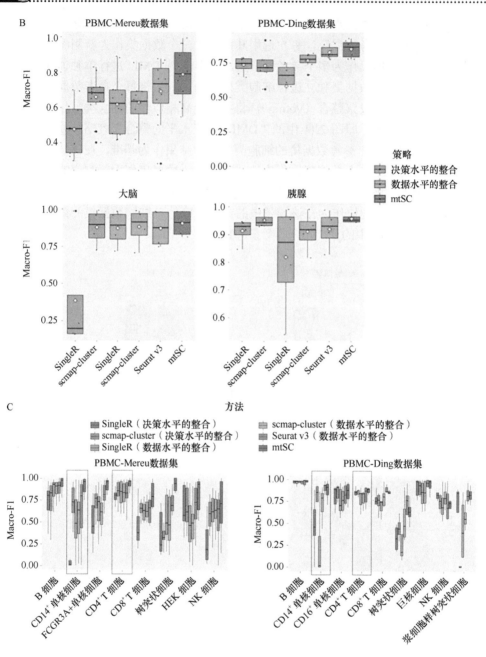

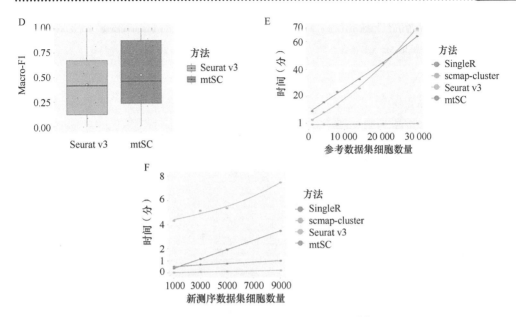

图 2.11　mtSC 和其他不同单细胞参考数据集整合策略的性能测试[18]

由图 2.11A 可知，在所有 4 项研究中，基于参考数据集整合策略的细胞类型识别的性能均优于基于单个参考数据集的策略。不仅如此，在所有整合策略中，mtSC 获得了最佳的性能，验证了其优越性。

3. mtSC 和已有计算工具性能比较

为了进一步证明 mtSC 的性能，我们将 mtSC 和已有的整合多个单细胞参考数据集的细胞类型识别方法进行了系统比较。这些方法包括 scmap-cluster、SingleR 及 Seurat v3，其中 scmap-cluster 和 SingleR 采用的是决策水平的整合策略，Seurat v3 采用的是数据水平的整合策略。理论上，scmap-cluster 和 SingleR 也可以采用数据水平的整合策略，因此为了更全面地进行比较，在数据水平的整合策略比较中，我们对于 Seurat V3、scmap-cluster 及 SingleR 都进行了测试。

结果如图 2.11B 所示，数据水平的整合策略的性能普遍优于决策水平的整合策略，同时 mtSC 相比其他方法在 4 项研究中均取得了最佳的性能，再次证明了mtSC 的优越性。另外，我们还比较了更多的细胞类型的自动识别方法[35]，包括CHETAH[39]、scID[76]、ACTINN[77]、SVM[66]、NMC[78]、RF[78]、LDA[78]和 kNN（$k=9$）[78]，这些方法均基于单个参考数据集进行细胞类型识别，我们对这些方法采用数据水平的整合策略和决策水平的整合策略进行整合。其中，CHETAH、scID、ACTINN 和 NMC 不支持决策水平的整合策略，LDA 不支持数据水平的整合策略，结果如图 2.12 所示。由图可知，mtSC 依然获得了最佳性能，再次证明了其具有广泛的优越性。

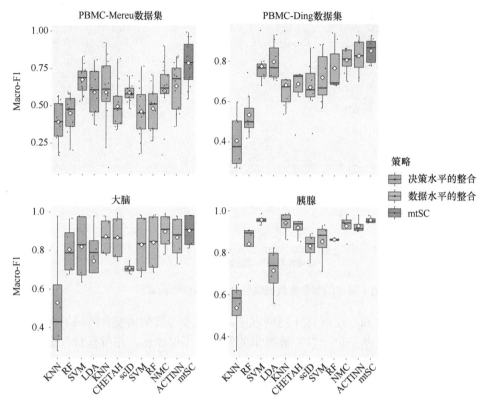

图 2.12　mtSC 和其他方法的性能比较[18]

　　以上比较均是在数据集的水平,为了探究 mtSC 对何种细胞类型的识别性能提升更多,我们比较了"PBMC-Mereu"和"PBMC-Ding"这两项研究的各个细胞类型的结果,这两项研究具有大量相同的细胞类型,因此方便比较。结果如图 2.11C 所示,mtSC 对于细胞类型"CD4$^+$ T 细胞"和"CD14$^+$单核细胞"提升效果更加明显。由于"CD4$^+$ T 细胞"和"CD8$^+$ T 细胞"非常相似, "CD14$^+$单核细胞"与"CD16$^+$单核细胞"和"FCGR3A+单核细胞"非常相似,所以它们在原始的特征空间中很难区分开(如图 2.11A～F 所示)。基于多任务深度度量学习,mtSC 可以整合多个参考数据集的共同信息,有助于对特别相似的细胞类型进行识别。该结果与我们之前对 mtSC 的原理论证的结果一致。

　　需要特别指出的是,数据水平的整合策略,如 Seurat v3 通常会导致批次过矫正。为了进一步证明 mtSC 具有避免批次过矫正的优势,我们对 Seurat v3 和 mtSC 进行了额外的比较。在这个场景中,来自单个对照组的组织可能具有其他实验中未捕获的稀有细胞类型,并且将这些数据集整合在一起时可能会发生过矫正。因此，我们评估了 mtSC 和 Seurat v3 对仅存在于某一个参考数据集中的稀有细胞类型进行识别的性能（图 2.11D），证明了 mtSC 在防止数据过矫正方面相较于 Seurat v3 更具优势。

此外，我们比较了 mtSC 和 scmap-cluster、SingleR、Seurat v3 的训练时间和细胞类型识别时间（图 2.11E，F）。

4. 增加单细胞参考数据集的数量提升 mtSC 性能

进一步，我们研究了整合单细胞参考数据集的数量对 mtSC 性能的影响。结果如图 2.13 所示。尤其当基于单个单细胞参考数据集的细胞类型识别性能相对较低时，随着整合的参考数据集数量增加，mtSC 整体表现得越来越好。详情请参考相关文献[18]。

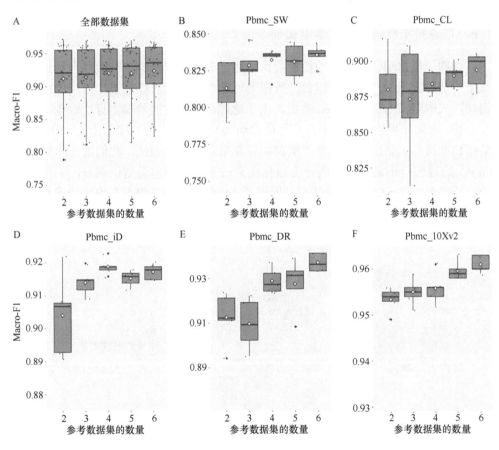

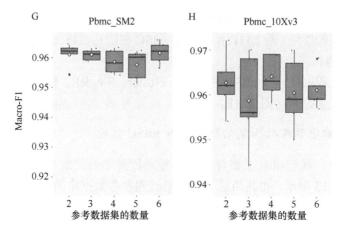

图 2.13   mtSC 随着整合的单细胞参考数据集数量增多其性能进一步提升[18]

5. mtSC 应用于跨物种细胞类型识别

　　细胞类型自动识别方法的性能很大程度上取决于选择的单细胞参考数据集。对于一些特定组织,其单细胞参考数据集可能存在难以获取且很少可用的情况。例如,人脑组织的 scRNA-seq 数据,由于伦理问题,这类数据本身比较少而且难以获得,因此如果能够利用来自其他模式动物(如猴或小鼠)的脑组织 scRNA-seq 数据协助进行人脑组织的细胞类型识别将非常有意义。因此,我们进一步探究了 mtSC 通过整合小鼠脑单细胞参考数据集来改善人脑细胞类型识别方面的应用潜力。结果表明,mtSC 的性能优异,展现了 mtSC 跨物种细胞类型识别的潜在应用价值(图 2.14),详情请参考相关文献[18]。

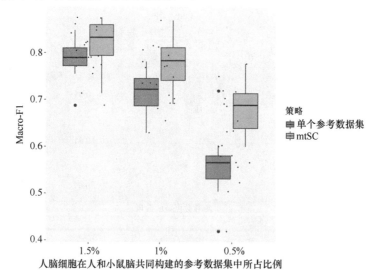

图 2.14   mtSC 利用跨物种参考数据集进行细胞类型识别的性能比较[18]

2.3.4　案例小结

本案例提出了一个新颖、通用、可扩展的单细胞细胞类型整合识别的计算框架 mtSC。在 27 个单细胞转录组参考数据集上对 mtSC 的性能进行了系统评估。mtSC 通过增加待整合的单细胞参考数据集数量，进一步提升了其细胞类型识别能力，预示了其良好的性能提升潜力。不仅如此，当某物种特定组织的可用单细胞参考数据集稀缺时，mtSC 可以借助其他物种的同种组织的单细胞参考数据集来提升目标物种的细胞类型识别性能。

综上，mtSC 基于多任务深度度量学习，可以有效整合来自不同实验平台、不同批次的同一组织单细胞转录组参考数据集，从而对新测序的单细胞转录组数据进行细胞类型识别，是度量学习结合单细胞转录组学进行细胞类型自动注释的又一个典型案例。

2.4　案例三：药物基因组的度量学习

2.4.1　背景介绍

随着世界经济的发展和人口的老龄化，人们对健康的重视程度不断提高，然而已有药物还远远不能满足社会的需求。现在已知的大约 7000 种罕见病只有 350 个批准的治疗药物，癌症、糖尿病、阿尔茨海默病等现代大众疾病仍然缺乏有效的治疗手段。因此，药物研发，如新药开发及老药新用[即药物重定位（drug repositioning）]具有重要意义。

靶点驱动药物发现（target-based drug discovery，TBDD）和表型驱动药物发现（phenotypic drug discovery，PDD）是药物研发领域的两个主要方法[79-84]：靶点驱动药物发现是根据我们对疾病发生发展机制的理解，针对与疾病高度相关的靶点设计靶向药物以治疗疾病。和靶点驱动药物发现不同，表型驱动药物发现不以靶点作为起始研究目标，而是直接采用药物刺激下疾病模型如癌症细胞系、PDX（patient-derived tumor xenograft）模型等，通过观察疾病模型表型（如癌症细胞系增殖能力）的改变来筛选具有潜在疗效的药物。在过去一段时间里，表型驱动药物发现由于是在细胞水平上观察表型的改变，所以通量小、非主流。而靶点驱动药物发现由于研发的药物体内作用机制明确，一直是药物研发领域最为常用的方法。近年来，随着分子生物学和高通量测序技术的发展，大规模测定药物扰动下细胞转录水平的表型（转录谱）变化成为可能，表型药物发现正式进入高通量时代[85, 86]。得益于此，研究人员开始利用药物扰动转录谱数据（perturbation-based transcriptional profile）进行高通量表型药物发现。2006 年，博德研究所发表 CMap

数据库，测定了 1309 种小分子药物扰动下 5 种癌症细胞系的转录谱数据，极大地促进了高通量表型药物发现的进展[87]。2017 年，为了进一步提升数据库的通量，该研究团队发表 LINCS 数据库，测定了多达 19 811 种小分子药物扰动下 24 种癌症细胞系的转录谱数据[88]。目前 LINCS 数据库中的数据概览如表 2.4 所示。

表 2.4　LINCS 数据库的数据量

数据类别	个数
药物扰动转录谱	1 071 949
小分子药物	33 866
CRISPR 敲除	7 492
RNA 干扰	4 957
基因过表达	4 082
细胞系	353

自 CMap 和 LINCS 数据库发表以来，基于药物扰动转录谱数据的表型药物发现便被广泛地应用于药物机制注释和药物重定位中。药物机制注释系指对药物作用机制（mechanism of action，MOA）进行注释[89-91]。药物作用机制用于描述药物如何在体内产生作用，例如，阿司匹林通过抑制环加氧酶发挥其抗炎作用。由于药物体内作用机制的复杂性和多样性，通过实验验证费时耗力。因此，用计算的方法准确地注释药物的作用机制具有重要意义[92]。药物重定位，即老药新用，用于发现药物超出其原始批准的适应证，扩大其使用范围和用途[93-95]。例如，西地那非曾是治疗心绞痛的药物，于 1989 年上市，现在却因"伟哥"而一举成名。相对于从头开发新药，药物重定位具有多种优势，例如，重定位的药物安全性较高且可以大大缩短药物研发的时间。在基于药物扰动转录谱数据的表型药物发现中，最常使用的方法是相似性匹配方法（similarity matching）。相似性匹配也称为特征匹配（signature matching）或模式匹配（pattern matching），其核心思想是通过度量两个转录谱之间的相似性以反映药物和药物、疾病和药物之间的联系。具体来说，在药物机制注释中，如果两个药物的扰动转录谱特征相似，则认为它们具有相似的作用机制；在药物重定位中，如果一个疾病的转录谱特征和一个药物的扰动转录谱特征相反，则认为药物能够抑制疾病中上调基因的表达，同时能够促进疾病中下调基因的表达，表明该药物对该疾病具有治疗效果。如图 2.15 所示，采用相似性匹配算法的表型药物发现主要分为三个步骤[96]：①收集大量的药物扰动转录谱作为参考谱，如 LINCS 数据库中的转录谱；②收集待注释药物的扰动转录谱（或疾病转录谱）作为查询谱；③计算查询谱与参考谱之间的相似性（也称为 enrichment score，connectivity score），并根据相似性进行后续的分析。在药物机制注释中，得到与查询谱最相似的参考谱，并把该参考谱的药物的作用机制作

为注释结果；在药物重定位中，得到与查询谱最不相似即相反的参考谱，并把该参考谱的药物的作用机制作为重定位结果。

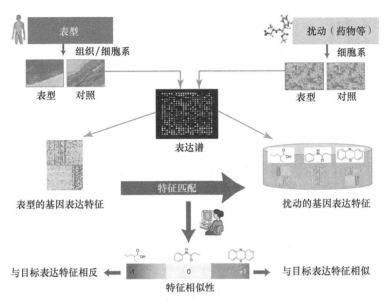

图 2.15　采用相似性匹配算法的表型药物发现的流程示意图[96]

上述过程的第三步中，计算查询谱与参考谱之间的相似性是相似性匹配方法的核心步骤。针对这一问题，目前国内外研究人员已经开发了包括 KS 在内的多个算法[87, 88, 97-108]（表 2.5）。这些相似性匹配算法已经被国内外学者广泛地应用于表型药物发现并取得了一系列重要进展。然而这些算法均存在一定的局限性，总结如下：①这些算法全部是经验式的人为定义的打分函数，然而由于转录组数据维度高、噪声大，非监督且经验式的人为定义的打分函数难以体现转录组数据内部的特点，从而难以取得令人满意的性能。由于药物扰动转录谱使用下一代测序技术，在建库的过程中需要经过多轮 PCR 扩增，因此会产生比较大的噪声[109]，每个转录谱数据由一万多个基因的表达值组成，维度非常高；②随着测序技术的发展和高通量测序费用的降低，未来药物扰动转录谱数据将会得到进一步积累，经验式的人为定义的打分函数无法充分利用数据增量带来的优势；③参考谱即药物扰动转录谱受到细胞系（药物扰动的细胞系种类）和时间点（药物扰动细胞系时长）的影响，然而目前的工具并没有系统地考虑这些因素的影响。

表 2.5　目前常用的相似性匹配算法

算法	类型	面向的数据库
KS	打分函数	CMap
GSEA	打分函数	LINCS

续表

算法	类型	面向的数据库
Cosine	打分函数	CMap
XCosine	打分函数	CMap
XSum	打分函数	CMap
ssCMap	打分函数	CMap

2.4.2　解决方案

1. 计算框架总述

在本研究案例中，针对如何准确地度量转录谱之间相似性这一关键问题，我们开发了 DrSim（similarity learning for transcriptional phenotypic drug discovery）框架[23]。DrSim 基于 CMap 和 LINCS 大规模的药物扰动表达谱，能够准确地注释药物机制和进行药物重定位。DrSim 创新性地采用了度量学习思想，基于大规模的药物扰动表达谱数据自动学习出能够准确度量转录谱之间相似性的函数，在药物机制注释和药物重定位等场景中取得了最先进的性能。与以往人为定义的经验式的打分函数不同，DrSim 是一个基于度量学习的框架，其通过海量的药物扰动转录谱数据，学习能够准确地度量查询谱和参考谱之间相似性的距离函数，进而用于药物机制注释和药物重定位。通过训练，DrSim 学习获得一个映射矩阵，该映射矩阵把原始数据映射到新的子空间中。在这个新的子空间，同类别药物扰动转录谱变得更加相似，而不同类别药物扰动转录谱变得更加不相似，从而能够准确地进行表型药物发现。如图 2.16 所示，DrSim 主要包括三个步骤：训练数据预处理、模型训练和相似度计算。

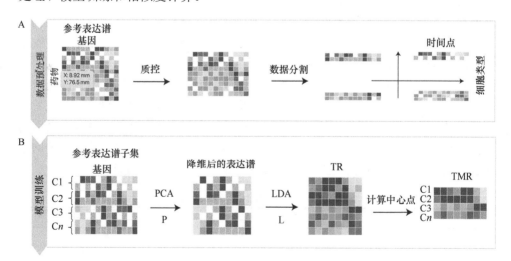

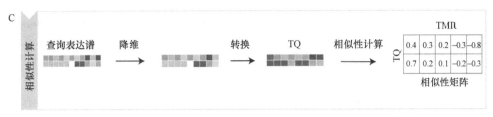

图 2.16   DrSim 流程示意图。包括训练数据预处理、模型训练和相似度计算[23]

2. 训练数据预处理

本案例使用 LINCS 数据库中的药物扰动转录谱数据作为训练数据来源[88]。但需要注意的是，DrSim 是一个基于度量学习的框架，其应用范围并不局限于 LINCS，也可以使用其他药物扰动数据库的数据完成训练。在训练数据预处理中，主要包括质量控制和数据分割两个步骤。①质量控制。根据数据的三个属性（即细胞系、药物浓度和时间点）对数据进行预处理：只保留细胞系为 MCF7、A375、PC3、HT29、A549、BT20、VCAP、HCC515、HEPG2、HA1E 和 NPC，时间点为 6h 和 24h，药物浓度为 1nmol/L、10nmol/L、100nmol/L、500nmol/L、1000nmol/L、3000nmol/L、5000nmol/L 和 10 000nmol/L 的数据。保留的数据占所有数据的比例为 89%。②数据分割。基于以下讨论，需要对 LINCS 下载的数据进行分割以消除细胞系和时间点因素对模型训练的影响。药物扰动转录谱包含 4 个属性，即细胞系、药物、时间点和药物浓度，每一个药物扰动转录谱由这 4 个条件唯一确定。细胞系属性表明使用何种细胞系接受药物干扰，药物属性表明使用何种药物扰动细胞系，时间点属性表明药物扰动细胞系的持续时间，药物浓度属性表明扰动细胞系的药物的剂量。为了全面系统地评估 4 种属性对药物扰动转录谱的影响，我们选取部分数据使用 t-SNE 进行可视化[110, 111]。如图 2.17A 所示，在其他属性保持不变的情况下，具有相同细胞系属性的药物扰动转录谱聚在一起，表明细胞系属性对药物扰动转录谱影响很大。如图 2.17B 所示，在其他属性保持不变的情况下，具有相同药物属性的药物扰动转录谱聚在一起，表明药物属性对药物扰动转录谱影响很大。如图 2.17C 所示，在其他属性保持不变的情况下，具有相同时间点属性的药物扰动转录谱聚在一起，表明时间点属性对药物扰动转录谱影响很大。如图 2.17D 所示，在其他属性保持不变的情况下，具有不同浓度属性的药物扰动转录谱聚在一起，表明浓度属性对药物扰动转录谱没有影响。综上所述，细胞系、时间点和药物对转录谱的分布存在重要的影响，而药物浓度对转录谱的分布影响较小。进一步，如图 2.18 所示，我们发现不考虑时间点和细胞系因素的影响会降低 DrSim 的准确率。本文度量学习使用的训练标签为药物属性，而训练数据的分布同时受到细胞系、时间点和药物属性的影响，综上考虑，为了在训练模型时消除细胞系和时间点对药物属性标签的影响，DrSim 把 LINCS 数据库数据按照时间点和细胞系分割成 22 个子数据集（11 个细胞系，2 个时间点），换言之，每个子数据集具有相同的细胞系和时间点属性，然后使用药物作为子数据集的标签对每个子数据集分别训练模型。由于浓度因素对转录谱影响不大，在每个子数据集中，具有不同浓度属性且由同一个药物扰动产生的转录谱作为同类实例数据。在后续的药物机制注释和药物重定位时，为了尽可能减小细胞系和时间点属性的影响，仅把与查询谱具有相同时间点和细胞系的子数据集作为参考谱。例如，在药物机制注释时，如果药物查询谱是由药物扰动 MCF7 细胞系 6h 产生的，那么采用属性为 MCF7_6h 的 LINCS 数据作为查询谱；在药物重定位时，如果疾病查询谱是乳腺癌转录谱，那么采用属性为 MCF7_6h、MCF7_24h 的 LINCS 数据作为查询谱（TCGA 等数据库疾病查询谱均没有时间点属性）。

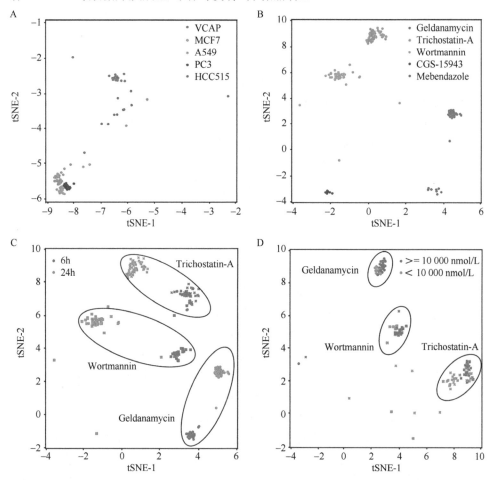

图 2.17　评估 4 个属性对药物扰动转录谱分布的影响[23]。A. 细胞系属性；B. 药物属性；C. 时间点属性；D. 药物浓度属性

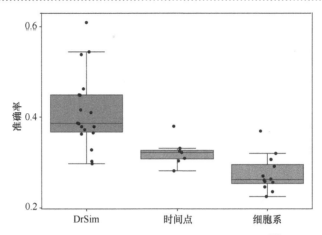

图 2.18 不考虑时间点和细胞系因素的影响会降低 DrSim 的准确率[23]

3. 模型训练

　　DrSim 采用监督式距离度量学习以自动学习出能够度量转录谱之间相似性的函数。目前，监督式距离度量学习主要有 LDA、NCA、LFDA、deepML、MLKR 和 LMNN 等算法[112, 113]。这些算法均只侧重于某一种数据类型或者应用场景，因此为了寻找适合本案例数据类型的算法，拟比较以上几个主流算法在药物机制注释应用场景中的性能（图 2.19）。之所以采用药物注释应用场景而非药物重定位应用场景进行比较，是因为前者的金标准数据集收集更加全面，定义也更加明确。在本案例中，LDA 引用自 scikit-learn（版本 v0.23）[114]；NCA、LFDA、MLKR 和 LMNN 引用自 python 包 metric-learn（metric learn in python，版本 0.6.2）[112]；deepML 引用自 pytorch-metric-learning（版本 v1.1.0）[115-119]。在进行训练时，LDA、NCA、LFDA、MLKR 和 LMNN 的 n_components 参数设置为 50，其他参数默认。deepML 的损失函数设置为 TripletMarginMiner，优化器设置为 Adam[120]，其他参数默认。如图 2.19 所示，LDA 线性判别分析在本案例数据集具有最优的性能。LMNN 由于耗时太长，没有计算其最终准确率。基于上述结果，DrSim 采用 LDA 线性判别分析作为其度量学习算法。DrSim 模型训练分为三步。①降维。LINCS 数据库中每个药物扰动转录谱具有有 12 328 个基因，即 12 328 维。如果直接训练模型，则会由于数据维度太大而造成维度灾难。此外，从生物学角度出发，很多基因如管家基因在不同的样本之间并没有差异或者差异很小，这部分基因对整个模型的训练贡献有限。因此，模型训练的第一步是对训练数据进行 PCA 降维[121]，并得到转换矩阵 P。参数 n_components 设置为 0.98，即保留原始数据 98% 的信息。数据降维不仅能降低后续计算的复杂度，同时可以去除数据中的部分噪声。②学习获得映射空间，对降维后的训练数据使用 LDA 线性判别分析，学习得到转换矩

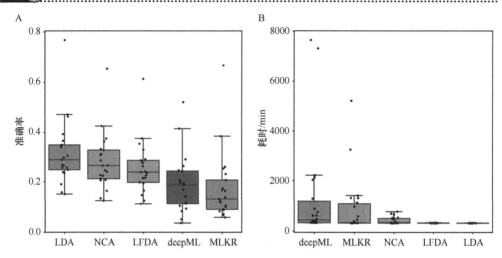

图 2.19　LDA 线性判别分析与其他常用的度量学习的比较[23]

阵 L。转换矩阵 L 把原始数据映射至新的子空间中。在新的子空间中，具有相同药物属性即表明类内转录谱距离更近、相似性更高，具有不同药物属性即表明类间转录谱距离更远、相似性更低。综上，LDA 线性判别分析能学习到一个转换矩阵，该转换矩阵在提高类内相似性的同时也能降低类间相似性。③取中位值求质心。原始数据转换后，对属于同一类的药物扰动转录谱按照维度计算中位值，得到每类的质心。例如，Emetine 药物有 10 个生物学重复，每个生物学重复由 12 328 个基因的 Z-score 组成，即 $10 \times 12\ 328$ 维度的矩阵，经过降维和转换矩阵映射后得到 10×50 矩阵，然后取均值，最终得到 1×50 的矩阵。

4. 相似度计算

对于给定的查询谱，经矩阵 P 和 L 转换后，用余弦相似性函数 Cosine 计算其与转换后的参考谱的相似性，并对得到的相似性进行排序。（其他常用于计算相似性的函数如皮尔森函数、斯皮尔曼函数与余弦函数相似性准确率差别不大，考虑到余弦相似性在大规模数据中速度最快，故本案例使用余弦相似性计算转录谱之间的相似度）排序后的相似性列表可用于药物机制注释和药物重定位。具体来说，在药物机制注释应用场景中，基于转录谱相似药物的作用机制同样相似的假设，选取与查询谱最相似的参考谱的药物作用机制作为其注释结果；在药物重定位和个体化用药场景中，基于"药物的转录谱和疾病转录谱相反则该药物能够逆转疾病状态从而治疗该疾病"的假设，选取与查询谱最相反的参考谱的药物作为重定位和个体化用药结果[87, 88]。查询谱与参考谱之间的相似性计算公式如下：

$$TR = R \times P \times L \tag{2.10}$$

$$TQ = Q \times P \times L \tag{2.11}$$

$$similarity = \frac{TMR \times TQ}{\|TMR\| \|TQ\|} \tag{2.12}$$

其中，R 为参考谱（reference）；Q 为查询谱（query）；P 为 PCA 得到的降维矩阵；L 为度量学习得到的映射矩阵；TR（Transformed reference）为转换后的参考谱，对 TR 同类参考谱取质心得到 TMR（transformed median-centered reference）；TQ 为转换后的查询谱（transformed query）。

2.3.3　结果与讨论

在把度量学习运用于表型药物发现之前，很重要的一步是对其有效性进行论证，即度量学习是否能够利用大规模转录谱数据学习出可以准确度量转录谱之间相似性的函数。本案例通过以下两个分析内容进行论证：①对于查询谱和参考谱，DrSim 训练得到的转换矩阵是否提高了类内转录谱的相似度，同时降低了类间转录谱的相似度；②更为直观的，如果查询谱和参考谱属于同一类，DrSim 是否提高了它们之间的相似性；反之，如果查询谱和参考谱不属于同一类，DrSim 是否降低了它们之间的相似性。为了便于展示，在图 2.20 中使用 MCF7_24h 子数据集中生物学重复最多的药物为例进行可视化分析，其他 21 个子数据集结论相同。在MCF7_24h 子数据集中，选取 Estradiol、Geldanamycin、Panobinostat、Sirolimus、Tacedinaline、Tanespimycin 和 Tozasertib 等 7 个药物的药物扰动转录谱数据，并按照 3∶7 的比例把数据集分成查询谱和参考谱，然后运用 DrSim 进行计算。图 2.20A～E 展示了第一个分析内容的结果，具体来说，图 2.20A、B 表明，通过使用度量学习，在参考谱中提高了类内转录谱的相似性，同时降低了类间转录谱的相似性。图 2.20C、D 表明，通过使用度量学习，在查询谱中，提高了类内转录谱的相似性，同时降低了类间转录谱的相似性。更进一步，本案例引用信息理论中的标准化互信息（normalized mutual information，NMI）指标以定量展示这种趋势[122]。NMI 越高，表明一个聚类有更高的类内相似性及更低的类间相似性。图 2.20E 表明在 LINCS 数据库的所有 22 个子数据集上，通过使用度量学习，NMI 指标均显著提高。图 2.20F、G 展示了第二个分析内容的结果，具体来说，从图 2.20F 中可以看出，在使用度量学习算法之前，类内查询谱和类间查询谱的相似度没有明显的差异，从图 2.20G 中可以看出，在使用度量学习算法之后，类内查询谱的相似度明显提高，与此同时，类间查询谱的相似度明显降低。综上，通过使用度量学习，显著提高了类内查询谱和参考谱的相似度，同时降低了类间查询谱和参考谱的相似度。

以上两个分析内容表明，如果查询谱和参考谱具有相同的表达模式，DrSim能够最大限度地提升它们之间的相似性。DrSim 的这种特性使得它非常适合用于药物机制注释，因为在药物注释中，我们参考与查询谱最相似的参考谱的机制用以注释查询谱。需要注意的是，在药物重定位中，我们希望找到和疾病查询谱最不相似的药物扰动参考谱，因此，为了使 DrSim 适合用于药物重定位，在使用 DrSim 之前对疾病查询谱基因 Z-score 做取反预处理。预处理之后，如果某个药物

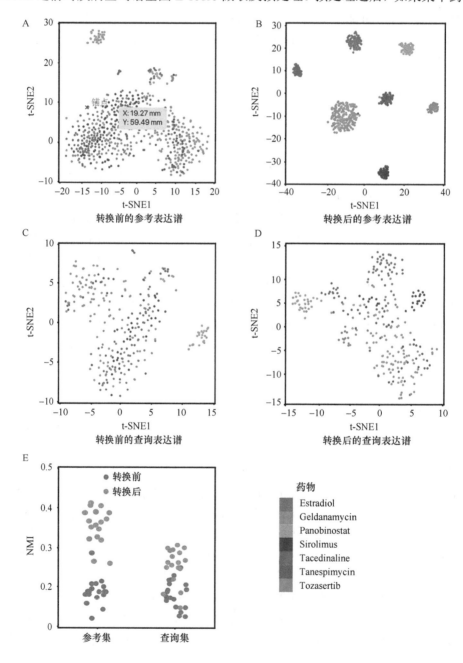

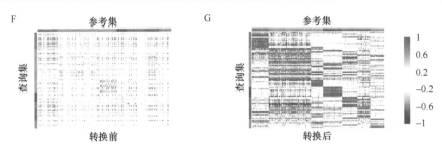

图 2.20　模型的合理性评估[23]。 A～D. DrSim 提高了类内转录谱的相似度，同时降低了类间转录谱的相似度。E. DrSim 提高了转录谱数据的 NMI。F、G. DrSim 提高了类内参考谱和查询谱的相似性，同时降低了类间的相似性

扰动参考谱和疾病查询谱具有相反的表达模式，DrSim 则会最大化它们之间的相似性，从而可以准确地重定位药物。

　　训练数据集的大小对监督式学习的准确率有较大的影响，通常训练数据集越大则监督式学习的准确率越高，训练数据集越小则监督式学习准确率越低[123]。与之对应的，训练数据集大小对非监督式学习的影响有限。本案例中，DrSim 是监督式学习模型，而其他 6 个相似性计算方法是非监督式学习模型。因此，为了全面地比较算法在药物机制注释应用场景中的性能，我们进一步查看这些算法在不同训练数据集大小下的性能表现。如图 2.21 所示，与预期一致。随着训练数据集变大，只有 DrSim 的准确率获得提高。在一些子数据集中，其他 6 个相似性计算方法甚至因为数据量增多，其准确率发生小幅度下降。随着测序技术的发展和测序成本的降低，药物扰动数据集会呈几何形式积累，有理由相信基于度量学习框架的 DrSim 将会获得更加出众的表现。

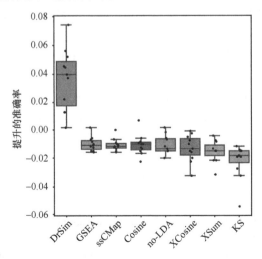

图 2.21　训练数据集增多提升 DrSim 准确率[23]

2.3.4　案例小结

表型驱动药物发现和靶点驱动药物发现是药物研发领域的主流方法。靶点药物发现由于靶向单个靶点，易产生耐药性，而表型药物发现直接专注于药物对疾病模型的功能效应，临床成功率更高。近年来，随着药物扰动转录谱数据的快速积累，表型药物发现被广泛地应用于药物机制注释和药物重定位中。在基于药物扰动转录谱数据的表型药物发现中，核心步骤是准确地度量转录谱之间的相似性。针对这一问题，国内外科学家已开发了诸如 KS、GSEA 等众多方法，但这些方法仍然存在一定的局限性。针对这些瓶颈和挑战，本章围绕基于药物扰动转录谱的表型药物发现，介绍了基于度量学习思想进行药物机制注释、药物重定位和个体化用药的计算工具 DrSim，并在多个金标准数据集上取得当前最佳的性能。

综上，DrSim 采用度量学习，基于大规模药物扰动转录谱数据训练学习出能够度量转录谱之间相似性的距离函数，是度量学习与药物研发领域相结合的一个典型案例。

2.5　本 章 小 结

度量学习（metric learning）是一种数据驱动的相似性度量计算的学习范式。度量学习适用于高维度、高噪声或者多标签的样本，可以学习适合样本数据和训练任务的最佳度量方式，对于提高相似性计算任务的性能具有重要意义。

本章向读者详细展示了结合单细胞转录组学和药物基因组学进行度量学习的三个成功案例。第一个案例面向单细胞转录组学，基于度量学习显著提升了对于单标签和多标签细胞类型自动注释的性能。第二个案例将度量学习拓展至多任务场景，通过整合多个参考数据集进行批次效应去除，同时进一步提升细胞类型自动注释的性能。第三个案例面向药物基因组学，基于度量学习来获得药物重定位的最佳度量方式。

度量学习的未来发展方向包括：①提升度量学习对于大数据的可扩展性；②降低对其他分类或者聚类算法的依赖性；③发掘度量学习更多的应用场景。详细内容可参考相关文献[1, 124, 125]。

参 考 文 献

[1] Bellet A, Habrard A, Sebban M: A survey on metric learning for feature vectors and structured data. *arXiv: 13066709* 2013.

[2] Thomas M Jakob V, Florent P, Gabriela C: Metric learning for large scale image classification: Generalizing to new classes at near-zero cost. *In Proceedings of the 12th European Conference*

on Computer Vision(ECCV) 2012: 488-501.

[3] Nakul V Dhruv M, Sundararajan S, Vinod N: Learning hierarchical similarity metrics. *In Proceedings of the IEEE Conference on Computer Vision and Pattern Recognition(CVPR)* 2012: 2280-2287.

[4] Lu J, Zhou X Z, Shang Y Y, Tan Y P, Wang G: Neighborhood repulsed metric learning for kinship verificatio. *In IEEE Transaction on Pattern Analysis and Machine Intelligence* 2014, 36: 331-345.

[5] Daryl K, Lim BM, Gert L: Robust structural metric learning. *In Proceedings of the 30th International Conference on Machine Learning(ICML)* 2013.

[6] Wang J, Gao X, Wang Q, Li Y: ProDis-ContSHC: learning protein dissimilarity measures and hierarchical context coherently for protein-protein comparison in protein database retrieval. *BMC Bioinformatics* 2012, 13 Suppl 7: S2.

[7] Enic P. X, Andraw Y. N, Michael I J, Stuart J R: Distance metric learning with application to clustering with side-information. *In Advances in Neural Information Processing Systems(NIPS)* 2002, 15: 505-512.

[8] Kilian Q. W, John B, Lawrence K. S: Distance metric learning for large margin nearest neighbor classificatio. *Journal of Machine Learning Research(JMLR)* 2009, 10: 207-244.

[9] Aharon Bar-H, Noam Shental, Daphna Weinshall: Learning a Ma-halanobis metric from equivalence constraints. *Journal of Machine Learning Research(JMLR)* 2005: 937-965.

[10] Steven C. H. H, Wei L, Michael R. L, Wei-Ying M: Learning distance metrics with contextual constraints for image retrieval. *Proc of the 26th ICML* 2006, 2: 2072-2078.

[11] Jason D, Brain K, Surrit S, Inderjit D: Information- theoretic metric learning. *In Proceedings of the 24th International Conference on Machine Learning(ICML)* 2007: 209-216.

[12] Kato T, Nagano N: Metric learning for enzyme active-site search. *Bioinformatics* 2010, 26: 2698-2704.

[13] Wang B, Zhu J, Pierson E, Ramazzotti D, Batzoglou S: Visualization and analysis of single-cell RNA-seq data by kernel-based similarity learning. *Nat Methods* 2017, 14: 414-416.

[14] Chen W, Zhang X: scMetric: An R package of metric learning and visualization for single-cell RNA- seq data. *bioRxiv* 2018.

[15] Suo Q, Ma F, Yuan Y, Huai M, Zhong W, Gao J, Zhang A: Deep patient similarity learning for personalized healthcare. *IEEE Trans Nanobioscience* 2018, 17: 219-227.

[16] Makrodimitris S, Reinders MJT, van Ham R: Metric learning on expression data for gene function prediction. *Bioinformatics* 2020, 36: 1182-1190.

[17] Duan B, Zhu C, Chuai G, Tang C, Chen X, Chen S, Fu S, Li G, Liu Q: Learning for single-cell assignment. *Sci Adv* 2020, 6: eabd0855.

[18] Duan B, Chen S, Chen X, Zhu C, Tang C, Wang S, Gao Y, Fu S, Liu Q: Integrating multiple references for single-cell assignment. *Nucleic Acids Res* 2021, 49: e80.

[19] Luo H, Wang J, Yan C, Li M, Wu FX, Pan Y: A novel drug repositioning approach based on collaborative metric learning. *IEEE/ACM Trans Comput Biol Bioinform* 2021, 18: 463-471.

[20] Luu AM, Leistico JR, Miller T, Kim S, Song JS: Predicting TCR-epitope binding specificity using deep metric learning and multimodal learning. *Genes(Basel)* 2021, 12. 572.

[21] Singh R, Hie BL, Narayan A, Berger B: Schema: metric learning enables interpretable synthesis of heterogeneous single-cell modalities. *Genome Biol* 2021, 22: 131.

[22] Zhu GY, Liu Y, Wang PH, Yang X, Yu DJ: Learning protein embedding to improve protein fold recognition using deep metric learning. *J Chem Inf Model* 2022, 62: 4283-4291.

[23] Wei Z, Zhu S, Chen X, Zhu C, Duan B, Liu Q: DrSim: Similarity learning for transcriptional

phenotypic drug discovery. *Genomics Proteomics Bioinformatics* 2022, 20: 1028-1036.

[24] Yu X, Xu X, Zhang J, Li X: Batch alignment of single-cell transcriptomics data using deep metric learning. *Nat Commun* 2023, 14: 960.

[25] Tang F, Barbacioru C, Wang Y, Nordman E, Lee C, Xu N, Wang X, Bodeau J, Tuch BB, Siddiqui A, et al: mRNA-Seq whole-transcriptome analysis of a single cell. *Nat Methods* 2009, 6: 377-382.

[26] Cao J, Spielmann M, Qiu X, Huang X, Ibrahim DM, Hill AJ, Zhang F, Mundlos S, Christiansen L, Steemers FJ, et al: The single-cell transcriptional landscape of mammalian organogenesis. *Nature* 2019, 566: 496-502.

[27] Tabula Muris Consortium, Overall coordination, Logistical coordination, Organ collection and processing, Library preparation and sequencing, Computational data analysis, Cell type annotation, Writing group, et al: Single-cell transcriptomics of 20 mouse organs creates a Tabula Muris. *Nature* 2018, 562: 367-372.

[28] Plass M, Solana J, Wolf FA, Ayoub S, Misios A, Glazar P, Obermayer B, Theis FJ, Kocks C, Rajewsky N: Cell type atlas and lineage tree of a whole complex animal by single-cell transcriptomics. *Science* 2018, 360: eaaq1723.

[29] Han X, Wang R, Zhou Y, Fei L, Sun H, Lai S, Saadatpour A, Zhou Z, Chen H, Ye F, et al: Mapping the Mouse Cell Atlas by Microwell-Seq. *Cell* 2018, 173: 1307.

[30] Fincher CT, Wurtzel O, de Hoog T, Kravarik KM, Reddien PW: Cell type transcriptome atlas for the planarian Schmidtea mediterranea. *Science* 2018, 360: eawq1736.

[31] Cao J, Packer JS, Ramani V, Cusanovich DA, Huynh C, Daza R, Qiu X, Lee C, Furlan SN, Steemers FJ, et al: Comprehensive single-cell transcriptional profiling of a multicellular organism. *Science* 2017, 357: 661-667.

[32] Xie B, Jiang Q, Mora A, Li X: Automatic cell type identification methods for single-cell RNA sequencing. *Comput Struct Biotechnol J* 2021, 19: 5874-5887.

[33] Stuart T, Butler A, Hoffman P, Hafemeister C, Papalexi E, Mauck WM, 3rd, Hao Y, Stoeckius M, Smibert P, Satija R: Comprehensive integration of single-cell data. *Cell* 2019, 177: 1888-1902 e1821.

[34] Regev A, Teichmann SA, Lander ES, Amit I, Benoist C, Birney E, Bodenmiller B, Campbell P, Carninci P, Clatworthy M, et al: The Human Cell Atlas. *Elife* 2017, 6: e27041.

[35] Abdelaal T, Michielsen L, Cats D, Hoogduin D, Mei H, Reinders MJT, Mahfouz A: A comparison of automatic cell identification methods for single-cell RNA sequencing data. *Genome Biol* 2019, 20: 194.

[36] Kiselev VY, Yiu A, Hemberg M: scmap: projection of single-cell RNA-seq data across data sets. *Nat Methods* 2018, 15: 359-362.

[37] Boufea K, Seth S, Batada NN: scID uses discriminant analysis to identify transcriptionally equivalent cell types across single-cell RNA-seq data with batch effect. *iScience* 2020, 23: 100914.

[38] Alquicira-Hernández J, Sathe A, Ji HP, Nguyen Q, Powell JE: scPred: Cell type prediction at single-cell resolution. *bioRxiv* 2018: 369538.

[39] Kanter JK, Lijnzaad P, Candelli T, Margaritis T, Holstege FCP: CHETAH: a selective, hierarchical cell type identification method for single-cell RNA sequencing. *Nucleic Acids Res* 2019, 47: e95.

[40] Ben-Hur A DH, Siegelmann H T, Vapnik V: Support vector clustering. *J Mach Learn Res* 2001, 2: 125-137.

[41] Aran D, Looney AP, Liu L, Wu E, Fong V, Hsu A, Chak S, Naikawadi RP, Wolters PJ, Abate

AR, et al: Reference-based analysis of lung single-cell sequencing reveals a transitional profibrotic macrophage. *Nat Immunol* 2019, 20: 163-172.

[42] Sato K, Tsuyuzaki K, Shimizu K, Nikaido I: CellFishing.jl: an ultrafast and scalable cell search method for single-cell RNA sequencing. *Genome Biol* 2019, 20: 31.

[43] Zhang Y, Zhou ZH: Multilabel dimensionality reduction via dependence maximization. *Acm Transactions on Knowledge Discovery from Data* 2010, 4: 1-21.

[44] La Manno G, Gyllborg D, Codeluppi S, Nishimura K, Salto C, Zeisel A, Borm LE, Stott SRW, Toledo EM, Villaescusa JC, et al: Molecular diversity of midbrain development in mouse, human, and stem cells. *Cell* 2016, 167: 566-580 e519.

[45] Zhong S, Zhang S, Fan X, Wu Q, Yan L, Dong J, Zhang H, Li L, Sun L, Pan N, et al: A single-cell RNA-seq survey of the developmental landscape of the human prefrontal cortex. *Nature* 2018, 555: 524-528.

[46] Baron M, Veres A, Wolock SL, Faust AL, Gaujoux R, Vetere A, Ryu JH, Wagner BK, Shen-Orr SS, Klein AM, et al: A single-cell transcriptomic map of the human and mouse pancreas reveals inter-and intra-cell population structure. *Cell Syst* 2016, 3: 346-360 e344.

[47] Muraro MJ, Dharmadhikari G, Grun D, Groen N, Dielen T, Jansen E, van Gurp L, Engelse MA, Carlotti F, de Koning EJ, van Oudenaarden A: A single-cell transcriptome atlas of the human pancreas. *Cell Syst* 2016, 3: 385-394 e383.

[48] Segerstolpe A, Palasantza A, Eliasson P, Andersson EM, Andreasson AC, Sun X, Picelli S, Sabirsh A, Clausen M, Bjursell MK, et al: Single-cell transcriptome profiling of human pancreatic islets in health and type 2 diabetes. *Cell Metab* 2016, 24: 593-607.

[49] Xin Y, Kim J, Okamoto H, Ni M, Wei Y, Adler C, Murphy AJ, Yancopoulos GD, Lin C, Gromada J: RNA sequencing of single human islet cells reveals type 2 diabetes genes. *Cell Metab* 2016, 24: 608-615.

[50] Deng Q, Ramskold D, Reinius B, Sandberg R: Single-cell RNA-seq reveals dynamic, random monoallelic gene expression in mammalian cells. *Science* 2014, 343: 193-196.

[51] Pollen AA, Nowakowski TJ, Shuga J, Wang X, Leyrat AA, Lui JH, Li N, Szpankowski L, Fowler B, Chen P, et al: Low-coverage single-cell mRNA sequencing reveals cellular heterogeneity and activated signaling pathways in developing cerebral cortex. *Nat Biotechnol* 2014, 32: 1053-1058.

[52] Li H, Courtois ET, Sengupta D, Tan Y, Chen KH, Goh JJL, Kong SL, Chua C, Hon LK, Tan WS, et al: Reference component analysis of single-cell transcriptomes elucidates cellular heterogeneity in human colorectal tumors. *Nat Genet* 2017, 49: 708-718.

[53] Usoskin D, Furlan A, Islam S, Abdo H, Lonnerberg P, Lou D, Hjerling-Leffler J, Haeggstrom J, Kharchenko O, Kharchenko PV, et al: Unbiased classification of sensory neuron types by large-scale single-cell RNA sequencing. *Nat Neurosci* 2015, 18: 145-153.

[54] Tasic B, Menon V, Nguyen TN, Kim TK, Jarsky T, Yao Z, Levi B, Gray LT, Sorensen SA, Dolbeare T, et al: Adult mouse cortical cell taxonomy revealed by single cell transcriptomics. *Nat Neurosci* 2016, 19: 335-346.

[55] Klein AM, Mazutis L, Akartuna I, Tallapragada N, Veres A, Li V, Peshkin L, Weitz DA, Kirschner MW: Droplet barcoding for single-cell transcriptomics applied to embryonic stem cells. *Cell* 2015, 161: 1187-1201.

[56] Zeisel A, Munoz-Manchado AB, Codeluppi S, Lonnerberg P, La Manno G, Jureus A, Marques S, Munguba H, He L, Betsholtz C, et al: Brain structure. Cell types in the mouse cortex and hippocampus revealed by single-cell RNA-seq. *Science* 2015, 347: 1138-1142.

[57] Shekhar K, Lapan SW, Whitney IE, Tran NM, Macosko EZ, Kowalczyk M, Adiconis X, Levin

JZ, Nemesh J, Goldman M, et al: Comprehensive classification of retinal bipolar neurons by Single-Cell Transcriptomics. *Cell* 2016, 166: 1308-1323 e1330.

[58] Macosko EZ, Basu A, Satija R, Nemesh J, Shekhar K, Goldman M, Tirosh I, Bialas AR, Kamitaki N, Martersteck EM, et al: Highly parallel genome-wide expression profiling of individual cells using nanoliter droplets. *Cell* 2015, 161: 1202-1214.

[59] Tian L, Dong X, Freytag S, Le Cao KA, Su S, JalalAbadi A, Amann-Zalcenstein D, Weber TS, Seidi A, Jabbari JS, et al: Benchmarking single cell RNA-sequencing analysis pipelines using mixture control experiments. *Nat Methods* 2019, 16: 479-487.

[60] Tasic B, Yao Z, Graybuck LT, Smith KA, Nguyen TN, Bertagnolli D, Goldy J, Garren E, Economo MN, Viswanathan S, et al: Shared and distinct transcriptomic cell types across neocortical areas. *Nature* 2018, 563: 72-78.

[61] Zheng GX, Terry JM, Belgrader P, Ryvkin P, Bent ZW, Wilson R, Ziraldo SB, Wheeler TD, McDermott GP, Zhu J, et al: Massively parallel digital transcriptional profiling of single cells. *Nat Commun* 2017, 8: 14049.

[62] Hodge RD, Bakken TE, Miller JA, Smith KA, Barkan ER, Graybuck LT, Close JL, Long B, Johansen N, Penn O, et al: Conserved cell types with divergent features in human versus mouse cortex. *Nature* 2019, 573: 61-68.

[63] Ding J, Adiconis X, Simmons SK, Kowalczyk MS, Hession CC, Marjanovic ND, Hughes TK, Wadsworth MH, Burks T, Nguyen LT, et al: Systematic comparative analysis of single cell RNA-sequencing methods. *bioRxiv* 2019: 632216.

[64] Gretton A, Bousquet O, Smola A, Schölkopf B: Measuring statistical dependence with hilbert-schmidt norms. In *Algorithmic Learning Theory, 16th International Conference, ALT 2005, Singapore, October 8-11, 2005, Proceedings*. 2005.

[65] Zhang Y ZZH: Multilabel dimensionality reduction via dependence maximization. *ACM Transactions on Knowledge Discovery from Data* 2010, 4(3): 1-21.

[66] Ben-Hur A, Horn D, Siegelmann H T, Vapnik V J: Support vector clustering. *Mach Learn Res* 2001, 2: 125-137.

[67] Hie B, Bryson B, Berger B: Efficient integration of heterogeneous single-cell transcriptomes using Scanorama. *Nat Biotechnol* 2019, 37: 685-691.

[68] Welch JD, Kozareva V, Ferreira A, Vanderburg C, Martin C, Macosko EZ: Single-cell multi-omic integration compares and contrasts features of brain cell identity. *Cell* 2019, 177: 1873-1887 e1817.

[69] Barkas N, Petukhov V, Nikolaeva D, Lozinsky Y, Demharter S, Khodosevich K, Kharchenko PV: Joint analysis of heterogeneous single-cell RNA-seq dataset collections. *Nat Methods* 2019, 16: 695-698.

[70] Haghverdi L, Lun ATL, Morgan MD, Marioni JC: Batch effects in single-cell RNA-sequencing data are corrected by matching mutual nearest neighbors. *Nature Biotechnology* 2018, 36: 421-427.

[71] Butler A, Hoffman P, Smibert P, Papalexi E, Satija R: Integrating single-cell transcriptomic data across different conditions, technologies, and species. *Nat Biotechnol* 2018, 36: 411-420.

[72] Duan B, Chen S, Chen X, Zhu C, Tang C, Wang S, Gao Y, Fu S, Liu Q: Integrating multiple references for single-cell assignment. *Nucleic Acids Res* 2021.

[73] Mereu E, Lafzi A, Moutinho C, Ziegenhain C, McCarthy DJ, Alvarez-Varela A, Batlle E, Sagar, Grun D, Lau JK, et al: Benchmarking single-cell RNA-sequencing protocols for cell atlas projects. *Nat Biotechnol* 2020, 38: 747-755.

[74] Sohn K: Improved deep metric learning with multi-class N-pair loss objective. *Advances in*

Neural Information Processing Systems 29(Nips 2016) 2016, 29.

[75] Zhang Y, Yang Q: An overview of multi-task learning. *National Science Review* 2018, 5: 30-43.

[76] Boufea K, Seth S, Batada NN: scID: Identification of transcriptionally equivalent cell populations across single cell RNA-seq data using discriminant analysis. *bioRxiv* 2019: 470203.

[77] Ma F, Pellegrini M: ACTINN: automated identification of cell types in single cell RNA sequencing. *Bioinformatics* 2020, 36: 533-538.

[78] Pedregosa F, Varoquaux G, Gramfort A, Michel V, Thirion B, Grisel O, Blondel M, Prettenhofer P, Weiss R, Dubourg V, et al: Scikit-learn: Machine learning in python. *Journal of Machine Learning Research* 2011, 12: 2825-2830.

[79] Berg EL: The future of phenotypic drug discovery. *Cell Chem Biol* 2021, 28: 424-430.

[80] Carter PJ, Lazar GA: Next generation antibody drugs: pursuit of the 'high-hanging fruit'. *Nat Rev Drug Discov* 2018, 17: 197-223.

[81] Moffat JG, Vincent F, Lee JA, Eder J, Prunotto M: Opportunities and challenges in phenotypic drug discovery: an industry perspective. *Nat Rev Drug Discov* 2017, 16: 531-543.

[82] Moffat JG, Rudolph J, Bailey D: Phenotypic screening in cancer drug discovery - past, present and future. *Nat Rev Drug Discov* 2014, 13: 588-602.

[83] Gonzalez-Munoz AL, Minter RR, Rust SJ: Phenotypic screening: the future of antibody discovery. *Drug Discov Today* 2016, 21: 150-156.

[84] Swinney DC, Lee JA: Recent advances in phenotypic drug discovery. *F1000Res* 2020, 9.

[85] Hughes RE, Elliott RJR, Dawson JC, Carragher NO: High-content phenotypic and pathway profiling to advance drug discovery in diseases of unmet need. *Cell Chem Biol* 2021, 28: 338-355.

[86] Aulner N, Danckaert A, Ihm J, Shum D, Shorte SL: Next-Generation Phenotypic Screening in Early Drug Discovery for Infectious Diseases. *Trends Parasitol* 2019, 35: 559-570.

[87] Lamb J, Crawford ED, Peck D, Modell JW, Blat IC, Wrobel MJ, Lerner J, Brunet JP, Subramanian A, Ross KN, et al: The Connectivity Map: using gene-expression signatures to connect small molecules, genes, and disease. *Science* 2006, 313: 1929-1935.

[88] Subramanian A, Narayan R, Corsello SM, Peck DD, Natoli TE, Lu X, Gould J, Davis JF, Tubelli AA, Asiedu JK, et al: A next generation connectivity map: L1000 platform and the first 1, 000, 000 profiles. *Cell* 2017, 171: 1437-1452 e1417.

[89] Sun H, Luo G, Chen D, Xiang Z: A Comprehensive and system review for the pharmacological mechanism of action of rhein, an active anthraquinone ingredient. *Front Pharmacol* 2016, 7: 247.

[90] Chauhan A, Kumar M, Kumar A, Kanchan K: Comprehensive review on mechanism of action, resistance and evolution of antimycobacterial drugs. *Life Sci* 2021, 274: 119301.

[91] Sonner JM, Cantor RS: Molecular mechanisms of drug action: an emerging view. *Annu Rev Biophys* 2013, 42: 143-167.

[92] Mechanism matters. *Nat Med* 2010, 16: 347.

[93] Ashburn TT, Thor KB: Drug repositioning: identifying and developing new uses for existing drugs. *Nat Rev Drug Discov* 2004, 3: 673-683.

[94] Pushpakom S, Iorio F, Eyers PA, Escott KJ, Hopper S, Wells A, Doig A, Guilliams T, Latimer J, McNamee C, et al: Drug repurposing: progress, challenges and recommendations. *Nat Rev Drug Discov* 2019, 18: 41-58.

[95] Jourdan JP, Bureau R, Rochais C, Dallemagne P: Drug repositioning: a brief overview. *J Pharm Pharmacol* 2020, 72: 1145-1151.

[96] Qu XA, Rajpal DK: Applications of connectivity map in drug discovery and development. *Drug*

Discov Today 2012, 17: 1289-1298.

[97] Subramanian A, Tamayo P, Mootha VK, Mukherjee S, Ebert BL, Gillette MA, Paulovich A, Pomeroy SL, Golub TR, Lander ES, Mesirov JP: Gene set enrichment analysis: a knowledge-based approach for interpreting genome-wide expression profiles. *Proc Natl Acad Sci U S A* 2005, 102: 15545-15550.

[98] Cheng J, Yang L, Kumevr V, Agarwal P: Evaluation of analytical methods for connectivity map data. *Pac Symp Biocomput* 2013: 5-16.

[99] Cheng J, Yang L, Kumar V, Agarwal P: Systematic evaluation of connectivity map for disease indications. *Genome Med* 2014, 6: 95.

[100] Zhang S-D, Gant TW: A simple and robust method for connecting small-molecule drugs using gene-expression signatures. *BMC Bioinformatics* 2008, 9: 258.

[101] Jia Z, Liu Y, Guan N, Bo X, Luo Z, Barnes MR: Cogena, a novel tool for co-expressed gene-set enrichment analysis, applied to drug repositioning and drug mode of action discovery. *BMC Genomics* 2016, 17: 414.

[102] Chan J, Wang X, Turner JA, Baldwin NE, Gu J: Breaking the paradigm: Dr Insight empowers signature-free, enhanced drug repurposing. *Bioinformatics* 2019, 35: 2818-2826.

[103] Brown AS, Kong SW, Kohane IS, Patel CJ: ksRepo: a generalized platform for computational drug repositioning. *BMC Bioinformatics* 2016, 17: 78.

[104] Zhou X, Wang M, Katsyv I, Irie H, Zhang B: EMUDRA: Ensemble of multiple drug repositioning approaches to improve prediction accuracy. *Bioinformatics* 2018, 34: 3151-3159.

[105] Rampasek L, Hidru D, Smirnov P, Haibe-Kains B, Goldenberg A: Dr.VAE: improving drug response prediction via modeling of drug perturbation effects. *Bioinformatics* 2019, 35: 3743-3751.

[106] Huang H, Nguyen T, Ibrahim S, Shantharam S, Yue Z, Chen JY: DMAP: a connectivity map database to enable identification of novel drug repositioning candidates. *BMC Bioinformatics* 2015, 16 Suppl 13: S4.

[107] Lee BK, Tiong KH, Chang JK, Liew CS, Abdul Rahman ZA, Tan AC, Khang TF, Cheong SC: DeSigN: connecting gene expression with therapeutics for drug repurposing and development. *BMC Genomics* 2017, 18: 934.

[108] Iorio F, Bosotti R, Scacheri E, Belcastro V, Mithbaokar P, Ferriero R, Murino L, Tagliaferri R, Brunetti-Pierri N, Isacchi A, di Bernardo D: Discovery of drug mode of action and drug repositioning from transcriptional responses. *Proc Natl Acad Sci U S A* 2010, 107: 14621-14626.

[109] Simonsen AT, Hansen MC, Kjeldsen E, Moller PL, Hindkjaer JJ, Hokland P, Aggerholm A: Systematic evaluation of signal-to-noise ratio in variant detection from single cell genome multiple displacement amplification and exome sequencing. *BMC Genomics* 2018, 19: 681.

[110] Cieslak MC, Castelfranco AM, Roncalli V, Lenz PH, Hartline DK: t-Distributed Stochastic Neighbor Embedding(t-SNE): A tool for eco-physiological transcriptomic analysis. *Mar Genomics* 2020, 51: 100723.

[111] Wang Z, Lachmann A, Keenan AB, Ma'ayan A: L1000FWD: fireworks visualization of drug-induced transcriptomic signatures. *Bioinformatics* 2018, 34: 2150-2152.

[112] Vazelhes Wd, Carey C, Tang Y, Vauquier N, Bellet A: Metric-learn: metric learning algorithms in python. *J Mach Learn Res* 2020, 21: 1-6.

[113] Izenman AJ: Linear discriminant analysis. In *Modern Multivariate Statistical Techniques: Regression, Classification, and Manifold Learning.* Edited by Izenman AJ. New York, NY:

Springer New York; 2008: 237-280.

[114] Pedregosa F, Varoquaux G, Gramfort A, Michel V, Thirion B, Grisel O, Blondel M, Prettenhofer P, Weiss R, Dubourg V, et al: Scikit-learn: machine learning in python. *J Mach Learn Res* 2011, 12: 2825-2830.

[115] Coupry DE, Pogany P: Application of deep metric learning to molecular graph similarity. *J Cheminform* 2022, 14: 11.

[116] Golwalkar R, Mehendale N: Masked-face recognition using deep metric learning and FaceMaskNet-21. *Appl Intell(Dordr)* 2022: 1-12.

[117] Haskins G, Kruecker J, Kruger U, Xu S, Pinto PA, Wood BJ, Yan P: Learning deep similarity metric for 3D MR-TRUS image registration. *Int J Comput Assist Radiol Surg* 2019, 14: 417-425.

[118] Duan Y, Lu J, Zheng W, Zhou J: Deep Adversarial Metric Learning. *IEEE Trans Image Process* 2020, 29: 2037-2051.

[119] Yang P, Zhai Y, Li L, Lv H, Wang J, Zhu C, Jiang R: A deep metric learning approach for histopathological image retrieval. *Methods* 2020, 179: 14-25.

[120] Zhou P, Yuan X, Lin Z, Hoi S: A Hybrid Stochastic-Deterministic Minibatch Proximal Gradient Method for Efficient Optimization and Generalization. *IEEE Trans Pattern Anal Mach Intell* 2021, 44(10): 5933-5946.

[121] Wold S, Esbensen K, Geladi P: Principal component analysis. *Chemometr Intell Lab* 1987, 2: 37-52.

[122] Estevez PA, Tesmer M, Perez CA, Zurada JM: Normalized mutual information feature selection. *IEEE Transactions on Neural Networks* 2009, 20: 189-201.

[123] Ajiboye AR, Abdullah-Arshah R, Qin H, Isah-Kebbe H: Evaluating the effect of dataset size on predictive model using supervised learning technique. *International Journal of Computer Systems & Software Engineering* 2015, 1: 75-84.

[124] Wang F, Sun J: Survey on distance metric learning and dimensionality reduction in data mining. *Data Mining and Knowledge Discovery* 2015, 29: 534-564.

[125] Liu K, Bellet A, Sha F: Similarity learning for high-dimensional sparse data. *Journal of Machine Learning Research* 2015, 38: 653-662.

第 3 章　组学的表征——嵌入

3.1　嵌　　入

3.1.1　适用场景

嵌入（embedding）也称为表示学习（representation learning），是机器学习对于样本进行表征的通用学习方式。严格意义上说，嵌入是目前基丁深度学习技术对样本进行表征学习的一种通用表述方式，不宜严格划归于某一特定学习范式范畴，但是本书仍采用独立的一章进行介绍，旨在突出其重要性。总体来说，嵌入是将原始度量空间中的对象转换到新的度量空间中的一种映射方式。在新的度量空间中，该对象能够获得更有效的表征，并尽可能反映对象之间的近邻关系。嵌入的基本思想是将原始度量空间中的对象表示成一系列特征的线性组合，即将对象有冗余信息的 n 维特征采用低维度的 k 维特征进行表征，其中 $k<n$。嵌入的核心问题是如何根据原始的输入数据获得一个有效的 k 维特征来描述对象，同时尽可能反映对象之间的近邻关系。嵌入的优势是降低了对象特征的维度，同时提升了对象特征的信息量，以及后续学习任务的泛化性能。

生物数据，特别是高通量的组学数据，由于其对象的特征维度高，在进行下游任务之前，经常需要采用嵌入来生成对象新的表征，以降低对象特征的维度。按照"原始对象有无具体的特征描述"的分类方式，嵌入有以下两种：①原始对象具有具体的特征描述，这类对象的每个特征都可以用一个数值型变量来表示，如患者的基因表达数据；②原始对象没有具体的特征描述，例如，在词向量模型中，每个词对象具体的表征需要根据词向量之间的相互关系来学习获得。两种嵌入分类的具体适用场景描述如下。

1. 原始对象具有具体的特征描述

原始对象已经具有具象化的特征，其中每个特征都可以采用一个数值型变量表示。例如，在患者的预后预测问题中，原始对象（患者）可以使用转录谱来表征，转录谱记录了每个基因具体的表达数值。在该分类中，其一般的应用场景是对原始数据进行特征工程，常见的如降维或者选取原始特征的子集（仅仅使用差异表达基因来预测患者的预后）。在该应用场景中，生物样本的特征维度过高，直接训练模型容易发生维度灾难，即模型的训练复杂度呈指数级提升且伴随着模型性能的下降。因此，需要采用一个相对低维的向量来表征组学样本，减少冗余信息，不仅加速了模型的训练过程，而且降低了模型过拟合的风险。

2. 原始对象没有具体的特征描述

在该应用场景中，原始对象难以直接表示为向量或者矩阵形式，并没有具体的特征描述，旨在通过嵌入的方法将其转换为低维向量表示，获得对象的表征。常见的应用场景如学习基因的表征、药物的表征或基因表达谱的表征。在生物信息领域，对于序列类型数据的一个常用的嵌入方法是 One-hot 编码，但是此方法存在较大的应用局限性，即在特征空间中，对象之间的距离两两相等。例如，核苷酸使用 One-hot 编码嵌入后，核苷酸之间的相似性两两相等，不符合生物学进化理论。因此，为了能够更加有效地反映对象之间的近邻关系，需要通过嵌入的方法获得对象更有效的表征。该表征把对象映射到一个特征空间中，在该特征空间中，对象之间的近邻关系能够准确地反映对象生物学之间的先验联系，从而使下游的计算任务更加合理和准确。

3.1.2　理论思想

在机器学习中，由于嵌入的概念非常宽泛，涉及的范式也非常多，而每种范式的基本理论思想也不尽相同，因此本节按照嵌入的基本分类（即原始对象有无具体的特征描述）分别选取一个最具有代表性的范式，包括 PCA（principal component analysis，有具体特征描述）和氨基酸序列嵌入（无具体特征描述），进行理论思想和推导过程介绍。

1. PCA

PCA 是一种常见的数据嵌入方法，常用于高维数据的降维。PCA 利用正交变换（orthogonal transformation）把一系列可能线性相关的变量转换为一组线性不相关的新变量，从而利用新变量在更小的维度下展示数据的特征。形式化地，对于一个高维空间的数据样本 $x \in R^d$，利用正交矩阵 $A \in R^{k*d}$ 将样本映射到低维空间 $Ax \in R^k$，其中，$k \ll d$ 起到了降维作用，目的是为了缓解维度灾难、更有效地对数据进行分类等。

PCA 选择正交矩阵 A 的数学推导可以从最大可分性和最近重构性两个角度求解，前者的优化条件为经过正交矩阵 A 映射后样品之间的方差最大，后者的优化条件为点到划分平面距离最小，本节将从最大可分性的角度进行数学推导以求解正交矩阵 A。最大可分性最核心的理论思想是希望投影后的样本点尽可能分散，如图 3.1 所示。

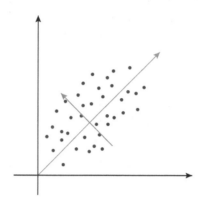

图 3.1 PCA 示意图

假设 PCA 选取了图中绿色向量作为投影空间，会导致数据点都"拥挤"在一起，对后续分类等任务会造成不利的影响。与之对应的，假设 PCA 选取了图中蓝色向量作为投影空间，获得映射后的数据点会相对分散，有利于后续任务。

PCA 的具体推导过程如下。本文使用 $X = [x_1; x_2; x_3 \cdots x_n]^\mathrm{T}$ 来表示数据样本矩阵，每个数据样本 $x_i \in R^d$ 是一个列向量。对每一个样品点 $x_i \in R^d$，将其投影到单位向量 $w \in R^d$，$\|w\|_2^2 = 1$ 上，获得一个值 $w^\mathrm{T} x_i$。对于 n 个样品点有 n 个值，使其方差最小，即

$$Var\left(w^\mathrm{T} x_i\right) = \frac{1}{n}\sum_{i=1}^{n}\left(w^\mathrm{T} x_i - mean\left(w^\mathrm{T} x_i\right)\right)^2 \tag{3.1}$$

其中，由于数据矩阵已经零均值化，所以投影后的数据点的均值也为零，结果为

$$\|w\|_2^{2} \overset{max}{=} 1 \sum_{i=1}^{n} w^\mathrm{T} x_i^2 = \|Xw\|_2^2 = w^\mathrm{T} X^\mathrm{T} Xw \tag{3.2}$$

上式可以等价转化为

$$w = argmax\frac{w^\mathrm{T} X^\mathrm{T} Xw}{w^\mathrm{T} w} \tag{3.3}$$

上述优化问题最大值为矩阵 $X^\mathrm{T}X$ 的最大特征值，相对应的最优 w 为最大特征值对应的单位特征向量。从上述公式可知，如果把数据降为一维，并且使得映射后的数据点尽可能分散，选择 $X^\mathrm{T}X$ 的最大特征值对应的单位向量作为映射的方向即可。如果继续选择第二维，PCA 假设矩阵 $A \in R^{k*d}$ 正交，$AA^\mathrm{T} \in I^{k*k}$，即 k 个 d 维的投影向量互相正交，第二维的投影向量 $v \in R^d$ 需要满足 $\|v\|_2^2 = 1$，$w^\mathrm{T}v = 0$。其中，第二个条件提示：对于一个样本点 x_i，将其分为两个分量，一个沿着 w 方向，

一个垂直于 w 方向,即 $x_i = w^T x_i w + (x_i - w^T x_i w)$。容易验证括号里面的 $x_i - w^T x_i w$ 与 w 垂直:

$$w^T \left(x_i - w^T x_i w \right) = w^T x_i - w^T x_i w^T w = 0 \tag{3.4}$$

对于任意的 $w^T v = 0$,有 $v^T x_i = v^T(x_i - w^T x_i w)$。因此,在求解第二个方向时,可以使用原始矩阵 X 减去与 w 平行的部分,获得与 w 垂直部分的数据 $\hat{X} = X - Xww^T$,随后在 $\hat{X}$ 上计算以下公式:

$$v = argmax \frac{v^T \hat{X}^T \hat{X} v}{v^T v} \tag{3.5}$$

v 的最优解是 $\hat{X}^T \hat{X}$ 最大特征值对应的单位特征向量,为 $X^T X$ 第二大特征值对应的单位特征向量。把第 i 步获得的结果叫作第 i 个主成分(component),最后获得 k 个主成分,从而构成了正交矩阵 $A \in R^{k*d}$,获得 PCA 的最终结果。

2. 氨基酸序列嵌入

氨基酸序列嵌入是生物组学数据处理中一种常见的数据嵌入的方法。由于目前的机器学习方法无法有效地直接处理氨基酸序列的数据,因此需要找到有效的嵌入方法,将氨基酸序列转换为数值型数据,该过程即为氨基酸序列嵌入,即根据氨基酸序列库中对象之间的上下文关系来学习获得每个氨基酸对象具体的表征。氨基酸序列嵌入的输入是原始氨基酸序列库中的对象,输出是每个氨基酸的向量(vector)表示。例如,一个氨基酸序列 ARNDVQA,假设使用最简单的 One-hot 嵌入方式,A 对应的向量表示为[1, 0, 0, 0, 0, 0],Q 对应的向量表示为[0, 0, 0, 0, 0, 1]。One-hot 嵌入比较简单,但其缺点也很明显。首先,氨基酸向量表示会随着其数量的增多而维度过大,对后续运算不利;其次,每个氨基酸之间的距离都相等,这并不能很好地表征氨基酸之间的进化关系。实际上,如果氨基酸的嵌入能蕴含其进化之间的关系,将会更加接近生物语言的本质。并且,由于相似的氨基酸有相似的表示方法,氨基酸之间可以进行各种运算,例如,相比于精氨酸(R),丙氨酸(A)和缬氨酸(V)之间的进化关系更近,那么可知 $A-V<A-R$。因此,一个好的嵌入需要满足如下两点基本要求:①携带上下文信息;②向量表示是稠密的。氨基酸序列嵌入建模方法可以借鉴自然语言处理(natural language processing, NLP)词嵌入(word embedding)算法中的连续词袋模型(continuous bag of word, CBOW)等。

CBOW 的核心思想是通过对象上下文之间的关系来获得对象的嵌入表示。其训练过程简单举例如下。如表 3.1 所示,首先,氨基酸序列库中的每个对象均可采用 One-hot 嵌入。假设选取 Context window 为 2,那么模型中的一对输入和输出分别为氨基酸 A 和 R 的 One-hot 嵌入、氨基酸 N 的 One-hot 嵌入。接着,通过一个浅层神经网络来拟合该结果，如图 3.2 所示：①输入 C 个 V 维的 vector，其中，C 为上下文窗口的大小，V 为原始嵌入空间的维度，例如，示例中的 $C=2$ 和 $V=2$；②在输入层和隐藏层之间，每个 Input vector 分别乘以一个 $V*N$ 维度的矩阵，获得向量后各个维度做平均，获得隐藏层。隐藏层乘以一个 $N*V$ 维度的矩阵，获得 Output layer 的权重。隐藏层的维度设置为压缩后的氨基酸对象的维度。示例中假设需要把原始 6 维的 One-hot 嵌入压缩到 3 维，那么 $N=3$；③输出层是一个 Softmax 激活层，用于组合输出概率；④该神经网络的损失函数为 Output 和 Target 之间的差，最后通过最小化损失函数，获得隐藏层的 N 维氨基酸序列嵌入的结果。

表 3.1　氨基酸序列的 One-hot 嵌入

氨基酸序列	One-hot 嵌入					
A	1	0	0	0	0	0
R	0	1	0	0	0	0
N	0	0	1	0	0	0
D	0	0	0	1	0	0
V	0	0	0	0	1	0
Q	0	0	0	0	0	1
A	1	0	0	0	0	0

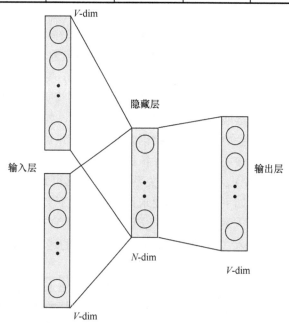

图 3.2　氨基酸序列嵌入过程示意图

本节按照嵌入原始对象有无具体的特征描述，把嵌入分成原始对象具有具体的特征描述和原始对象无具体的特征描述两类。在第一类中，一般的应用场景是对原始数据进行特征工程，如降维或者选取原始特征的子集。第一类经典的嵌入模型有 PCA、SVD（singular value decomposition）、AE（autoencoder）、VAE（variational autoencoder）、UMAP（uniform manifold approximation and projection）、t-SNE（t-distributed stochastic neighbor embedding）和 LDA（linear discriminant analysis）[1-5]。其中，PCA、SVD、AE、VAE、UMAP 和 t-SNE 属于无监督式降维，LDA 属于监督式降维。在第二类中，由于机器学习无法处理无具体数值的对象，所以其一般的应用场景旨在通过合适的方法，获得对象数值型的表征，如学习获得基因的表征、氨基酸的表征、药物的表征以及 NLP（natural language processing）中词对象的表征。其经典的嵌入模型有 Word2Vec、BERT（bidirectional encoder representation from transformer）、glove、NMF（non-negative matrix factorization）、Topic model、DeepWalk、Graph Factorization 和大型信息网络嵌入（large-scale information network embedding，LINE）[6-9]。其中，Word2Vec、BERT 和 glove 属于经典的词向量经典模型，广泛应用于 NLP 领域。Topic model 即主题模型，是以非监督式学习的方式对文本的隐含语义结构进行聚类的统计模型，主要用于 NLP 领域中的语义分析和文本挖掘，如按照主题对文本进行收集、分类和降维。隐含狄利克雷分布（latent dirichlet allocation，LDA）为常用的 Topic model[5]。DeepWalk、Graph Factorization 和 LINE 是三个经典的图嵌入（graph embedding）模型[10, 11]。图嵌入是将图数据（通常为高维稠密的矩阵）映射为低维稠密向量的过程，能够很好地解决图数据难以高效输入机器学习算法的问题。

3.1.3　组学应用

嵌入在组学分析领域有非常多的应用案例，包括应用于组学数据预处理与可视化[1-4]、目标基因识别[5]、基因调控网络分析[12]、单细胞转录谱去噪[13]、基因扰动分析[9]、突变特征分析[8]以及文本挖掘[7]。特别地，该文献[10]给出了图嵌入（graph embedding）在生物调控网络领域的应用综述。表 3.2 总结了组学分析领域嵌入的若干经典案例，需要说明的是，嵌入是深度学习通用的表征方式，基本上所有的深度学习模型都涉及对于样本的嵌入表征，故表 3.2 仅列举若干显式的采用嵌入思想进行组学数据分析的典型案例。在下一节中，我们将选取具体的案例进行深入介绍。

表 3.2 嵌入的代表性方法

工具	问题	组学	方法	年份	参考文献
—	组学数据预处理	转录组	SVD	2000	[2]
sLDA	目标基因识别	转录组	LDA	2009	[5]
DCA	转录谱去噪	单细胞转录组	AE	2019	[13]
scGen	表达谱生成	单细胞转录组	VAE	2019	[14]
TopicNet	基因调控网络分析	转录组	Topic model	2019	[12]
—	蛋白功能预测	多组学	Graph Embedding	2019	[11]
MUSIC	基因扰动分析	单细胞转录组	Topic model	2019	[9]
BioBERT	文本挖掘	医学文本	BERT	2020	[7]
—	突变特征分析	基因组	NMF	2020	[8]
—	组学数据可视化	转录组	UMAP	2020	[3]
Regionset-embedding	基因组区域表征	基因组	Word2Vec	2021	[6]

3.2 案例：CRISPR 功能基因组的嵌入学习

3.2.1 背景介绍

CRISPR/Cas9 系统是哺乳动物基因组编辑的革命性方法[15, 16]。在该系统中，sgRNA（single-guide RNA）靶向该 sgRNA 碱基互补的目标基因组区域，并通过携带的 Cas9 核酸酶诱导双链断裂。断裂之后的基因组区域会通过非同源末端链接（non-homologous end-joining，NHEJ）进行修复，在修复的过程插入和缺失发生的概率较高，因此修复后的基因功能失效，从而达到有效地敲除目标基因组位点的目的。

利用慢病毒将 sgRNA 递送至细胞内的方法目前已经能够创建 100～10 000 个基因的基因组规模的 CRISPR/Cas9 敲除文库，这些文库可以以非常经济的方式对哺乳动物细胞系进行阴性或者阳性的筛选，这种实验技术我们称之为 CRISPR 筛选技术（CRISPR screening）[17-19]。CRISPR 筛选是一种可以用于评估基因的生物学功能的强大技术，但是该技术只能用以分析具有非常明显表型的基因，例如，能显著影响细胞生长的基因，或者使用抗体或荧光蛋白能直接检测其表型的基因，这限制了 CRISPR 筛选技术检测其他具有微弱表型基因的能力。

2016 年，*Cell* 杂志背靠背刊登了三篇研究长文，它们报道了三种类似的新型生物技术，这是一种结合了单细胞测序和 CRISPR 基因编辑的新型生物技术，即单细胞 CRISPR 筛选（single cell CRISPR screening）技术，它们可以实现单细胞分辨率下大规模基因扰动研究。单细胞 CRISPR 筛选技术，包括 Perturb-seq[20, 21]、CRISP-seq[22]和 CROP-seq[23, 24]等，其关键创新点在于修改了慢病毒载体，能识别来自单细胞转录组测序的单个细胞中聚腺苷酸化 RNA 部分的 sgRNA，最终获知单细胞分辨率下基因扰动后的基因表达情况。通过结合高通量单细胞转录组测序技术和 CRISPR 筛选技术，单细胞 CRISPR 筛选技术实现了大规模异质细胞群内不同扰动在单细胞转录组水平上的检测。

单细胞 CRISPR 筛选数据的分析存在诸多挑战：①单细胞转录组数据本身具有高噪声、高异质性和高稀疏性等特点，结合了 CRISPR 筛选技术之后，更体现了这些特性；②CRISPR 基因编辑技术本身存在打靶（on-target）效率低和脱靶（off-target）效应高的问题，单细胞分辨率下如何分析这些问题极具挑战；③单个基因的扰动对细胞群体的影响往往比较微弱，如何能检测到这样微弱的扰动影响极具挑战；④如何对基因扰动影响进行定量评估？

3.2.2　解决方案

1. 计算框架总述

在本研究案例中，我们开发了面向单细胞 CRISPR 筛选数据的计算分析系统 MUSIC[9]。该系统主要基于主题模型（topic modeling），摒除数据固有的噪声，同时可以从三个层面分析单细胞 CRISPR 筛选数据，分别是：①计算每种基因扰动对细胞群整体的影响排名；②计算每种基因扰动对特定功能的影响排名；③计算任意两个基因扰动对细胞群整体影响的相关性。MUSIC 所采用的核心思想即为嵌入学习，我们将单细胞 CRISPR 筛选数据中的基因通过主题学习获得多个基因模块，称为主题（topic），通过获得的主题将扰动和基因功能联系起来，进而刻画扰动对细胞群的多尺度影响。

本研究案例开发的 MUSIC 分析系统由三部分组成，如图 3.3 所示，分别是数据预处理、模型建立以及基因扰动效应评估。①数据预处理过程主要包括数据质控、数据插补、过滤包含无效编辑的细胞、过滤包含某类基因扰动的所有细胞（包含该基因扰动的细胞数量不足 30）、差异基因选择和数据标准化。②模型建立过程主要包括构建主题模型 LDA、注释每个主题的功能、自动选择最佳主题数量以及考虑 sgRNA 的脱靶效应。③基因扰动效应评估过程包括计算每种基因扰动对特定主题的影响排名、对细胞群整体的影响排名，以及计算不同扰动之间的相关性。如果存在不同实验条件下相同基因扰动的单细胞 CRISPR 筛选数据，MUSIC 还能计算相同基因扰动在不同实验条件下的影响差异。

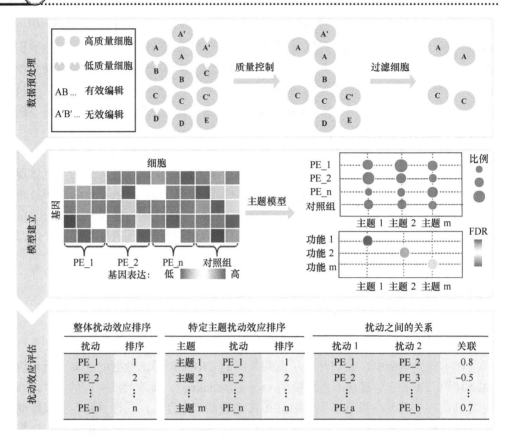

图 3.3 MUSIC 的计算框架[9]

2. 主题模型简介

本案例开发了单细胞 CRISPR 筛选数据的综合分析系统 MUSIC，其核心算法是主题模型（topic modeling），属于一种特殊的嵌入学习模型。该模型最早起源于隐语义索引模型（latent semantic indexing，LSI）[25]。LSI 是主题模型发展的基础，但它不是概率模型，因此不是真正意义上的主题模型。随后，2001 年在 LSI 的基础上，概率隐语义分析（probabilistic latent semantic analysis，PLSA）模型[26]被提出，成为第一个真正意义上的主题模型。2003 年，在 PLSA 的基础上，更强大也更复杂的隐狄利克雷分配（latent Dirichlet allocation，LDA）模型[27]被提出，这是当前主题模型中使用最广泛的模型之一，也是本研究案例所采用的具体模型。

LDA 是无监督学习模型，它可以基于无标签数据发现潜在的主题。然而，以无监督方式计算的主题可能无法匹配数据中真实的主题，因此已有研究通过修改 LDA 构建了有监督的 LDA，比较典型的有 sLDA（supervised LDA）[28]、discLDA （discriminative variation on LDA）[29]、medLDA（maximum entropy discrimination LDA）[30]等。另外，研究人员还构建了多标签主题模型（labeled LDA，LLDA）[31]，该方法扩展了前述的有监督模型，可以同时处理文本的多个标签，并且将标签与主题的关系表示成一对一的映射。此外，PLLDA[32]进一步扩展了 LLDA，可以计算在文本标签中没有的潜在主题。

除了模型功能的不断发展，主题模型的应用场景也在不断扩展。主题模型最早被广泛应用于计算机科学领域，尤其是文本挖掘与信息检索领域[33]。此外，该模型在计算机视觉[34, 35]、群体遗传学和社交网络等领域也有成功的应用[36]。近年来，主题模型被广泛应用于生物信息学分析当中，如图 3.4 所示[33]。相比传统的聚类分类方法，主题模型具有更好的可解释性，主要应用于无监督聚类、分类，以及研究不同主题之间的关联等任务。

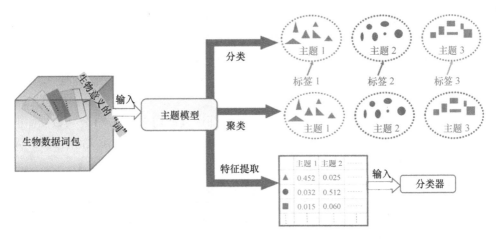

图 3.4　主题模型在生物信息学中的应用[33]

本案例使用的主题模型正是基于 LDA 模型，该模型的核心假设是一个文本（document）中的词（word）可经过两个步骤生成：①一个文本中的主题是以一定概率从狄利克雷分布中被选择的；②一个主题中的词也是以一定概率从狄利克雷分布中被选择的。假设 θ_d 代表文本 d 中所有主题的分布，$\varnothing_t$ 代表主题 t 中所有词的分布，即：

$$\theta_d \sim \text{Dirichlet}(\alpha) \tag{3.6}$$

$$\varnothing_t \sim \text{Dirichlet}(\beta) \tag{3.7}$$

其中，α 和 β 是超参数，服从狄利克雷分布。对于文本 d 中词 i，主题 $Z_{d, i}$ 首先从文本所有的主题分布中随机抽样，然后词 $W_{d, i}$ 从该主题的所有词分布中随机抽样。这些抽样过程服从多重正态分布（multinomial distribution）：

$$Z_{d,\,i}\,|\,\theta_d \sim \text{Multinomial}\left(\theta_d\right) \tag{3.8}$$

$$W_{d,\,i}\,|\,Z_{d,\,i},\mathit{Ø}_{Z_{d,\,i}} \sim \text{Multinomial}\left(Z_{d,\,i}\right) \tag{3.9}$$

在本案例 MUSIC 的建模过程中，主题模型被应用于单细胞 CRISPR 数据分析中。基于单细胞 CRISPR 数据的扰动效应评估可以类比于文本挖掘任务。其中，文本（document）可以类比为单细胞 CRISPR 数据中的细胞，词（word）的出现频率可以类比为细胞的基因表达值。通过将参数整合到 $\mathit{Ø}$ 来确定每个细胞的基因表达的联合概率，并应用折叠吉布斯抽样（collapsed Gibbs sampling）方法将每个细胞的基因分配给不同的主题。

综上，MUSIC 运用主题模型可以分析不同的基因扰动对细胞基因表达的影响。主题模型针对单细胞 CRISPR 数据分析具有两个输出：①"细胞-主题概率分布谱"，即每个细胞的主题概率分布，用以刻画每种基因扰动（包括正常对照）的特性；②"主题-基因概率分布谱"，即每个主题的基因概率分布。获得这两种信息之后，MUSIC 将定量计算每种基因扰动对细胞群的整体影响排名、对特定主题的影响排名，以及计算不同基因扰动之间的相关性。

3. 数据预处理

本案例收集和分析的所有单细胞 CRISPR 筛选数据均来自 GEO 公共数据库的基因表达矩阵数据，包括 GSE90063、GSE90546、GSE90486、GSE92872 及 GSE108699。具体情况如表 3.3 所示。

表 3.3　本案例使用的单细胞 CRISPR 筛选数据

测序平台	GEO 索引号	细胞类型	物种	扰动基因	细胞数量	实验条件
Perturb-seq （GSE90063）[20]	GSM2396856	BMDC	小鼠	24 个转录因子	21 984	3 h post-LPS
	GSM2396857	BMDC	小鼠	24 个转录因子	24 589	0 h post-LPS
	GSM2396858	K562	人类	10 个转录因子	33 013	转导后 7 天
	GSM2396859	K562	人类	10 个转录因子	19 268	转导后 13 天
	GSM2396860	K562	人类	10 个转录因子	51 898	更高的 MOI
	GSM2396861	K562	人类	10 个细胞周期相关调控因子	25 971	—
Perturb-seq （GSE90546）[21]	GSM2406675	K562	人类	7 个转录因子	5 321	—
	GSM2406677	K562	人类	3 个蛋白质折叠相关基因	13 494	—
	GSM2406681	K562	人类	83 个蛋白质折叠相关基因	50 467	—
CRISP-seq （GSE90486）[22]	GSE90486	Myeloid cells	小鼠	22 个转录因子	4 977	4 h post-LPS

续表

测序平台	GEO 索引号	细胞类型	物种	扰动基因	细胞数量	实验条件
CROP-seq（GSE92872）[24]	GSM2439080 ～ GSM2439085	Jurkat cells	人类	6 个 T 细胞受体信号相关调控因子和 23 个转录因子	3 259	由 anti-D3/CD28 刺激后
	GSM2439086 ～ GSM2439090	Jurkat cells	人类	6 个 T 细胞受体信号相关调控因子和 23 个转录因子	2 646	—
Improved CROP-seq（GSE108699）[23]	GSM2911346	MCF10A	人类	29 个抑癌基因	6 283	多柔比星（doxorubicin）处理后
	GSM2911347	MCF10A	人类	29 个抑癌基因	6 598	—

数据收集后，MUSIC 的第一步是数据预处理，主要包括数据质控、数据插补、过滤掉包含无效编辑的细胞、过滤掉包含某类基因扰动的所有细胞（包含这种基因扰动的细胞数量不足 30）、差异基因选择和数据标准化。具体过程请参考相关文献[9]。

4. 基于主题模型对单细胞 CRISPR 筛选数据进行建模

完成以上数据预处理之后，MUSIC 采用主题模型中的 LDA 模型对单细胞 CRISPR 筛选数据进行建模。主题模型最早应用于文本挖掘，此处单细胞 CRISPR 筛选数据的分析可以完美类比于文本挖掘任务，例如，细胞可以类比为文本（document），基因表达值可以类比为词（word）出现的频率。这里的主题代表由一组高度差异表达的基因所关联的特定生物功能。因此，运用主题模型，MUSIC 可以定量检测扰动基因对细胞群造成的影响，具有以下两个方面的优势。

（1）单个或者几个基因的扰动对细胞群的影响往往是微弱的，主题模型是一个概率生成模型，每个细胞将以一个概率的形式归属于某个类别，有利于进行微弱表型改变的检测。相比传统的硬聚类方法将每个样本严格归属于一个类别（hard），主题模型的这种聚类方式可以检测到更加细微的聚类特征和类别变化，如图 3.5 和表 3.4 所示。首先，图 3.5 展示了常规聚类方法和基于主题模型聚类的比较示意图，如图 3.5A 所示，当扰动对细胞具有显著表型时，传统的聚类分析和基于主题模型的聚类分析都可以鉴定出该差异。但是，当扰动对细胞仅具有细微表型时，如图 3.5B 所示，传统的基于聚类的分析难以发现该细微差别，而主题建模计算每个样本的主题概率分布，故可以根据有无扰动的主题概率分布的变化来检测这种微弱表型变化。为了进一步验证 MUSIC 应用主题模型所体现的优势，我们重新分析了 Perturb-seq[20]中的单细胞 CRISPR 筛选数据。该研究扰动了大量转录因子，最后发现 Runx1、Irf4、Nfkb1 及 Spi1 均与 Cebpb 具有相反的扰动效应，而 Junb、Hif1a、Stat3 及 Rela 均与 Cebpb 具有类似的扰动效应，如表 3.4 中"先验知识"列所示。以该结果作为金标准，我们利用传统的 k 均值聚类算法和基于主题模型的 MUSIC 模型计算这些扰动对之间的关系，并对结果进行分析。结果如表 3.4 所示，两种方法都成功识别正相关关系，但是对于负相关关系，只有 MUSIC 可以成功识别，充分证明了基于主题模型的 MUSIC 对于微弱表型的识别和发现能力。

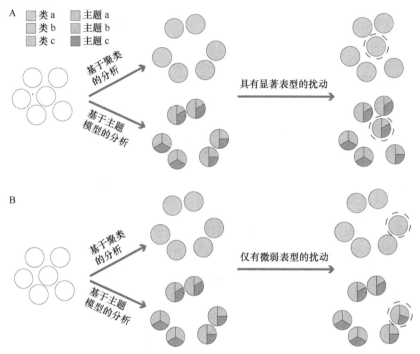

图 3.5　基于聚类的分析与基于主题模型的单细胞 CRISPR 筛选数据分析的比较示意图[9]

表 3.4　基于 k 均值聚类方法和基于主题模型的 MUSIC 对不同扰动之间相关性计算的比较

关系	先验知识	策略	
		基于聚类的方法	MUSIC
Runx1-Cebpb	负向调控	0.57	−0.99
Irf4-Cebpb	负向调控	0.55	−0.99
Nfkb1-Cebpb	负向调控	0.55	−0.99
Spi1-Cebpb	负向调控	0.49	−0.96
Junb-Cebpb	正向调控	0.97	0.93
Hif1a-Cebpb	正向调控	0.92	0.98
Stat3-Cebpb	正向调控	0.97	0.99
Rela-Cebpb	正向调控	0.90	0.99

（2）主题模型可以将输入矩阵分解成两个新矩阵："细胞-主题概率分布谱"，可用于分析细胞的主题构成；"主题-基因概率分布谱"，可用于注释每个主题对应的生物学功能。上述分析使得单细胞 CRISPR 筛选数据的分析结果具有很强的可解释性，并且构建了基因型（基因扰动）和表型（生物学功能）之间的对应关系。具体来说，该部分包含主题对应的生物学功能注释、自动选择最佳主题数量以及脱靶效应的评估，具体步骤如下。

①主题对应的生物学功能注释。MUSIC 运用 LDA 模型，输出结果之一是"主题-基因概率分布谱"，在该概率分布谱中，每个基因在不同的主题下具有不同权重，权重越大，说明该基因越能代表该主题的功能。因此，对于每个主题，MUSIC 可以基于"主题-基因概率分布谱"进行以下步骤对其进行功能注释：

a. 根据基因的权重，选择前 10%的基因用于后续的功能注释；

b. 基于选出的基因用 clusterProfiler[37]工具进行功能注释；

c. 选择排名前 5 的 GO 注释条目（按照 q value 进行排序），代表该主题的生物学功能。

②自动选择最佳主题数量。由于细胞的主题分布受到主题数量的影响，因此 MUSIC 设计了一个可以自动选择最佳主题数量的策略。具体过程请参考相关文献[9]。

③脱靶效应评估。在 CRISPR 基因编辑过程中，sgRNA 可能存在脱靶问题，但目前还未见报道表明单细胞 CRISPR 筛选数据存在严重的脱靶效应，因此 MUSIC 仅对于脱靶进行检测，并没有进行进一步的校正。另外，由于研究表明 CRISPRi 技术的脱靶效应非常小[38]，故对于 CRISPRi 技术，MUSIC 不考虑脱靶检测。具体过程请参考相关文献[9]。

5. 评估基因扰动效应

通过主题模型 LDA 计算获得"细胞-主题概率分布谱"和"主题-基因概率分布谱"之后，MUSIC 从三个层面评估和排序每种扰动对细胞表型的影响：①评估每种扰动对特定主题的影响排名；②评估扰动对细胞群的整体影响排名；③计算不同扰动之间的相关性。另外，如果存在不同实验条件下进行相同的基因扰动的成对单细胞 CRISPR 筛选数据，MUSIC 可以根据扰动基因对实验条件改变的敏感程度，对不同扰动进行排名。具体过程请参考相关文献[9]。

3.2.3　结果与讨论

1. MUSIC 性能比较

为了验证 MUSIC 的性能，本案例进行了两个方面的分析。

首先，运用 MUSIC 分析了目前所有公共的单细胞 CRISPR 筛选数据（见表 3.3）。本案例面向 doxorubicin 处理的 MCF10A 细胞系，产生了该细胞系下针对 29 个肿瘤抑制因子进行扰动的单细胞 CRISPR 筛选数据[23]，以此作为示例进行介绍，结果如图 3.6 所示。

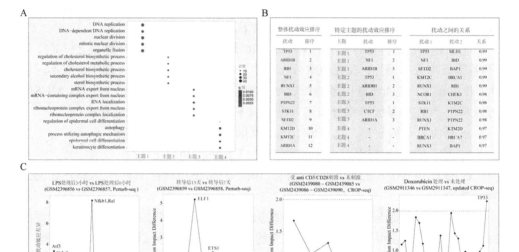

图 3.6　MUSIC 用于单细胞 CRISPR 筛选数据分析的结果示例[9]。A. 数据集 GSM2911346 的每个主题的功能注释。B. 数据集 GSM2911346 的整体扰动效果排名表和主题特定扰动效果排名表。C. 分别针对 Perturb-seq[20]和 CROP-seq[23, 24]数据展示了不同实验条件下扰动影响的差异。

其次，将 MUSIC 和另外两个现有工具（MIMOSCA 和 LRICA）进行比较。详细情况请参考相关文献[9]。

由于 MIMOSCA 和 LRICA 没有提供直接可用的工具包，MUSIC 无法和它们直接进行比较，因此通过比较发布这两项工具的原始文章中的分析结论，证明了 MUSIC 不仅能重现 MIMOSCA 及 LRICA 的分析结论，还能发现诸多新的结果和结论。同时，MUSIC 发布了方便易用的 R 工具包（https://github.com/bm2-lab/MUSIC）及 docker 工具包（https://hub.docker.com/r/bm2lab/music），证明了 MUSIC 相比现有工具具有的优越性。

2. 评估 MUSIC 的预处理步骤对分析结果的影响

由于单细胞 CRISPR 筛选数据存在大量的固有噪声，MUSIC 采取了多个数据预处理步骤进行降噪，这些步骤将有效地提升 MUSIC 的分析性能。为了阐明 MUSIC 设计的数据预处理步骤对 MUSIC 的分析结果的影响并证明这些步骤的有效性，下面从三个方面来具体分析，结果如图 3.7 所示。首先，如图 3.7A、B 所示，本案例计算了 MUSIC 数据预处理步骤所过滤的细胞比例。如图 3.7C 所示，本案例计算了所有数据中零值比例。此外，我们进一步分析了 MUSIC 数据预处理过程对基因扰动效应评估的整体影响，验证了 MUSIC 的鲁棒性。具体过程请参考相关文献[9]。

3. 单细胞 CRISPR 筛选数据的阴性对照和空白对照比较

鉴于 MUSIC 高度依赖于扰动细胞和阴性对照细胞之间的比较，我们进行了统计测试来比较阴性对照和空白对照之间的差别，以表明在实验中应用阴性对照的合理性。结果如图 3.8 所示。详情请参考相关文献[9]。

3.2.4　案例小结

本章基于主题模型构建了面向单细胞 CRISPR 筛选数据的计算平台 MUSIC。MUSIC 可以有效去除单细胞 CRISPR 筛选数据的噪声，同时从三个层面有效地定

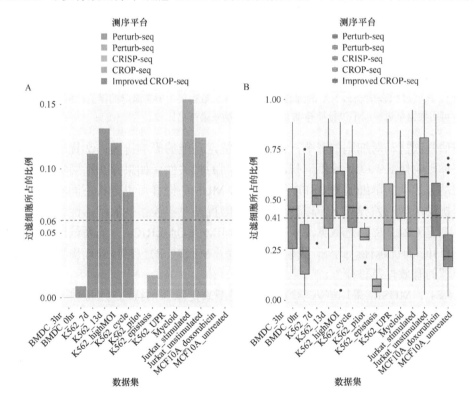

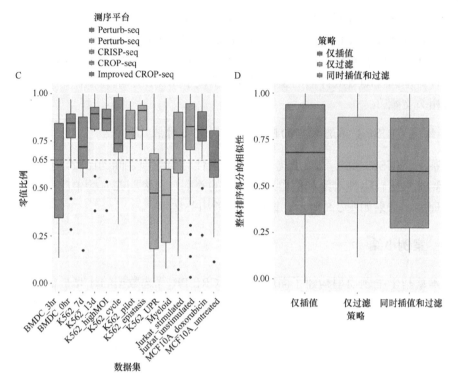

图3.7 评估 MUSIC 数据预处理策略[9]。A. 数据集的质控细胞过滤比例。红色虚线表示数据集的平均值。B. 包含低效率 sgRNA 的细胞过滤比例。C. 数据集中所有敲除的零值比例（zero_rate）。D. 对可用数据集进行或不进行插补/过滤的总体扰动效果排名比较。

量评估基因扰动对细胞的影响：①扰动对特定功能的影响排名；②扰动对细胞群的整体影响排名；③计算不同扰动影响之间的相关性。如果存在不同实验条件下相同基因扰动的单细胞 CRISPR 筛选数据，MUSIC 同样可以分析不同实验条件下相同扰动的影响差异排名，以评估特定基因扰动对实验条件的敏感性。通过在大量单细胞 CRISPR 筛选数据与现有工具（MIMOSCA/LRICA）的系统比较，证明了 MUSIC 的优越性。此外，我们系统评估了 MUSIC 的数据预处理步骤和数据过滤步骤的有效性及鲁棒性。

综上，MUSIC 采用嵌入学习的主题模型来定量评估扰动对细胞群体的影响，有效地解决了该类数据高噪声的问题，是嵌入学习结合 CRISPR 功能基因组用于基因扰动定量评估的一个典型案例。

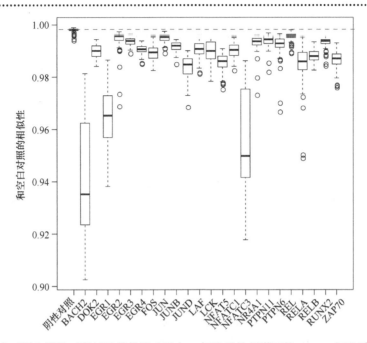

图 3.8　空白对照和阴性对照以及其他扰动组在 T 细胞受体刺激下的 Jurkat 细胞系中的比较[9]

3.3　本 章 小 结

嵌入是目前基于深度学习技术对样本进行表征学习的一种通用的表述方式。其优势是降低了对象特征的维度，易于后续的学习任务。生物数据，特别是高通量的组学数据，由于其对象的维度高，在进行下游任务之前，经常需要使用嵌入来生成对象新的表征以降低对象表征的维度，同时提高表征的信息量。其主要的应用场景主要包括但不限于降维、特征选择，以及学习对象更具有代表性的表征等。

本章向读者详细展示了利用嵌入中的主题模型分析单细胞 CRISPR 筛选数据的成功案例。该案例涉及了通路富集分析、单细胞数据处理、CRISPR 数据处理、生物统计计算等多个关键技术。

从 PCA、t-SNE、Word2Vec 进一步延伸至 VAE 和 Graph Embedding，传统的嵌入技术充分与深度学习技术的优势相结合，并基于大规模预训练技术进行嵌入表征，是其未来的发展方向。详细内容可参考相关文献[39-42]。

参 考 文 献

[1] Ma S, Dai Y: Principal component analysis based methods in bioinformatics studies. *Brief Bioinform* 2011, 12: 714-722.

[2] Alter O, Brown PO, Botstein D: Singular value decomposition for genome-wide expression data processing and modeling. *Proc Natl Acad Sci USA* 2000, 97: 10101-10106.

[3] Dorrity MW, Saunders LM, Queitsch C, Fields S, Trapnell C: Dimensionality reduction by UMAP to visualize physical and genetic interactions. *Nat Commun* 2020, 11: 1537.

[4] Kobak D, Berens P: The art of using t-SNE for single-cell transcriptomics. *Nat Commun* 2019, 10: 5416.

[5] Wu MC, Zhang L, Wang Z, Christiani DC, Lin X: Sparse linear discriminant analysis for simultaneous testing for the significance of a gene set/pathway and gene selection. *Bioinformatics* 2009, 25: 1145-1151.

[6] Gharavi E, Gu A, Zheng G, Smith JP, Cho IIJ, Zhang A, Brown DE, Sheffield NC: Embeddings of genomic region sets capture rich biological associations in lower dimensions. *Bioinformatics* 2021, 37: 4299-4306.

[7] Lee J, Yoon W, Kim S, Kim D, Kim S, So CH, Kang J: BioBERT: a pre-trained biomedical language representation model for biomedical text mining. *Bioinformatics* 2020, 36: 1234-1240.

[8] Alexandrov LB, Kim J, Haradhvala NJ, Huang MN, Tian Ng AW, Wu Y, Boot A, Covington KR, Gordenin DA, Bergstrom EN, et al: The repertoire of mutational signatures in human cancer. *Nature* 2020, 578: 94-101.

[9] Duan B, Zhou C, Zhu C, Yu Y, Li G, Zhang S, Zhang C, Ye X, Ma H, Qu S, et al: Model-based understanding of single-cell CRISPR screening. *Nat Commun* 2019, 10: 2233.

[10] Yue X, Wang Z, Huang J, Parthasarathy S, Moosavinasab S, Huang Y, Lin SM, Zhang W, Zhang P, Sun H: Graph embedding on biomedical networks: methods, applications and evaluations. *Bioinformatics* 2020, 36: 1241-1251.

[11] Cho H, Berger B, Peng J: Compact integration of multi-network topology for functional analysis of genes. *Cell Syst* 2016, 3: 540-548 e545.

[12] Lou S, Li T, Kong X, Zhang J, Liu J, Lee D, Gerstein M: TopicNet: a framework for measuring transcriptional regulatory network change. *Bioinformatics* 2020, 36: i474-i481.

[13] Eraslan G, Simon LM, Mircea M, Mueller NS, Theis FJ: Single-cell RNA-seq denoising using a deep count autoencoder. *Nat Commun* 2019, 10: 390.

[14] Lotfollahi M, Wolf FA, Theis FJ: scGen predicts single-cell perturbation responses. *Nat Methods* 2019, 16: 715-721.

[15] Cong L, Ran FA, Cox D, Lin SL, Barretto R, Habib N, Hsu PD, Wu XB, Jiang WY, Marraffini LA, Zhang F: Multiplex genome engineering using CRISPR/Cas systems. *Science* 2013, 339: 819-823.

[16] Mali P, Yang L, Esvelt KM, Aach J, Guell M, DiCarlo JE, Norville JE, Church GM: RNA-guided human genome engineering via Cas9. *Science* 2013, 339: 823-826.

[17] Wang T, Wei JJ, Sabatini DM, Lander ES: Genetic screens in human cells using the CRISPR-Cas9 system. *Science* 2014, 343: 80-84.

[18] Shalem O, Sanjana NE, Hartenian E, Shi X, Scott DA, Mikkelson T, Heckl D, Ebert BL, Root DE, Doench JG, Zhang F: Genome-scale CRISPR-Cas9 knockout screening in human cells. *Science* 2014, 343: 84-87.

[19] Koike-Yusa H, Li Y, Tan EP, Velasco-Herrera Mdel C, Yusa K: Genome-wide recessive genetic

screening in mammalian cells with a lentiviral CRISPR-guide RNA library. *Nat Biotechnol* 2014, 32: 267-273.

[20] Dixit A, Parnas O, Li B, Chen J, Fulco CP, Jerby-Arnon L, Marjanovic ND, Dionne D, Burks T, Raychowdhury R, et al: Perturb-Seq: dissecting molecular circuits with scalable single-cell RNA profiling of pooled genetic screens. *Cell* 2016, 167: 1853-1866 e1817.

[21] Adamson B, Norman TM, Jost M, Cho MY, Nunez JK, Chen Y, Villalta JE, Gilbert LA, Horlbeck MA, Hein MY, et al: A multiplexed single-cell CRISPR screening platform enables systematic dissection of the unfolded protein response. *Cell* 2016, 167: 1867-1882 e1821.

[22] Jaitin DA, Weiner A, Yofe I, Lara-Astiaso D, Keren-Shaul H, David E, Salame TM, Tanay A, van Oudenaarden A, Amit I: Dissecting immune circuits by linking CRISPR-pooled screens with single-cell RNA-Seq. *Cell* 2016, 167: 1883-1896 e1815.

[23] Hill AJ, McFaline-Figueroa JL, Starita LM, Gasperini MJ, Matreyek KA, Packer J, Jackson D, Shendure J, Trapnell C: On the design of CRISPR-based single-cell molecular screens. *Nat Methods* 2018, 15: 271-274.

[24] Datlinger P, Rendeiro AF, Schmidl C, Krausgruber T, Traxler P, Klughammer J, Schuster LC, Kuchler A, Alpar D, Bock C: Pooled CRISPR screening with single-cell transcriptome readout. *Nat Methods* 2017, 14: 297-301.

[25] Deerwester S, Dumais ST, Furnas GW, Landauer TK, Harshman R: Indexing by latent semantic analysis. *Journal of the American Society for Information Science* 1990, 41: 391-407.

[26] Hofmann T: Unsupervised learning by probabilistic latent semantic analysis. *Machine Learning* 2001, 42: 177-196.

[27] Blei DM, Ng AY, Jordan MI: Latent dirichlet allocation. *Journal of Machine Learning Research* 2003, 3: 993-1022.

[28] Mcauliffe JD, Jon BD: Supervised topic models. *In: Advances in neural information processing systems* 2008: 121-128.

[29] Lacoste-Julien S SF, Jordan M I: DiscLDA: Discriminative learning for dimensionality reduction and classification. *In: Advances in neural information processing systems* 2009: 897-904.

[30] Zhu J, Ahmed A, Xing EP: MedLDA: Maximum margin supervised topic models. *Journal of Machine Learning Research* 2012, 13: 2237-2278.

[31] Ramage D HD, Nallapati R, Manning CD: Labeled LDA: a supervised topic model for credit attribution in multi-labeled corpora. *In: Proceedings of the 2009 conference on empirical methods in natural language processing* 2009: 248-256.

[32] Ramage D MC, Dumais S: Partially labeled topic models for interpretable text mining. *In: Proceedings of the 17th ACM SIGKDD international conference on knowledge discovery and data mining* 2011: 457-465.

[33] Liu L, Tang L, Dong W, Yao SW, Zhou W: An overview of topic modeling and its current applications in bioinformatics. *Springerplus* 2016, 5: 1608-1630.

[34] Fei-Fei L, Perona P: A Bayesian hierarchical model for learning natural scene categories. *2005 Ieee Computer Society Conference on Computer Vision and Pattern Recognition, Vol 2, Proceedings* 2005: 524-531.

[35] Luo WH, Stenger B, Zhao XW, Kim TK: Automatic topic discovery for multi-object tracking. *Proceedings of the Twenty-Ninth Aaai Conference on Artificial Intelligence* 2015: 3820-3826.

[36] Jiang SH, Qian XM, Shen JL, Fu Y, Mei T: Author topic model-based collaborative filtering for personalized POI recommendations. *Ieee Transactions on Multimedia* 2015, 17: 907-918.

[37] Yu GC, Wang LG, Han YY, He QY: clusterProfiler: an R package for comparing biological

themes among gene clusters. *Omics-a Journal of Integrative Biology* 2012, 16: 284-287.

[38] Gilbert LA, Larson MH, Morsut L, Liu Z, Brar GA, Torres SE, Stern-Ginossar N, Brandman O, Whitehead EH, Doudna JA, et al: CRISPR-mediated modular RNA-guided regulation of transcription in eukaryotes. *Cell* 2013, 154: 442-451.

[39] Alameda-Pineda X, Hueber T, Diard J, Bie X, Leglaive S, Girin L: Dynamical variational autoencoders: A comprehensive review. *Foundations and Trends® in Machine Learning* 2021, 15: 1-175.

[40] Cui Z, Li Z, Wu S, Zhang X, Liu Q, Wang L, Ai M: DyGCN: Efficient dynamic graph embedding with graph convolutional network. *IEEE Trans Neural Netw Learn Syst* 2022, 1: 1-12.

[41] Zhang R, Zhang Y, Lu C, Li X: Unsupervised graph embedding via adaptive graph learning. *IEEE Trans Pattern Anal Mach Intell* 2022, 45: 5329-5336.

[42] Joshi P, V M, Mukherjee A: A knowledge graph embedding based approach to predict the adverse drug reactions using a deep neural network. *J Biomed Inform* 2022, 132: 104122.

第4章 组学的表征——多模态整合

4.1 多模态整合

4.1.1 适用场景

多模态整合（multi-modality integration）系指对相同或者相似样本不同维度的数据进行匹配和嵌入，以实现对样本的多维度表征以及后续的分析和解释。例如，我们可以基于一个人的肤色、五官、身高、体重等简单的指标来预测其出生地，也可以用虹膜、指纹、血液等较为复杂的多模式数据来精细标注一个人的多维身份。这些不同维度的简单或复杂的数据即为该对象的多模态数据。

在机器学习和深度学习算法领域，多模态整合研究主要围绕表征、翻译、对齐、融合等任务。其中，多模态的表征学习目标是找到能够代表多个模态的公共嵌入空间，挖掘模态间独立或者公共的数据表征；多模态的翻译目标是实现跨模态的数据生成，学习一个模态到另一个模态的映射关系；多模态的对齐目标是寻找多模态数据点间的关联，去除不同模态间的批次效应；多模态的融合目标是融合两个或者多个模态的数据以应用于特定的下游预测或者分析。

在组学分析领域，研究者对单个或者相似样本进行高通量测序实验，可以获取多种类型、多个维度的高通量测序数据，如转录组测序（RNA-seq）、染色质开放测序（ATAC-seq）、染色质免疫沉淀测序（ChIP-seq）和蛋白质组学数据等各个组学层面的多模态数据。通过整合这些多模态数据，研究者既可以采用多模态数据去发现生物学样本中的微观状态，也能探索不同模态数据之间的关系。组学数据的多模态整合已经被广泛应用于生物学和医学的疾病发展[1-10]及组织发育[11-23]研究中，例如，有的研究者通过转录组和多种组蛋白修饰的多维度组学数据整合，对小鼠胚胎发育不同阶段的组织发育调控机制进行准确预测[24]；还有研究者通过药物数据和宏基因组数据的整合，构建了基于个体化肠道微生物环境的用药推荐平台[25]。

单细胞测序是目前生物组学测序技术发展的代表性技术，故本章主要关注单细胞组学数据的多模态整合分析，但本章介绍的理论思想和方法同样适合于混组学测序（bulk sequencing）数据分析。单细胞测序是一种可以获取每个样本的单个细胞维度组学数据的新技术。对于一个生物学样本，单细胞测序技术一次可以同时获取几百至几十万个细胞的单细胞精度的高通量组学数据。相对于传统测序需要通过大规模收集样本来提升样本规模，单细胞测序更容易实现较高的样本（细胞）数量。单细胞数据既可以用于分析每个细胞的属性和状态，也可以用于细胞群体、细胞类型及样本总体（全部细胞）层面的分析，而多模态的单细胞数据整合可以从多个维度来研究上述问题[26, 27]。

对于单细胞测序数据，多模态整合主要可以应用于两类多模态单细胞数据。第一类是非配对单细胞组学数据，即从样本中取一部分细胞得到一个模态的单细胞测序数据，从另外的细胞得到另一个模态的单细胞数据。多个模态的数据来源于同一个或者同一类型的样本，但是并不直接来源于同一个细胞，因此这类多模态数据被称为非配对（unpaired）单细胞组学数据。相对的，从同一个细胞中获得的多模态测序数据称为配对（paired）单细胞组学数据，这类数据可以对每一个细胞同时获取多个维度的组学数据，从数据获取形式上是优于非配对单细胞组学的新技术。

单细胞配对多组学技术根据获得的组学模态不同，可以分为以下几类（表 4.1）。

1）转录组+基因组 DNA

这类技术可以同时从每个细胞中获取转录组信息和基因组 DNA 信息。在普通样本中，转录组信息和基因组 DNA 信息可以通过转录组测序和全基因组测序获得。在单细胞中，这两种模态也可以通过单细胞转录组测序和单细胞全基因组测序获得。基于不同的细胞流式分选和建库方法，研究者搭建了 G&T-seq[28]、DR-seq[29]、SIDR-seq[30]和 TARGET-seq[31]等多种技术平台来获取这类多模态测序数据。

2）转录组+表观遗传组学

表观遗传组学测序可以获取样本 DNA 上的表观遗传信息，包括 DNA 甲基化信息、组蛋白修饰信息、染色质开放程度信息等。其中，DNA 甲基化信息是通过Bisulfite（BS）处理来转化甲基化和非甲基化的 C 碱基[32]，然后通过 PCR 实验扩增和二代测序来获得每个 C 碱基的甲基化情况[33, 34]。单细胞组学中，研究者也研发了多种单细胞甲基化测序技术来获取全基因组或限定区域的 DNA 甲基化信息，包括 scRRBS[35]、scWGBS[36]、sci-MET[37]等。为了同时获取单细胞的转录组和DNA 甲基化信息，研究人员开发了多种配对单细胞组学技术，包括 scM&T-seq[38]、scMT-seq[39]、scTrio-seq[40]等，可以高通量获取这两种模态的测序数据信息。

另一类 DNA 的表观遗传信息是 DNA 上染色质的表观信息，包括染色质上的组蛋白修饰和染色质开放区域的信息。这些染色质表观信息与基因的表达及调控息息相关。为了从样本中获得 DNA 表观遗传信息，研究人员开发了 ChIP-seq[41, 42]技术来获得多种组蛋白修饰信息，同时开发了 DNase-seq[43]和 ATAC-seq[44]技术来获得染色质开放信息。在单细胞研究中，研究人员在单细胞测序技术基础上研发了多种技术来获得染色质相关的表观遗传信息，包括 NOMe-seq[45]、scDNase-seq[46]、sci-ATAC-seq[47]、scATAC-seq[48]、scMNase-seq[49]和 scChIP-seq[50]等，这些技术都能够从单个细胞中获得细胞的表观遗传组学信息。近年来，研究人员研发了单细胞转录组和染色质信息的配对多组学技术，包括 sci-CAR[51]、SNARE-seq[52]、paired-seq[53]和 SHARE-seq[54]等。10x Genomics 公司也开发了 10x Multiome 技术[55]将该类配对组学技术进行商业化，大大拓展了该技术的应用场景。这些技术的研发使基因表达和基因调控在单细胞水平上的探索具有无限可能。

表 4.1　单细胞多模态组学技术

技术名称	多模态技术	年份	参考文献
基因组和转录组测序（G&T-seq）	gDNA+mRNA	2015	[28]
gDNA-mRNA 测序（DR-seq）	gDNA+mRNA	2015	[29]
同时分离 DNA 和总 RNA 的共测序（SIDR）	gDNA+mRNA	2018	[30]
TARGET-seq	gDNA+mRNA	2019	[31]
单细胞甲基化和转录组测序（scM&T-seq）	mRNA+Methylation	2016	[38]
单细胞甲基化和转录组共测序（scMT-seq）	mRNA+Methylation	2016	[39]
scTrio-seq	mRNA+Methylation	2016	[40]
sci-CAR	mRNA+ATAC	2018	[51]
SNARE-seq	mRNA+ATAC	2019	[64]
paired-seq	mRNA+ATAC	2019	[53]
SHARE-seq	mRNA+ATAC	2020	[54]
10x Multiome	mRNA+ATAC	2021	[55]
PEA/STA	mRNA+proteome	2016	[56]
PLAYR	mRNA+proteome	2016	[65]
CITE-seq	mRNA+proteome	2017	[57]
REAP-seq	mRNA+proteome	2017	[58]
RAID	mRNA+proteome	2019	[66]
scNMT-seq	mRNA+methylation+ATAC	2018	[59]
scNOMeRe-seq	mRNA+methylation+ATAC	2021	[60]
ECCITE-seq	mRNA+sgRNA+target protein	2019	[61]
paired-Tag	mRNA+ATAC+5 histone modifications	2021	[62]
scCUT&Tag-pro	5 histone modifications+proteome	2022	[63]

3）转录组+蛋白质组

除了 DNA 和 RNA 信息，质谱技术可以高通量获得样本的蛋白质信息。然而质谱技术中基于样本肽段信息计算蛋白质丰度的方法无法获取单个细胞的超低量蛋白信息，即使基于商业化修饰标记样本的方法也无法同时标记数千个细胞。为了在单细胞水平上研究蛋白质组学数据,研究人员结合了单细胞测序技术和抗体捕获等方法,可以同时测定细胞中的转录组和细胞内蛋白质或者细胞表面蛋白。同时,研究人员研发了多项技术实现了转录组和蛋白质的单细胞配对多模态共测序,包括 PEA/STA[56]、CITE-seq[57]和 REAP-seq[58]等,这些技术为探究中心法则中 RNA 到蛋白质的多模态整合研究提供了技术基础。

在以上三类多模态单细胞技术的基础上,研究人员研发了可以同时获得三个及以上多组学数据模态数据的新技术,包括 scNMT-seq[59]、scNOMeRe-seq[60]、ECCITE-seq[61]、paired-Tag[62]和 scCUT&Tag-pro[63]等,这些技术可以同时获得转录组、多种表观遗传组甚至 CRISPR 功能基因组学的模态数据信息。对多模态配对组学技术感兴趣的读者可以继续阅读表 4.1 中的相关文献。

4.1.2　理论思想

1. 单细胞多模态整合的具体形式

随着单细胞多组学技术,尤其是配对多组学技术的快速发展和广泛应用,多模态整合方法对该类数据的研究越来越重要。研究人员在调研单细胞多模态数据和模态整合任务时发现[67],在多模态数据整合过程中,依据共有的特征和整合的方向,多模态整合包括以下几种形式。

1)垂直整合

多模态数据的整合可以具体转化为两个或者多个(细胞×特征)矩阵的整合,其中的特征在组学多模态数据中可以是基因、基因组坐标、蛋白质等,多个模态的特征可以是相同类型,也可以是不同类型。而垂直整合,顾名思义,即将两个或者多个细胞模态矩阵从垂直方向,即从细胞方向进行整合,其前提是多个细胞模态矩阵的细胞能够完全匹配(图 4.1)。因此,细胞/样本完全一致的多模态数据适合用垂直整合的方法进行整合。

2)水平整合

与垂直整合相对的概念是水平整合。对于多模态的水平整合,多模态数据的细胞/样本并不需要一致,但是水平方向上,模态采用的是完全匹配的特征(图 4.2)。对于不同来源的单细胞单模态数据集,由于采用的是同一组学数据,多个数据的特征是可以一一匹配的,因此可以直接应用水平整合;但是对于多模态数据,各个模态的含义和维度都是不同的,无法直接进行水平整合。为此,研究人员根据不同模态数据在生物学上的关联意义,将更高维度的模态数据映射到更低维度的模态上。在单细胞转录组和单细胞染色质开放测序数据多模态整合中,转录组基因的维度一般在几千至 3 万,而染色质开放程度可以在基因组任何位置,特征的维度在 10 万至数百万不等。由于基因启动子区域的染色质开放水平与基因的表达水平相关性较高，这些基因区域的染色质开放性与基因表达相关性较高，研究人员根据转录组基因的位置，将细胞的染色质开放水平转换为转录组数据中每个基因的活性特征，使得染色质开放特征转化后与单细胞转录组的基因可以一一匹配，以实现水平整合[68]。

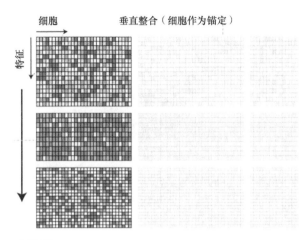

图 4.1　垂直整合示意图[67]

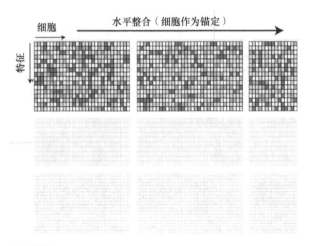

图 4.2　水平整合示意图[67]

3）对角线整合

多模态数据整合中，对于细胞和特征都没有任何共同特征的数据集，无法进行垂直或者水平维度的整合，这类整合被称为对角线整合[67]（图 4.3）。对于多模态数据对角线整合，研究人员采取了降维至相同维度的方法以获得共同的特征，即降维后空间细胞的数据维度，然后对多个模态降维后的细胞低维空间进行水平整合。相对于水平整合和垂直整合，对角线整合的主要目标是对细胞数据降维后的低维空间进行对齐。各个模态在降维过程尽管会损失部分细胞间信息，但是对于细胞和模态间均无法匹配的多模态组学数据，利用其低维空间可以实现有效整合。

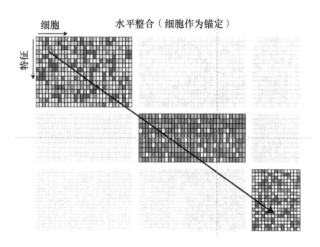

图4.3   对角线整合示意图[67]

4）马赛克整合

除了上述三种整合模式，部分多模态数据在细胞或者特征中存在部分匹配的情形。对部分匹配、部分无法匹配的多模态数据进行整合被称为马赛克整合[67]（图4.4）。对于多模态马赛克整合，往往先整合多个模态间较为容易整合和匹配的部分，然后依据匹配部分和其他未匹配部分的近邻关系再整合剩余不匹配的部分[69]。

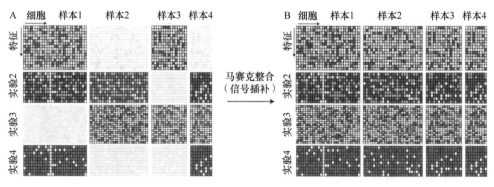

图4.4   马赛克整合示意图。A. 马赛克整合形式及整合前数据情况；B. 马赛克整合后数据信号推断[67]

2　单细胞多模态整合的常见机器学习方法

对于上述类型的多模态整合，多种机器学习算法可以实现不同类型的整合目标。下面我们简单介绍可以应用于多模态整合的机器学习算法。

1）矩阵分解方法

矩阵分解是一种将矩阵简化为其组成部分的方法，这种方法可以简化高维度数据的矩阵运算，使得这些运算可以在分解的矩阵上执行，而不是在原始矩阵本身上执行（图 4.5）。它的衍生非负矩阵分解也被用于模态数据的降维等操作上。多模态整合中，对于每个细胞的第 i 个模态数据 X_i，非负矩阵分解方法可以通过 $V_i = W_i H + \varepsilon_i$ 将每个模态数据降维并得到共同的矩阵 H。然后可以根据每个模态共 H 对所有模态数据实现直接整合。相对于其他非线性算法，矩阵分解是一种可解释性很高的线性算法，适用于特征维度不同的垂直整合任务。

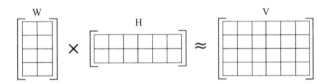

图 4.5　矩阵分解原理示意图

2）深度生成模型

深度生成模型的神经网络模型不需要已知的标签信息即可实现对数据的学习和训练，可以被应用于多模态整合中水平整合、垂直整合和对角线整合的无监督学习任务中。

深度生成模型主要由编码器（encoder）和解码器（decoder）两部分组成。其中，数据输入编码器后得到低维隐空间（latent space），然后隐空间输入解码器得到重构输出。在多模态整合中，深度生成模型可以将多个模态数据同时或者分别映射到共同的隐空间，将不同类型的多模态整合任务转化为融合任务或者特征为共同低维度空间的水平整合任务（图 4.6）。相对于基于矩阵分解的多模态整合，基于神经网络的方法是一种非线性方法，数据信号丢失更低，多模态整合效果相对较好，但是模型的可解释性相对线性模型较差。

3）流形对齐方法

流形对齐（manifold alignment）是一种广义的通过低维空间将复杂多模态数据进行整合的方法。该类方法主要通过核函数等方法将多个模态数据映射到同一空间，然后计算多模态数据间距离，根据数据间距离对多模态数据进行整合（图 4.7）。流形对齐方法最常用于对角线整合任务中，将没有共有样本和特征的多模态数据集投射到共同的流形上进行整合。流形对齐方法也可以应用于其他多模态整合的方法中。

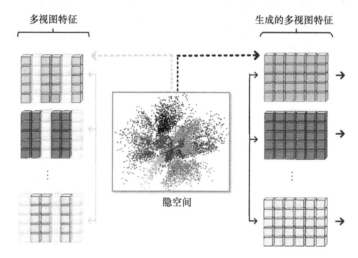

图 4.6　基于深度生成模型的多模态整合示意图

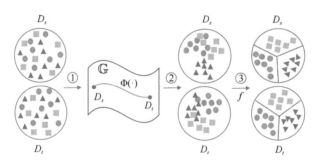

图 4.7　流形对齐整合示意图

　　除了上述机器学习方法外，近邻网络、图模型、典型相关分析和贝叶斯模型等算法也可以应用于多模态整合的任务中。下一节中我们继续介绍这些机器学习方法在多模态整合真实任务中的具体应用。

4.1.3　组学应用

　　多模态整合在单细胞多组学数据分析中有着非常广泛的应用。近年来，研究者开发了多个算法来处理不同类型的单细胞多模态组学的数据整合，例如，MOFA+算法是基于非负矩阵分解的配对组学整合算法，Seurat v3 算法是基于典型相关分析（canonical correlation analysis，CCA）的非配对多模态数据水平整合方法，而其升级版本 Seurat v4 算法是基于权重最近邻网络（weighted nearest neighbor，WNN）的配对多模态数据垂直整合方法。近年来，一些综述工作也对单细胞多模态整合算法进行了整理、比较和评估[67, 70-72]。表 4.2 中我们整理了应用于不同类型及不同模态单细胞数据的代表性整合算法。在下一节中，我们将选取具体的算法进行深入介绍。

表 4.2　多模态整合的算法案例

算法	程序语言	整合数据类型	是否配对	年份	参考文献
MATCHER	Python	模态不限	非配对	2017	[73]
Seurat v3	R	模态不限	非配对	2019	[68]
Liger	R	模态不限	非配对	2019	[74]
MOFA+	R	RNA+atac	通用	2020	[75]
scAI	R	RNA+atac	通用	2020	[76]
cobolt	Python	RNA+atac	通用	2021	[77]
TotalVI	Python	RNA+protein	配对	2021	[78]
SeuratV4	R	模态不限	配对	2021	[27]
multivi	Python	RNA+atac	配对	2021	[79]
MultiMAP	Python	模态不限	非配对	2021	[80]
GLUE	Python	RNA+atac	非配对	2022	[81]
scMVP	Python	RNA+atac	配对	2022	[82]
MIRA	Python	RNA+atac	配对	2022	[83]
bindSC	R	模态不限	非配对	2022	[84]

4.2　案例：单细胞 RNA-seq 和单细胞 ATAC-seq 多模态整合

4.2.1　背景介绍

如上节所述，单细胞多模态测序技术近年来快速发展，诞生了多种可以同时测量基因表达水平和染色质可及性/开放性的多模态技术，如 sci-CAR[51]、SNARE-seq[52]、paired-seq[53] 和 SHARE-seq[54]。尽管该领域在实验和测序技术上取得了巨大的进步，但这些多模态数据存在着维度高、数据通量低、数据高度稀疏等问题，例如，染色质开放性数据零值率在 99%以上，绝大部分的观测值都是 0。这些技术本身的数据特点使得该类多模态数据整合变得非常困难，限制了新技术在数据集成和下游分析（如细胞聚类、差异鉴定和调控关系发现）中的有效应用[51]。

在组学数据分析中，深度生成模型在处理高维度大数据集方面有着独特的优势。近年来，深度生成模型已逐步应用于高维数据建模和处理中，如单细胞转录组测序数据[85]和单细胞染色质开放测序[86]。在这些深度生成模型中，变分自动编码器（VAE）是最为常用的深度学习算法。变分自动编码器（VAE）使用识别模块作为编码器、生成模块作为解码器来学习输入数据的潜在分布。VAE 模型的训练目标是最大化解码器生成的数据与输入数据之间的相似性，同时最小化潜在低维嵌入的先验分布及其由推理（编码器）网络产生的真实后验分布的差别，即 KL 散度（Kullback-Leibeler divergence）。标准的 VAE 模型使用多元高斯分布作为潜在变量的先验，很难适用于具有复杂分布的稀疏数据如单细胞测序数据，因此研究者在单细胞数据深度生成模型设计中将高斯分布替换为高斯混合模型（Gaussian mixture model，GMM）[86]。

在多模态数据整合中，使用多模态 VAE 模型的编码器产生的潜在嵌入可以包含跨模态的共同语义特征，而解码器生成的数据仍然可以保留模态特定的生物学信息。这个既保留共同语义、又保留特定模态生物学信息的特性需要特定的模型训练目标函数来实现，即集成模态之间的相似性来实现多模态整合的共性目标，区分生成数据的模态特异性来实现特性目标。对于极端稀疏数据和任一模态包含较大随机噪声的联合分布数据集，多模态联合嵌入将在联合训练时很容易倾向收敛于混淆细胞潜在嵌入中的其他噪声，既影响各个模态生成模型产生的生成数据，也会妨碍联合潜在嵌入的解释效果及下游分析的效果。需要指出的是，自注意（self-attention）的嵌入模型如 Transformer 模型和 BERT 模型在极端稀疏的 NLP 任务和序列结构化任务[87]上表现出较高的性能，在处理高维高稀疏生物数据中具备一定的潜力。

4.2.2　解决方案

1. 计算框架总述

为了对单细胞多模态基因表达和染色质开放进行有效的多模态整合，我们开发了一套深度学习多模态整合模型 scMVP[82]。scMVP 所采用的核心思想即为多模态整合，可以将单细胞配对多模态的 scRNA 和 scATAC 数据联合映射到一个共同的低维空间，实现细胞多模态的共同嵌入、聚类和插补生成（图 4.8A）。按多模态数据整合方法分类，scMVP 属于多模态数据的垂直整合工具，可以实现多模态整合的表征、融合任务。

首先介绍 scMVP 的算法设计。scMVP 算法的基本思想源于变分自动编码器（VAE），其核心是通过最大化多模态数据联合生成概率的可能性，获得多模态数据的公共隐空间（latent embedding）和模态后验生成值（posterior）。scMVP 引入高斯混合模型（GMM）作为公共隐空间的分布，先通过一个多模态非对称

GMM-VAE 模型实现多模态共同嵌入和生成，然后附加两个额外的聚类一致性循环生成模块来保证每个组学后验信息与先验输入的一致性，并同时保留多个模态共同的语义信息，用于插补缺失数据、聚类细胞、组合多个模态和构建发育谱系等下游应用。

下面介绍 scMVP 模型的计算过程。首先，scMVP 将 scRNA 表达谱中的原始表达值和频率-逆文档频率（term frequency-inverse document frequency，TF-IDF）[88]转换的 scATAC 序列作为多模态数据输入。为了自动学习整合 scRNA 和 scATAC 两个模态的共同分布，scMVP 利用 GMM 作为多视图 VAE 模型潜在嵌入 z 的先验分布。在每个细胞后验数据中观察到的 scRNA 基因表达 x 和 TF-IDF 转化的 scATAC 染色质可及性 y 被分别建模为从负二项（NB）分布 $p(x|z, c)$ 和零值膨胀泊松（ZIP）分布 $p(y|z, c)$ 中随机采样提取的样本，条件生成于共同的潜在嵌入 z 和细胞聚类 c，其中，细胞聚类 c 的聚类数量对应了 GMM 中预定义的 K 个成分。其次，作为多模态生成模型，scMVP 使用双通道解码器神经网络（encoder）将公共隐空间 z 转换为 NB 和 ZIP 分布参数，并使用细胞聚类 c 引导注意模块去捕获同一细胞内 scRNA 和 scATAC 数据之间的潜在相关性（图 4.8A）。scMVP 通过变分过程，得到最大化变分证据下界（ELBO），即 $\mathcal{L}_{elbo}(x, y) = E_{q(z, c|x, y)}$

$$\left[\log \frac{p(x, y, z, c)}{q(z, c|x, y)}\right]$$。scMVP 根据另一个联合编码器神经网络得到 $q(z, c|x, y)$

的分布参数，例如，使用梯度反向传播的重新参数化技巧，得到隐空间 $z = \mu_c + \sigma_c I$，$I \sim N(0,1)$ 的平均 μ_z 和方差 σ_z。模型训练中，scMVP 通过优化最大化变分证据下界的 KL 散度及后验损失来训练优化模型。最后，在训练完成后，通过解码器后验生成的 scRNA 和 scATAC 数据分别通过相应输出分布的平均值进行信号去噪及插补，得到嵌入的公共低维隐空间 z 作为细胞的多模态共有特征，可用于多模态数据的一系列下游分析，如数据降维可视化、聚类、轨迹分析等。

除了主模型的多模态生成架构，为了更好地捕捉组内的特征相关性并提取组间的生物内在语义嵌入，ATAC 子网络分支引入了基于多头自注意力机制的 Transformer 编码器和解码器模块，RNA 子网络分支引入了基于掩码注意力机制的编解码器模块（图 4.8A）。对于 scATAC 数据，scMVP 引入了多头自注意（multi-head self-attention）模块从稀疏高维的联合数据集 scATAC 轮廓中捕捉局部相关性，并引入了掩码注意力机制，将注意力集中在细胞的局部语义区域。接下来，scMVP 使用一个类似于 cycle-GAN 的循环辅助网络模块，以确保输入和原始联合表达谱数据之间潜在嵌入分布的一致性，这个辅助网络模块将约束潜在嵌入在多模态细胞聚类水平包含共同的生物学语义，而不是典型多模态 VAE 中的直接模态对齐，然后通过先验和后验生成的重编码对齐，对每个组学后验生成进行自监督（图 4.8A）。最后，使用小批量的反向传播算法对所提出的模型进行训练，并同时生成低维隐空间、scRNA 后验表达值和 scATAC 后验表达值作为输出。scMVP 模型多模态整合方法的详细算法设计我们将在下一节中具体阐述。

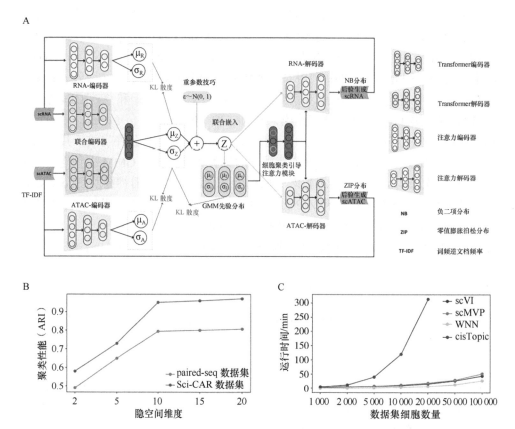

图 4.8　scMVP 总体框架及基本性能[82]。A. scMVP 模型的框架示意图。每个细胞的 scRNA-seq 基因表达计数和 TF-IDF 转化的 scATAC-seq 染色质可及性峰数作为 scMVP 模型输入。首先，scMVP 通过多视图深度生成模型得到用于细胞的多模态联合嵌入。其次，scMVP 模型编码器使用两个独立的、基于注意的网络通道以适应不同模式的输入，结合高斯混合模型推导出公共潜在嵌入 z 的后验分布参数。再次，scMVP 通过基于注意的双通道解码网络重构输入的 scRNA 和 scATAC 表达谱，该解码器网络与编码器网络具有相似的网络结构。最后，scMVP 使用两个单通道编码器分别嵌入后验生成的 scRNA 和 scATAC，以最小化原始数据的公共潜在嵌入 z 和每个后验数据嵌入分布之间的 KL 散度。B. 隐空间维度数量对 ARI 度量聚类准确度影响。C. 数据集大小对算法性能的评估，图为随机抽样的 SHARE-seq 细胞系数据集上训练模型的运行时间，测试数据集包含 8000 个基因和 23 000 个峰。如图为 scMVP、scVI、WNN 和 cisTopic 运行时间。测试服务器配置为 32 GB RAM 内存的 10 核 Intel Xeon E5-2680，以及 12 GB RAM 的 NVIDIA 1080TI GPU 显卡。

2. 模型细节

scMVP 算法是应用于配对多模态 scRNA 和 scATAC 的垂直整合深度生成模型。首先在输入步骤，对于配对多模态 scRNA 和 scATAC 数据，scRNA 和 TF-IDF 转化的 scATAC 的表达谱通过加权每个峰（peak，即染色质开放区域）的出现频率将原始二元峰转换为连续值，分别表示为基因表达读数 $x_i \in R^{|G|}$ 和 ATAC 峰值向量 $y_i \in R^{|P|}$，$i=1$, 2, $\cdots$, N，其中，G 是所有检测到的基因数，P 是相应的检测到的峰值数，N 是细胞总数。

为了得到多模态数据中的生物学结构，scMVP 算法采取了多视图生成模型，从前述数据输入生成共同潜在嵌入 $z_i \in R^D$，然后从一个共同的潜在嵌入 z_i 恢复 scRNA 谱 x_i 和 scATAC 谱 y_i（维度 $D \ll \min(|G|, |P|)$，其中隐变量 z_i 遵循基于 GMM 的先验分布，x_i 和 y_i 各自遵循负二项（NB）分布和零值膨胀泊松（ZIP）分布[89]，而泊松（Possion）分布更适合 TF-IDF 转换的 scATAC 染色质可及性的信号计数[88]（图 4.8A）。由于 scATAC 数据集的极端稀疏性，在当前配对多模态测序数据中对 scATAC 峰值使用零膨胀泊松。

上述模型生成过程由公式推导如下：

$$p(c) = \mathrm{Cat}(\pi) = \prod_{k=1}^{K} \pi_k^{c_k}, \quad \pi = [\pi_1, \pi_2, \ldots, \pi_K] \tag{4.1}$$

$$p(z|c) = N(z|\mu_c, \sigma_c \mathrm{I}) = \frac{1}{\sqrt{2\pi}\sigma_c} e^{\left(-\frac{(z-\mu_c)^2}{2\sigma_c^2}\right)} \tag{4.2}$$

$$\alpha_x, \beta_x = \mathrm{Decoder}_x(z) \tag{4.3}$$

$$p(\mu_x|\alpha_x, \beta_x) = \mathrm{Gamma}(\alpha_x, \beta_x) = \frac{\beta_x^{\alpha_x} \overline{x}^{\alpha_x-1} e^{-\beta_x \overline{x}}}{\Gamma(\alpha_x)} \tag{4.4}$$

$$p(x|\mu_x) = \mathrm{Poisson}(\mu_x) = \frac{\mu_x^x}{x!} e^{-\mu_x} \tag{4.5}$$

$$\mu_y, \tau_y = \mathrm{Decoder}_y(z) \tag{4.6}$$

$$p(\overline{y}|\mu_y) = \mathrm{Poisson}(\mu_y) = \frac{\mu_y^{\overline{y}}}{\overline{y}!} e^{-\mu_y} \tag{4.7}$$

$$p(\omega_y|\tau_y) = \mathrm{Bernoulli}(\tau_y) = \tau_y^{\omega_y}(1-\tau_y)^{1-\omega_y} \tag{4.8}$$

$$p(y|\overline{y}, \omega_y) = \left[p(\overline{y}|\mu_y) * p(\omega_y=1|\tau_y)\right]_{y>0} + \left[p(\omega_y=0|\tau_y)\right.$$
$$\left. + p(\overline{y}|\mu_y) * p(\omega_y=1|\tau_y)\right]_{y=0} \tag{4.9}$$

这里，c 表示高斯混合分布的 K 个细胞簇之一，其概率分布是从概率为 π_c 的

分类分布中推导的（公式 4.1）。对于细胞簇 c 的公共嵌入隐变量 z 是从概率为 $p(z|c) = N(z|\mu_c, \sigma_c I)$ 的分量 c 中导出的（公式4.2），表明了潜在变量 z 相关的细胞属于特定的细胞簇 c。然后使用双通道解码网络生成 NB 分布和 ZIP 分布参数，并从公共隐变量 z 重构原始观测 x（scRNA）和 TF-IDF 变换 y（scATAC）（公式4.3，公式4.6）。scMVP 算法中将 NB 分布分解为具有形状参数 α_x 和尺度参数 β_x 的 Gamma 分布的组合。这里由 Gamma 分布采样给出的平均参数 μ_x 具有泊松分布，因此 Gamma 分布表示表达值的真实分布（公式4.4），而泊松分布用于模拟信号值波动水平（公式4.5），并且 scRNA 中每个基因的表达水平可以用泊松分布的平均值来估算。类似地，ZIP 分布被分解为泊松分布和伯努利（Bernoulli）分布（公式4.7～公式4.9），泊松分布的平均 μ_y 在此用作 scATAC-seq 数据的生成数据，也是后验的 scATAC 表达值。为了协调同一细胞中 scRNA 和 scATAC 数据之间的潜在关系，scMVP 工具中引入了一个注意模块，以使用属于 K 簇分量中每个分量的潜在变量 z 的概率对两个解码器信道进行加权（图 4.8A）。为了保证原始数据和输入数据之间的嵌入和聚类一致性，scMVP 算法设计了一个循环一致性模块，分别用于匹配来自后验生成的 scRNA 和 scATAC 数据重新生成器生成的隐变量 z'、z''，并联合嵌入来自原始数据的隐变量 z（图 4.8A）。

公式（4.6）中 scATAC 部分的解码器 $\text{Decoder}_y(z)$ 被设计为一个基于自注意的 Transformer 子网络，用于从稀疏和高维（$>10^5$）scATAC 数据中捕获 scATAC 数据在基因组上内部的弱相关性[86]，即：

$$\text{Decoder}_y(z) = \text{LayerNorm}\Big(\text{BatchNorm}(\text{MLP}(z)) + \text{MultiHead}$$
$$\Big(Q\big(\text{BatchNorm}(\text{MLP}(z))\big), K\big(\text{BatchNorm}(\text{MLP}(z))\big), \quad (4.10)$$
$$V\big(\text{BatchNorm}(\text{MLP}(z))\big)\Big)\Big) * \text{Softmax}\big(\text{MLP}(p(z|c))\big)$$

$$\text{MultiHead}(Q, K, V) = \text{Concat}(\text{head}_1, \ldots, \text{head}_h)W^O \quad (4.11)$$

$$\text{head}_i = \text{Attention}\big(QW_i^Q, KW_i^K, VW_i^V\big) = \text{Softmax}\left(\frac{\big(QW_i^Q\big)\big(KW_i^K\big)^{\text{T}}}{\sqrt{d_k}}\right)VW_i^V \quad (4.12)$$

如公式（4.10）所示，$\text{Decoder}_y(z)$ 由多层感知器级联，包括批量归一化、多头自注意引导的跳转连接模块和层归一化，层归一化由 Softmax（MLP（$p(z|c)$））加权，作为附加的细胞簇指示注意模块，用于恢复细胞类型特定的语义信息。在 scATAC 模块解码过程中，scMVP 首先使用批量规范化多层感知器的输出 BatchNorm（MLP（z））作为自我注意模块生成查询（Q）、键（K）和值（V）矩阵，然后分别乘以+每个头部特定的变换权重矩阵 W_i^Q，W_i^K，W_i^V，将三个矩阵分

解为 h 个头中的第 i 个。接下来，第 i 个头指示值 VW_i^V 由 Softmax $\left(\dfrac{\left(QW_i^Q \right)\left(KW_i^K \right)^{\mathrm{T}}}{\sqrt{d_k}} \right)$

进行加权，即第 i 个查询和键之间激活的注意力-相关矩阵（由比例因子 $\sqrt{d_k}$ 缩放，即比例因子）（公式 4.12）。最后，将所有 h 个头连接在一起，将潜在嵌入 z 解码为 μ_y，τ_y，用于生成 ATAC 峰值的 ZIP 分布参数（公式 4.6），具有转换矩阵 W^O 和跳跃连接层（公式 4.11）。

相对的，公式（4.3）中 RNA 生成/解码器子网络"解码器"$\mathrm{Decoder}_x(z)$ 采取了不同的设计，$\mathrm{Decoder}_x(z)$ 包括级联多层感知器、层规范化、批量规范化和注意模块，利用规范的掩码注意力机制，可以表示为：

$$
\begin{aligned}
\mathrm{Decoder}_x(z) = \mathrm{MLP}\Big(\mathrm{BatchNorm}\big(\mathrm{LayerNorm}\left(\mathrm{MLP}(z) \right) \big) \Big) * \\
\mathrm{Softmax}\big(\mathrm{MLP}(z) \big) * \mathrm{Softmax}\big(\mathrm{MLP}(p(z|c)) \big)
\end{aligned}
\tag{4.13}
$$

该分支还可通过 Softmax（MLP（p（$z|c$）））加权，这里 Softmax 表示注意模块的附加细胞聚类信息。

根据变分贝叶斯推断，模型训练通过最大化生成的 scRNA 和 scATAC 数据的对数似然概率来优化 scMVP 模型：

$$
\begin{aligned}
\log p(x,y) &= \log \int \sum_c p(x,y,z,c)\,dz \geq \int \sum_c q(z,c|x,y) * \log \frac{p(x,y,z,c)}{q(z,c|x,y)} \\
&= E_{q(z,c|x,y)} \left[\log \frac{p(x,y,z,c)}{q(z,c|x,y)} \right] \\
&= \mathcal{L}_{elbo}(x,y)
\end{aligned}
\tag{4.14}
$$

这里 $q(z,c|x,y)$ 代表变分分布，基于 scMVP 算法的网络架构和平均场理论，这里可以得到：

$$
p(x,y,z,c) = p(x|z,c)\,p(y|z,c)\,p(c|z)\,p(z)
\tag{4.15}
$$

$$
q(z,c|x,y) = q(z|x,y)\,q(c|z)
\tag{4.16}
$$

这里，$p(x|z,c)$ 是一个负二项分布，由 $p(x|\mu_x) * p(\mu_x|\alpha_x,\beta_x)$ 来具体生成；而 $p(y|z,c)$ 则是一个零值填充的泊松分布，由 $p(y|\bar{y},\omega_y) * \mathrm{p}(\omega_y|\tau_y) * p(\bar{y}|\mu_y)$ 生成（参见公式 4.1～公式 4.10），而所有的分布参数，如 α_x，β_x，τ_y，μ_y 等，均由解码器网络生成。$q(z|x,y)$ 由联合编码器生成，该编码器包含一个基于掩码注意力机制的 scRNA 嵌入模块，以及一个基于多头自注意力机制的 scATAC 嵌入模块。每一个模块都具有和解码器一致的网络结构。

生成模型训练的一个主要目标是优化数据分布的变分下界（ELBO）。这里可

以将 scMVP 模型中的变分下界表示为

$$\mathcal{L}_{elbo}\left(x,y\right) = E_{q(z|x,y)q(c|z)}\left[p\left(x|z,c\right)\right] + E_{q(z|x,y)q(c|z)}\left[p\left(y|z,c\right)\right]$$
$$- D_{\mathrm{KL}}\left(p\left(z\right)\big\|q\left(z|x,y\right)\right) - D_{\mathrm{KL}}\left(p\left(c\mid z\right)\big\|q\left(c|z\right)\right) \tag{4.17}$$

为了进一步提高模型对极端稀疏数据集多模态整合的性能，scMVP 模型引入了类循环的聚类一致性辅助网络来协调每个 scMVP 输出模态的隐空间与原始模态输入的联合隐空间。由于 scRNA 数据和 scATAC 数据的不同特点，scMVP 算法对 scATAC 循环工作流应用了基于 Transformer 自注意力的插补嵌入模块，并对 scRNA 循环工作流应用了基于掩码注意力的模块。与 cycle GAN 中使用的周期一致性损失类似，聚类一致性损失可以表示为插补数据和原始数据之间嵌入的 KL 散度：

$$\mathcal{L}_{\mathrm{consistency}}\left(x,y,x_{\mathrm{impute}},y_{\mathrm{impute}}\right) = D_{\mathrm{KL}}\left(q\left(z|x,y\right)\big\|q\left(z|x_{\mathrm{impute}}\right)\right)$$
$$+ D_{\mathrm{KL}}\left(q\left(z|x,y\right)\big\|q\left(z|y_{\mathrm{impute}}\right)\right) \tag{4.18}$$

这里 $q\left(z|x_{\mathrm{impute}}\right)$ 和 $q\left(z|y_{\mathrm{impute}}\right)$ 表示后验生成中填充过的 RNA 和 ATAC 的隐嵌入。

为了最大化 $\mathcal{L}_{elbo}\left(x,y\right)$，独立组件应该满足 $D_{\mathrm{KL}}\left(p\left(c\mid z\right)\|q\left(c\mid z\right)\right) \equiv 0$，这里细胞类别 c 只和 z 相关。考虑聚类一致性损失 $\mathcal{L}_{\mathrm{consistency}}\left(x,y,x_{\mathrm{impute}},y_{\mathrm{impute}}\right)$，这里采用一个约束优化过程求解 $\mathcal{L}_{elbo}\left(x,y\right)$：

$$\mathcal{L}_{elbo}' = E_{q(z|x,y)q(c|z)}\left[p\left(x|z,c\right)\right] + E_{q(z|x,y)q(c|z)}\left[p\left(y|z,c\right)\right]$$
$$- D_{\mathrm{KL}}\left(p\left(z\right)\big\|q\left(z|x,y\right)\right) - D_{\mathrm{KL}}\left(q\left(z|x,y\right)\big\|q\left(z|x_{\mathrm{impute}}\right)\right)$$
$$- D_{\mathrm{KL}}\left(q\left(z|x,y\right)\big\|q\left(z|y_{\mathrm{impute}}\right)\right) \tag{4.19}$$

$$s.t.\ p\left(c\mid z\right) = q\left(c\mid z\right) = \frac{p\left(z|c\right)p\left(c\right)}{\sum_{c'=1}^{K}p\left(z'|c'\right)p\left(c'\right)} \tag{4.20}$$

变分分布 $q(z|x,y)$ 由一个双通道编码器网络并联重组生成，由数据分布 $p\left(x|z,c\right)$ 和 $p\left(y|z,c\right)$ 通过解码器生成。这里 $E_{q(z|x,y)}\left[p\left(x|z,c\right)\right]$ 和 $E_{q(z|x,y)}\left[p\left(y|z,c\right)\right]$ 代表后验生成的 scRNA 和 scATAC 的 log 似然函数，KL 距离来自于 $D_{\mathrm{KL}}\left(p\left(z\right)\|q\left(z|x,y\right)\right)$ 正则化隐变量 z 分布同其先验高斯混合分布代表的细胞低维空间的 KL 散度，而 $p(z|c)$ 和 $p(c)$ 由解码器网络的反向传播梯度来生成。

在模型架构上，scMVP 算法由一个双通道编码网络和一个双通道解码器组成，用于整合来自 scRNA-seq 和 scATAC-seq 的信息，每个通道的输入维度由基因和峰数决定。与 scVI[85] 和 SCALE[86] 中的网络层设计不同，scMVP 模型使用 scRNA 分支的掩码注意力通道和 ATAC 分支的自我注意力通道来识别细胞类型相

关信息并捕获单模态内的特征相关性。双通道编码网络中，编码器的 RNA 分支依次连接 128 维隐藏层、层规范化层、批量规范化层和输出 Relu 激活层，其由从第一个 128 维隐藏层生成的掩码注意张量加权。编码器的 ATAC 分支依次连接 128 维隐藏层、层规范化层、批量规范化层、Relu 激活层和多头自关注层，设计为 8 个自关注头，每个头以 16 维特征作为输入。两个输出通道组合在一起，形成共享线性层（256 维）。最后，使用两个级联的 128 维线性层来产生 10 维公共潜在变量 z 的正态分布 $N(z\,|\,\mu,\sigma)$ 的均值和方差。在使用 $z = \mu + \sigma N(0,1)$ 变分分布重新参数化技巧并用于近似 $q(z\,|\,x,y)$ 的期望值后，使用双通道解码器来确定用于重建 scRNA 和 scATAC 的 NB 和 ZIP 的分布参数，解码器也使用了与编码器网络类似的网络结构。而注意模块通过线性层（128 维）接收所有 K 分量的 $p(c\,|\,z)$ 作为输入，然后使用 Softmax 激活函数对每个解码器信道的最后一层进行加权。最后，循环一致性生成模块将后验生成的 scRNA 和 scATAC 数据重新输入给两个单通道编码器，以产生用于聚类一致性评估的输入嵌入隐空间，并且这两个编码器与每个模态用于先验原始数据的编码器分支具有相同的结构，并与联合编码器同时进行训练。原始 scRNA-seq 和 scATAC-seq 数据网络与循环生成的两个子网同时训练，避免了因循环聚类一致性训练而使得后验生成可能出现过度拟合的情况。

　　除了模型架构以外，深度学习模式的参数对模型的性能有着至关重要的影响。在 scMVP 算法参数中，细胞数据集潜在聚类数 K 由用户预定义，或由 cell-cell 相关矩阵的秩计算指定。GMM 算法用于估计高斯混合先验分布的初始参数。scMVP 算法使用 Adam 优化器进行训练，最小批次为 256，学习率为 5.0×10^{-3}。scMVP 的神经网络通过 PyTorch 实现，GMM 算法使用 python 的 scikit-learn 包构建。

　　为了设定合适的模型低维隐空间维度参数，我们从 paired-seq 和 sci-CAR 细胞系数据集中构建了两个注释良好的单细胞数据集，并根据潜在嵌入的不同维度，使用调整后兰德指数（adjusted Rand index，ARI）度量评估了聚类精度。较高的 ARI 分数表示较高的聚类精度，当聚类与参考标准完全匹配时，ARI 分数等于 1。scMVP 算法在隐空间维度为 10 时表现出最好的性能，这被设置为潜在嵌入的默认大小（图 4.8B）。

4.2.3　结果与讨论

1. 模型基本性能评价

　　多模态整合计算过程较为复杂，在多组学数据整合，尤其是大规模数据集的多模态整合中会消耗很大的计算资源，有可能导致多模态整合计算无法执行。为了评价算法在多模态整合任务上的效果，在一系列单细胞联合分析数据集上综合评估了 scMVP 和一组基准方法[27, 85, 90]的性能。首先，我们在不同的联合评测数据集上测试了 scMVP 模型在不同尺度数据集上的运算资源消耗。为了估计训练步骤中的时间和内存消耗，我们从 SHARE-seq GM12878 细胞系数据集的 67 418 个细胞中随机采样得到 1000 到 100 000 个细胞，并过滤数据集基因和染色质开放特征至 8000 个基因和 23 000 个表达最高的峰值，测试 scVI 算法（scRNA-seq）[85]、cisTopic 算法（scATAC-seq）[90]、scMVP[82]和 Seurat v4 WNN[27]的性能。scMVP 算法在 1000 个细胞数据集中占用内存 752Mb，在 100 000 个细胞数据集中占用内存 8.5GB，这与 scVI、cisTopic 和 WNN 算法性能类似。得益于 GPU 并行计算技术和神经网络模型训练中的小批量随机优化，scMVP 训练时间同只使用单个模态的 scVI 模型及通用机器学习方法 WNN 相似，在 100 000 个细胞数据集的训练时间不到 1h，而基于蒙特卡罗抽样模型的 cisTopic 模型在 20 000 个细胞的数据集花费了超过 5h（图 4.8C）。上述评估表明了 scMVP 算法模型可以在常规的 CPU 和 GPU 计算硬件上对大规模多模态数据进行数据整合。

批次效应是数据整合中不同数据来源、实验条件等因素给数据带来的误差，批次效应会使得同一类细胞在不同数据集中分布完全不同，导致潜在的细胞类型间差异被数据集间及模态间的批次效应覆盖，最终无法鉴定到正确的细胞类型。因此，单模态及多模态数据集在有效整合前首先应当处理批次效应。为了评估 scMVP 算法在多模态整合过程中去批次效应能力，我们使用了一个 SHARE-seq[54] GM12878 细胞系数据集的两个技术重复进行分析，两个重复分别包含 2973 个细胞和 8803 个细胞，这两个重复在 scRNA-seq 和 scATAC-seq 数据集中都存在着明显的批次效应（图 4.9A）。scMVP 成功地从无监督的重复样本中移除了明显的批次（图 4.9A）。此外，收敛分析表明，对于 SHARE-seq 数据集，scMVP 算法在 30 个迭代内达到稳定损失（图 4.9B）。在另一篇多模态整合算法的综合评估论文中，研究人员比较了当前性能最稳定的多个深度学习多模态整合算法在去批次数据上的效果，其中也包括 scMVP 算法。该论文评估了所有算法在一个来自于全球 4 个实验室、14 个供体的大型 BMNC 数据集上的性能，该数据集既存在实验室间的批次效应，也存在不同供体间的批次效应。在实验室批次（site ASW）、供体批次（batch ASW）及综合指标图连接性（graph connectivity）上，该研究案例也发现 scMVP 算法在多模态整合过程中去批次性能均优于其他算法（图 4.9C）。

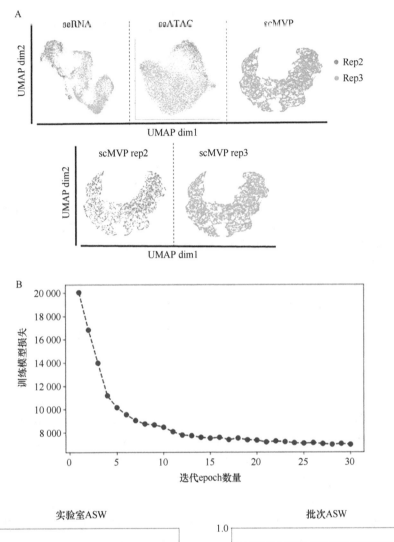

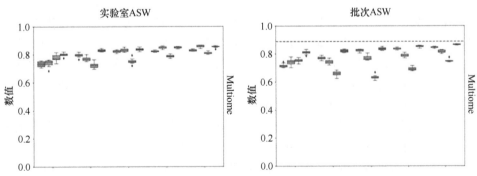

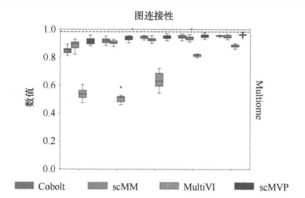

图 **4.9** **scMVP 去批次性能及训练收敛能力**[82]。A. SHARE-seq GM12878 细胞系两个生物学重复（Rep2, 3）的 scRNA 和 scATAC 单模态数据，以及 scMVP 共隐层的低维空间 UMAP 可视化结果。scRNA 和 scATAC 均有显著的重复间批次效应，scMVP 在低维空间有效去除批次效应。B. scMVP 训练迭代次数同负对数似然损失的关系。C. 第三方多模态整合的评估[71]中，scMVP 和其他算法去批次性能比较，scMVP（红色）在所有指标下均优于其他所有算法。

　　相对于传统机器学习模型和统计方法，生成模型的后验生成可以在多模态整合的同时，通过数据插补实现对稀疏数据的信号增强。在 scRNA 模态上，我们评估了 scMVP 和 scVI[85]对单细胞 RNA 数据的信号生成效果。单细胞细胞系数据是一种模拟单细胞数据，相对于真实单细胞数据中的异质性和复杂性，细胞系数据中每一类细胞均具有高均一性，通过普通转录组测序即可准确获得细胞的基因表达水平，可以作为单细胞转录组测序数据的真实金标准。因此，我们通过比较每种细胞类型的 scRNA 后验生成表达和原始 scRNA 表达与相应细胞类型的细胞系数据集中的基因表达相关性，来评估先验（原始数据）和后验（生成数据）同金标准的一致性水平。在混合细胞的细胞系数据中，对于每种细胞类型，我们使用每个细胞中的基因表达与细胞系 RNA-seq 中的基因表达之间的相关性（correlation）来评价同金标准数据的一致性。在 sci-CAR 数据集的 A549 细胞和 SNARE-seq 数据集的 4 种细胞类型中，scMVP 的后验生成均显示出比 scVI 的后验生成和原始 scRNA 更高的一致性，体现了深度生成模型和多模态生成模型的优势（图 4.10A）。paired-seq 的 HepG2 细胞系中，scMVP 和 scVI 的 scRNA 也一致优于原始 scRNA-seq 计数（图 4.10A）。

　　由于单细胞配对多模态数据中的 scATAC 也具有很高的稀疏性，该研究案例进一步评估了 scMVP 模型生成对 scATAC 信号的增强能力。我们采取同单细胞转录组评估中相似的金标准方法，将每个细胞中鉴定到的峰与相应细胞系 ATAC-seq 或 DNase-seq 峰进行比较。与原始 scATAC-seq 中检测到的峰相比，scMVP 的后验生成 scATAC-seq 在所有细胞类型中都能够比原始 scATAC 数据检测到更多真实的染色质开放区域（p 值<10^{-10}）。在 BJ、H1、K562 和 GM12878 四种细胞类型中，

原始 scATAC 数据中每个细胞类型的每个细胞中位数仅能鉴定到 918 个、922 个、404 个和 442 个染色质开放位点，scMVP 在这些细胞类型中的每个细胞中能鉴定到的染色质开放区域位点数量中值为 4114、3778、1017 和 1251（图 4.10B），均

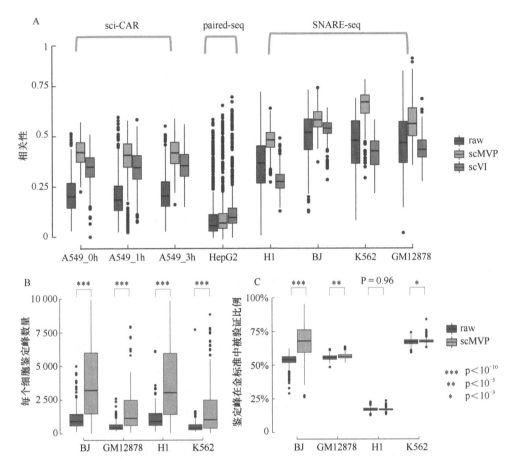

图 4.10　scMVP 有效处理多模态数据整合中的数据稀疏性[82]。A. 单细胞多模态数据集的 scRNA 中每个细胞的原始和后验生成基因表达与金标准细胞系 RNA 测序的基因表达的相关性。sci-CAR 数据集中用 DEX 处理 0h（ENCSR632DQP）、1h（ENCSR656FIH）、3h（ENCSR624RID）的 A549 细胞系，以及 paired-seq 数据集中的 HepG2 细胞系（ENCSR058OSL）和 SNARE-seq 数据集中的 H1（ENCSR670WQY）、BJ（ENCSR000COP）、K562（ENCSR530NHO）、GM12878（ENCSR000CPO）细胞系作为细胞基因表达的金标准。B. 每个细胞中由原始和后验生成 scATAC 数据中检测到的染色质开放区域数量。C. scATAC 峰中确定的原始和后验生成 scATAC 峰同金标准数据集中染色质开放峰的一致性。H1（ENCSR000EMU）和 BJ（ENCSR000EME）的 DNase-seq 数据，以及 K562（ENCSR868FGK）和 GM12878（ENCSR095QNB）的 ATAC-seq 作为每种细胞类型的染色质开放信号金标准。

能有效提升染色质开放区域的数据通量。我们进一步研究每个细胞的鉴定峰同金标准染色质开放位置的一致性。在同金标准数据 DNase-seq（H1，BJ）和 ATAC-seq（K562，GM12878）的一致性分析中，scMVP 后验峰同金标准的一致性率比 scATAC 原始数据更高，在 H1 细胞中与批量数据集的原始峰比率相似（图 4.10C）。这些数据证明了 scMVP 模型的后验信号可以大幅提升 scATAC 数据的调控位点检测通量，同时提升 scATAC 数据位点的准确性，有效增强了真实 ATAC-seq 信号，并缓解了单细胞多模态数据集中 scATAC-seq 严峻的数据稀疏性问题。

2. 模型的隐空间嵌入性能评价

在 scMVP 深度生成模型中，隐空间嵌入同时影响编码器和解码器，并以低维空间代表了整个多模态数据集，是决定模型性能效果的关键所在。该案例进一步评估了 scMVP 多模态共同嵌入的隐空间性能，评估隐空间在多大程度上反映了细胞间真实的生物学结构。我们收集并同时评估了单模态 scRNA 分析工具（如 Monocle3[91]、scVI[85]）、单模态 scATAC 分析工具（如 Monocle3[91]和 cisTopic[90]）、通用多模态数据通用集成工具（如 MOFA+[75]、scAI[76]、MultiVI[79]、Cobolt[77]）和配对多模态数据专用集成工具（如 Seurat v4 WNN[27]）。

相对于真实生物学数据的单细胞测序，单细胞测序细胞系数据有着均一性高、细胞类型容易鉴定等优势，因此该案例首先评估了各个算法在细胞系数据集上的性能。对于容易区分的细胞系数据，我们使用 K-均值聚类对隐空间嵌入进行聚类以评估各个算法的隐空间嵌入的聚类情况同真实细胞类型聚类的一致性，其中 K 是已知的混合细胞类型数量。我们使用矫正兰德指数（ARI）来定量评估隐空间聚类同细胞注释类型之间的一致性。ARI 指标与聚类和注释的一致性成正相关，其最低值为 0，代表二者无关；当 ARI 为 1 时，代表隐空间的细胞聚类与已知细胞注释完全一致。

我们首先在 sci-CAR 数据集[51]中的细胞系混合数据集评估了这些算法的隐空间性能，数据集中包括了 293T 细胞、3T3 细胞系、293T/3T3 细胞混合物，以及经地塞米松（DEX）药物处理 0h、1h 和 3h 的 A549 细胞。这些评估算法中，scMVP、scVI 和 Monocle3 的 scRNA 及 scATAC 的隐空间嵌入成功将数据集分成三个已知细胞聚类（293T、3T3 和 A549）（图 4.11A），这些算法的 ARI 得分范围为 0.92～1，比 WNN（0.42）、cisTopic（0.36）和通用多模态基础工具（0.37～0.42）有着显著更高的隐空间聚类效果。

然后我们继续在 paired-seq[53]细胞系中对配对单细胞多模态数据整合算法进行评估。这个细胞系数据集包括 HepG2 和 HEK293 两种细胞类型及其混合物。在这个数据集中，scMVP 显示出与 scVI、cisTopic 和 Monocle3 scATAC 相似的 ARI 分值，优于 Monocle3 的 Seurat v4 WNN 和 Monocle3 scRNA（图 4.11B），但该数据集的最优算法聚类指标总体略低于 sci-CAR 数据集中最优算法的 ARI 分数（图 4.11D）。然而，所有通用工具均显示出对两种已知细胞类型的有限分辨力，隐空间对应聚类的 ARI 得分仅为 0.01~0.11（图 4.11B），表明了数据稀疏性对通用多模态整合工具造成了严重偏差。

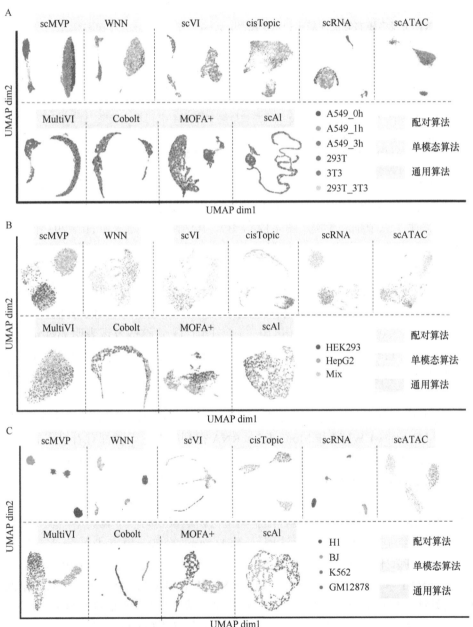

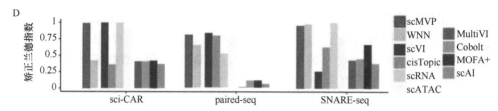

图 4.11 单模态及多模态算法性能比较示意图[82]。A~C. 三类单模态及多模态算法在三个数据集的 UMAP 可视化结果。算法分类为专门用于配对多模态算法（显示为"paired only"）、单模态算法（显示为"single view"）及适合配对和未配对多模态整合算法（显示为"universal"）。A. scMVP、scVI、cisTopic、WNN、MultiVI、Cobolt、MOFA+和scAI 在 sci-CAR 细胞系数据集上的 UMAP 可视化结果。B. scMVP、scVI、cisTopic、WNN、MultiVI、Cobolt、MOFA+、scAI 在 HEK293 和 HepG2 细胞的 paired-seq 细胞系数据集上的 UMAP 可视化结果。C. scMVP、scVI、cisTopic、WNN、MultiVI、Cobolt、MOFA+和 scAI 在 H1、BJ、K562 和 GM12878 细胞的 SNARE-seq 细胞系数据集上的 UMAP 可视化结果。D. 各个算法隐空间嵌入聚类的 ARI 分数。

通过 UMAP 可视化，在这些算法中发现了不同数量的细胞亚群（图 4.11）。与其他单视图算法和 WNN 的 UMAP 结果中确定的两个细胞簇不同，scMVP 和 cisTopic 产生了三个细胞聚类（图 4.12A，B），其中两个被确定为 HEK293 细胞和 HepG2 细胞（图 4.12 中红色），而另一个新细胞聚类（图 4.12 中绿色）对应的细胞在这两种算法中基本一致（图 4.12C）。我们进一步计算了来自 scMVP 和 cisTopic 的新细胞聚类的 scRNA 和 scATAC 表达水平。这里发现，与其他两个已知细胞聚类相比，新的细胞聚类的 scRNA 表达相对于另外两个细胞聚类较低（p 值$<10^{-10}$），而 scATAC 总表达相对较高（p 值$<10^{-10}$）（图 4.12D）。这些发现表明 cisTopic 和 scMVP 算法得到的聚类很可能是多模态数据中的异常细胞，而传统的细胞过滤方法只使用高表达或低表达的阈值去排除低质量细胞，是无法过滤这类异常细胞亚群数据的。

我们接着在 4 种细胞类型混合的 SNARE-seq 细胞系数据[64]上评估这些算法。scMVP 与 Seurat v4 WNN 和 Monocle3 scRNA 得到的细胞聚类都有着很高的 ARI 分值，通过 UMAP 可视化也可以看到各算法的 4 个聚类都能较为准确地得到已知的 4 个不同细胞亚群（图 4.11C）。相对于 scMVP 和其他两种算法中的 4 个细胞聚类，cisTopic 和 Monocle3 scATAC 这两种 scATAC 单模态算法只得到了 3 个细胞聚类，将 K562 和 GM12878 两种细胞类型错误地聚到同一个聚类中，表明这套 SNARE-seq 细胞系数据集中无法用 scATAC-seq 的单一模态去区分 K562 和 GM12878 细胞，仅使用 ATAC 的低维隐空间嵌入也无法得到正确的细胞聚类。但是通过 scMVP 和 Seurat v4 WNN 整合 scRNA 和 scATAC 两个模态后，其隐空间可以很好地分离及鉴定 4 种细胞类型。同样是集成 scRNA 和 scATAC 两个模态，4 种通用集成工具无法在其隐空间嵌入中获得 4 个相同的细胞聚类。

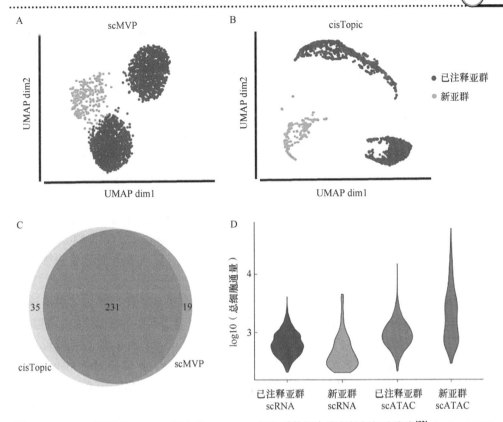

图 4.12　scMVP 算法和 cisTopic 算法在 Paired-seq 细胞系数据中鉴定的新细胞聚类[82]。A，B. scMVP 和 cisTopic 算法的 UMAP 可视化图，以新聚类和已知聚类进行标记。C. cisTopic 算法和 scMVP 算法得到的新聚类细胞的韦恩图。D. 新细胞聚类和已知细胞聚类在 scRNA 和 scATAC 数据中的表达水平。

在上述细胞系数据集中，使用 scMVP 的低维隐空间能够在较为简单的单细胞多模态数据集整合的聚类任务中获得一致的高性能表现，优于单模态算法和其他多模态整合算法。但是真实的单细胞数据集复杂程度远远高于细胞系数据，在生物学组织中，不同细胞类型的差别远小于不同细胞系混合后的差异。因此，我们进一步在能够代表真实世界单细胞多模态数据的人和小鼠组织数据集中对单模态及多模态算法进行评估。

我们首先评估了这些算法在 SNARE-seq 发育小鼠大脑的数据（出生后 0 天小鼠）上的性能，该数据集包含了 5081 个细胞的配对多模态测序数据[64]。我们使用 SNARE-seq 原论文[64]中的参考细胞注释评估了所有算法的低维隐空间嵌入效果和聚类性能（图 4.13A）。这些算法中 Monocle3 scATAC 的 ARI 得分仅为 0.002，参考细胞类型在 UMAP 可视化中也完全无法区分，这表明该数据集中的 scATAC 的低维空间同真实细胞类型聚类关联较小，对聚类的贡献也可能很小。但是

scMVP 和 WNN 这两种多模态配对整合工具比其他 scRNA 数据单模态算法获得了更高的聚类精度,证明了单模态并不包含生物学细胞聚类信息的 scATAC 数据集能够在多模态整合中提供有效的生物学结构信息,并对隐空间聚类提供有效帮助。在 4 种通用集成工具中,scAI 算法计算时间过长,无法在 48h 内完成数据分析,而其他三种算法显示出较低的聚类性能,ARI 分数为 0.03~0.08,这些算法主要还受 scATAC 模态数据及其隐空间的影响。

相对于学术界实验室的单细胞多模态技术测序方法,10x Multiome 技术是商业化推广的单细胞多模态测序技术,其数据质量、通量和实验稳定性都会高于早期实验室研究论文中的单细胞多模态技术。SHARE-seq 技术[54]是最新发表的 scRNA+scATAC 配对多模态实验技术,在细胞量和模态通量上相比较早的多模态技术都有着大幅度的提升。我们接下来用 10x Genomics 公司的 Multiome 技术[55]产生的两套真实生物学数据集及一套 SHARE-seq 真实数据集对这些算法进行评估。

我们首先在一套 10x Multiome 的人类淋巴结数据集上进行评估。由于该数据集中 T 细胞的亚群注释较为精细和完整,我们筛选了其中的 7039 个 T 细胞亚群用于算法在精细任务上聚类性能的比较。尽管 10x Multiome 数据质量较高,但是区分细胞亚群相比区分大的细胞类型更为困难。Monocle3 scRNA 和 scATAC 区分 T 细胞亚型的 ARI 得分为 0.28 和 0.08 (图 4.13A)。scMVP(0.28)的聚类准确度与 Monocle3 scRNA 的聚类准确度相似,高于 scVI(0.23)、cisTopic(0.06)、WNN(0.21)和所有通用集成工具,这些通用集成工具的 ARI 分值范围为 0.03~0.13。

除了精细区分任务,我们也评估了这些算法在复杂大数据集上的性能。我们使用 11 909 个细胞的 10x Multiome PBMC 数据集,以及 34 773 个细胞的 SHARE-seq[54]小鼠皮肤数据集。与其他算法相比,scMVP 算法在 10x PBMC 数据集和 SHARE-seq 皮肤数据集中均显示出出色的隐空间聚类效果(图 4.13A)。在 4 种通用集成工具中,scAI 仍然无法在 48h 内完成分析。由于 10x PBMC 数据集和 SHARE-seq 皮肤数据集的测序深度远远高于 SNARE-seq 数据集和三个细胞系数据集,MultiVI、Cobolt 和 MOFA+三个工具性能比前述评估中结果更好,也优于单模态算法。

除了隐空间,深度生成模型还可以得到两个模态的后验生成数据。我们也在单细胞多模态数据中评估 scMVP 中的 scRNA 和 scATAC 后验生成效果。我们首先评估了 scMVP 和单模态生成模型 scVI 在 SNARE P0 的后验生成的 scRNA 表达水平。同原论文[64]中每种细胞类型的差异基因相比,scMVP 的 scRNA 后验得到的差异基因和原文基本一致,也高于 scVI 算法的一致性(图 4.13B)。

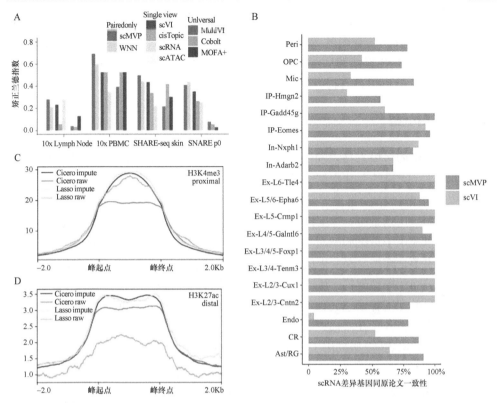

图 4.13　scMVP 在单细胞多模态真实数据集上的效果[82]。A. 在 SNARE-seq 小鼠大脑 P0 数据集、10x Multiome PBMC 数据集、10x Multiome 淋巴结数据集和 SHARE-seq 小鼠皮肤数据集中，所有算法的隐空间聚类性能 ARI 分值。B. SNARE-seq 组织数据集中 scVI 和 scMVP scRNA 后验的差异基因与原论文报道的差异基因一致性。C. 小鼠前脑 P0 H3K4me3 ChIP-seq（ENCSR094TTT）在使用原始表达 scATAC（图中 raw）和 scMVP 后验 scATAC（图中 impute）预测的顺式调控元件位点信号富集。D. 小鼠前脑 P0 H3K27ac ChIP-seq（ENCFF695KNJ）在使用原始表达 scATAC（图中 raw）及 scMVP 后验 scATAC（图中 impute）预测的顺式调控元件位点信号富集。

　　单细胞多模态的垂直整合除了获得共同的隐空间，也可以用于发现不同模态特征之间的关系。在配对 scRNA 和 scATAC 多模态数据中，染色质开放区域（ATAC）在基因组上起顺式调控作用，从近端或远端对基因（RNA）进行调控，因此细胞的染色质开放同其基因表达存在共线性的调控关系。染色质开放区域同基因之间的共线性调控关系可以通过 LASSO、Cicero 等机器学习方法推断真实的顺式调控元件，也可以根据对应数据的染色质修饰来验证。例如，H3K4me3 修饰能够准确标记基因启动子区域的调控元件，而 H3K27ac 修饰能够代表远基因区域的调控元件。因此，对于后验生成的 scATAC，我们将其与 scRNA 关联，从功能角度评估后验生成峰的准确性。在 SNARE-seq P0 数据中，scMVP scATAC 后验基于 LASSO、Cicero 得到的顺式调控元件比从原始 scATAC 数据得到的顺式调控元件在近基因区域和远基因区域更好地富集在真实调控元件信号位点（图 4.13C、D），证明了 scMVP 算法的后验生成 scATAC 对该模态的原始信号以及关联模态特征的下游调控分析也具有提升效果。

4.2.4　案例小结

随着单细胞多模态技术的快速发展，多模态技术在生物及医学各个领域广泛应用，也产生了大量的公共数据。近年来，随着对多模态整合更加深入的理解和深度学习技术的快速发展，深度学习模型尤其是深度生成模型广泛应用于单细胞多模态整合的不同应用场景中。本案例紧紧围绕单细胞多模态整合中的难题与痛点，介绍了一套可以应用于单细胞配对多模态组学的多模态整合计算框架 scMVP，该框架集合了多模态整合模型、深度生成模型和循环生成模型，为不同模态数据特征设计了基于不同分布的模型架构。基于多模态数据特征的多模态生成模型能够有效整合模态一致信息并保留各模态间独特的信息，并且对高度稀疏的数据能够进行有效的信号增强，大大提升了在多模态数据整合各项任务中的应用性能。

综上，scMVP 模型采用多模态生成模型对多模态数据进行整合和信号增强，采用循环生成模型对数据信号进行监督，有效地解决了单细胞数据稀疏对多模态整合的影响，在降维、聚类、生成和去批次等下游生物学应用中具有出色的性能，是深度学习模型应用于多模态数据整合的一个经典案例。

4.3　本 章 小 结

多模态整合是生物组学数据分析处理中常见的数据分析方式，也是机器学习中快速发展的研究方向。单细胞多模态技术的发展使得研究者可以获得大量的多模态组学数据。通过多模态的数据整合，研究者可以挖掘样本/细胞在多个模态间的共性和特性，同时也可以识别多模态不同类型特征之间的关联。

本章向读者详细展示了单细胞多模态数据整合方法中利用深度生成模型进行多模态整合的一个成功案例，该案例涉及深度生成模型在数据降维、聚类、生成、调控网络等多个领域的关键技术。

深度生成模型在大规模单细胞多模态组学分析的下游应用中具有巨大的潜力，是这个领域未来的发展方向，详细内容可进一步阅读相关文献[71, 72]。

参 考 文 献

[1]　Hutter C, Zenklusen JC: The cancer genome atlas: Creating lasting value beyond its data. *Cell*

2018, 173: 283-285.

[2] Hoadley KA, Yau C, Hinoue T, Wolf DM, Lazar AJ, Drill E, Shen R, Taylor AM, Cherniack AD, Thorsson V, et al: Cell-of-origin patterns dominate the molecular classification of 10, 000 tumors from 33 types of cancer. *Cell* 2018, 173: 291-304 e296.

[3] Corces MR, Granja JM, Shams S, Louie BH, Seoane JA, Zhou W, Silva TC, Groeneveld C, Wong CK, Cho SW, et al: The chromatin accessibility landscape of primary human cancers. *Science* 2018, 362: eaav 1898.

[4] Kahles A, Lehmann KV, Toussaint NC, Huser M, Stark SG, Sachsenberg T, Stegle O, Kohlbacher O, Sander C, Cancer Genome Atlas Research N, Ratsch G: Comprehensive analysis of alternative splicing across tumors from 8, 705 patients. *Cancer Cell* 2018, 34: 211-224 e216.

[5] Bailey MH, Tokheim C, Porta-Pardo E, Sengupta S, Bertrand D, Weerasinghe A, Colaprico A, Wendl MC, Kim J, Reardon B, et al: Comprehensive characterization of cancer driver genes and mutations. *Cell* 2018, 174: 1034-1035.

[6] Thorsson V, Gibbs DL, Brown SD, Wolf D, Bortone DS, Ou Yang TH, Porta-Pardo E, Gao GF, Plaisier CL, Eddy JA, et al: The immune landscape of cancer. *Immunity* 2018, 48: 812-830 e814.

[7] Liu J, Lichtenberg T, Hoadley KA, Poisson LM, Lazar AJ, Cherniack AD, Kovatich AJ, Benz CC, Levine DA, Lee AV, et al: An integrated TCGA pan-cancer clinical data resource to drive high-quality survival outcome analytics. *Cell* 2018, 173: 400-416 e411.

[8] Malta TM, Sokolov A, Gentles AJ, Burzykowski T, Poisson L, Weinstein JN, Kaminska B, Huelsken J, Omberg L, Gevaert O, et al: Machine learning identifies stemness features associated with oncogenic dedifferentiation. *Cell* 2018, 173: 338-354 e315.

[9] Sanchez-Vega F, Mina M, Armenia J, Chatila WK, Luna A, La KC, Dimitriadoy S, Liu DL, Kantheti HS, Saghafinia S, et al: Oncogenic signaling pathways in the cancer genome atlas. *Cell* 2018, 173: 321-337 e310.

[10] Blum A, Wang P, Zenklusen JC: SnapShot: TCGA-analyzed tumors. *Cell* 2018, 173: 530.

[11] Consortium EP, Moore JE, Purcaro MJ, Pratt HE, Epstein CB, Shoresh N, Adrian J, Kawli T, Davis CA, Dobin A, et al: Expanded encyclopaedias of DNA elements in the human and mouse genomes. *Nature* 2020, 583: 699-710.

[12] Vierstra J, Lazar J, Sandstrom R, Halow J, Lee K, Bates D, Diegel M, Dunn D, Neri F, Haugen E, et al: Global reference mapping of human transcription factor footprints. *Nature* 2020, 583: 729-736.

[13] Meuleman W, Muratov A, Rynes E, Halow J, Lee K, Bates D, Diegel M, Dunn D, Neri F, Teodosiadis A, et al: Index and biological spectrum of human DNase I hypersensitive sites. *Nature* 2020, 584: 244-251.

[14] Consortium EP: An integrated encyclopedia of DNA elements in the human genome. *Nature* 2012, 489: 57-74.

[15] Zhang J, Lee D, Dhiman V, Jiang P, Xu J, McGillivray P, Yang H, Liu J, Meyerson W, Clarke D, et al: An integrative ENCODE resource for cancer genomics. *Nat Commun* 2020, 11: 3696.

[16] Grubert F, Srivas R, Spacek DV, Kasowski M, Ruiz-Velasco M, Sinnott-Armstrong N, Greenside P, Narasimha A, Liu Q, Geller B, et al: Landscape of cohesin-mediated chromatin loops in the human genome. *Nature* 2020, 583: 737-743.

[17] Van Nostrand EL, Freese P, Pratt GA, Wang X, Wei X, Xiao R, Blue SM, Chen JY, Cody NAL, Dominguez D, et al: A large-scale binding and functional map of human RNA-binding proteins. *Nature* 2020, 583: 711-719.

[18] Partridge EC, Chhetri SB, Prokop JW, Ramaker RC, Jansen CS, Goh ST, Mackiewicz M, Newberry KM, Brandsmeier LA, Meadows SK, et al: Occupancy maps of 208 chromatin-

associated proteins in one human cell type. *Nature* 2020, 583: 720-728.

[19] Consortium EP, Snyder MP, Gingeras TR, Moore JE, Weng Z, Gerstein MB, Ren B, Hardison RC, Stamatoyannopoulos JA, Graveley BR, et al: Perspectives on ENCODE. *Nature* 2020, 583: 693-698.

[20] Zhang J, Liu J, Lee D, Feng JJ, Lochovsky L, Lou S, Rutenberg-Schoenberg M, Gerstein M: RADAR: annotation and prioritization of variants in the post-transcriptional regulome of RNA-binding proteins. *Genome Biol* 2020, 21: 151.

[21] He Y, Hariharan M, Gorkin DU, Dickel DE, Luo C, Castanon RG, Nery JR, Lee AY, Zhao Y, Huang H, et al: Spatiotemporal DNA methylome dynamics of the developing mouse fetus. *Nature* 2020, 583: 752-759.

[22] Sethi A, Gu M, Gumusgoz E, Chan L, Yan KK, Rozowsky J, Barozzi I, Afzal V, Akiyama JA, Plajzer-Frick I, et al: Supervised enhancer prediction with epigenetic pattern recognition and targeted validation. *Nat Methods* 2020, 17: 807-814.

[23] Sisu C, Muir P, Frankish A, Fiddes I, Diekhans M, Thybert D, Odom DT, Flicek P, Keane TM, Hubbard T, et al: Transcriptional activity and strain-specific history of mouse pseudogenes. *Nat Commun* 2020, 11: 3695.

[24] Fu S, Wang Q, Moore JE, Purcaro MJ, Pratt HE, Fan K, Gu C, Jiang C, Zhu R, Kundaje A, et al: Differential analysis of chromatin accessibility and histone modifications for predicting mouse developmental enhancers. *Nucleic Acids Res* 2018, 46: 11184-11201.

[25] Zhao H, Fu S, Yu Y, Zhang Z, Li P, Ma Q, Jia W, Ning K, Qu S, Liu Q: MetaMed: Linking microbiota functions with medicine therapeutics. *mSystems* 2019, 4: e00413-19.

[26] Argelaguet R, Clark SJ, Mohammed H, Stapel LC, Krueger C, Kapourani C-A, Imaz-Rosshandler I, Lohoff T, Xiang Y, Hanna CW, et al: Multi-omics profiling of mouse gastrulation at single-cell resolution. *Nature* 2019, 576: 487-491.

[27] Hao Y, Hao S, Andersen-Nissen E, Mauck WM, 3rd, Zheng S, Butler A, Lee MJ, Wilk AJ, Darby C, Zager M, et al: Integrated analysis of multimodal single-cell data. *Cell* 2021, 184: 3573-3587 e3529.

[28] Macaulay IC, Haerty W, Kumar P, Li YI, Hu TX, Teng MJ, Goolam M, Saurat N, Coupland P, Shirley LM, et al: G&T-seq: parallel sequencing of single-cell genomes and transcriptomes. *Nat Methods* 2015, 12: 519-522.

[29] Dey SS, Kester L, Spanjaard B, Bienko M, van Oudenaarden A: Integrated genome and transcriptome sequencing of the same cell. *Nat Biotechnol* 2015, 33: 285-289.

[30] Han KY, Kim KT, Joung JG, Son DS, Kim YJ, Jo A, Jeon HJ, Moon HS, Yoo CE, Chung W, et al: SIDR: simultaneous isolation and parallel sequencing of genomic DNA and total RNA from single cells. *Genome Res* 2018, 28: 75-87.

[31] Rodriguez-Meira A, Buck G, Clark SA, Povinelli BJ, Alcolea V, Louka E, McGowan S, Hamblin A, Sousos N, Barkas N, et al: Unravelling intratumoral heterogeneity through high-sensitivity single-cell mutational analysis and parallel RNA sequencing. *Mol Cell* 2019, 73: 1292-1305.e1298.

[32] Frommer M, McDonald LE, Millar DS, Collis CM, Watt F, Grigg GW, Molloy PL, Paul CL: A genomic sequencing protocol that yields a positive display of 5-methylcytosine residues in individual DNA strands. *Proc Natl Acad Sci USA* 1992, 89: 1827-1831.

[33] Grunau C, Clark SJ, Rosenthal A: Bisulfite genomic sequencing: systematic investigation of critical experimental parameters. *Nucleic Acids Res* 2001, 29: E65.

[34] Harris RA, Wang T, Coarfa C, Nagarajan RP, Hong C, Downey SL, Johnson BE, Fouse SD, Delaney A, Zhao Y, et al: Comparison of sequencing-based methods to profile DNA

methylation and identification of monoallelic epigenetic modifications. *Nat Biotechnol* 2010, 28: 1097-1105.

[35] Guo H, Zhu P, Wu X, Li X, Wen L, Tang F: Single-cell methylome landscapes of mouse embryonic stem cells and early embryos analyzed using reduced representation bisulfite sequencing. *Genome Res* 2013, 23: 2126-2135.

[36] Smallwood SA, Lee HJ, Angermueller C, Krueger F, Saadeh H, Peat J, Andrews SR, Stegle O, Reik W, Kelsey G: Single-cell genome-wide bisulfite sequencing for assessing epigenetic heterogeneity. *Nat Methods* 2014, 11: 817-820.

[37] Mulqueen RM, Pokholok D, Norberg SJ, Torkenczy KA, Fields AJ, Sun D, Sinnamon JR, Shendure J, Trapnell C, O'Roak BJ, et al: Highly scalable generation of DNA methylation profiles in single cells. *Nat Biotechnol* 2018, 36: 428-431.

[38] Angermueller C, Clark SJ, Lee HJ, Macaulay IC, Teng MJ, Hu TX, Krueger F, Smallwood S, Ponting CP, Voet T, et al: Parallel single-cell sequencing links transcriptional and epigenetic heterogeneity. *Nat Methods* 2016, 13: 229-232.

[39] Hu Y, Huang K, An Q, Du G, Hu G, Xue J, Zhu X, Wang CY, Xue Z, Fan G: Simultaneous profiling of transcriptome and DNA methylome from a single cell. *Genome Biol* 2016, 17: 88.

[40] Hou Y, Guo H, Cao C, Li X, Hu B, Zhu P, Wu X, Wen L, Tang F, Huang Y, Peng J: Single-cell triple omics sequencing reveals genetic, epigenetic, and transcriptomic heterogeneity in hepatocellular carcinomas. *Cell Res* 2016, 26: 304-319.

[41] Blecher-Gonen R, Barnett-Itzhaki Z, Jaitin D, Amann-Zalcenstein D, Lara-Astiaso D, Amit I: High-throughput chromatin immunoprecipitation for genome-wide mapping of in vivo protein-DNA interactions and epigenomic states. *Nat Protoc* 2013, 8: 539-554.

[42] Johnson DS, Mortazavi A, Myers RM, Wold B: Genome-wide mapping of in vivo protein-DNA interactions. *Science* 2007, 316: 1497-1502.

[43] Boyle AP, Davis S, Shulha HP, Meltzer P, Margulies EH, Weng Z, Furey TS, Crawford GE: High-resolution mapping and characterization of open chromatin across the genome. *Cell* 2008, 132: 311-322.

[44] Buenrostro JD, Giresi PG, Zaba LC, Chang HY, Greenleaf WJ: Transposition of native chromatin for fast and sensitive epigenomic profiling of open chromatin, DNA-binding proteins and nucleosome position. *Nat Methods* 2013, 10: 1213-1218.

[45] Kelly TK, Liu Y, Lay FD, Liang G, Berman BP, Jones PA: Genome-wide mapping of nucleosome positioning and DNA methylation within individual DNA molecules. *Genome Res* 2012, 22: 2497-2506.

[46] Jin W, Tang Q, Wan M, Cui K, Zhang Y, Ren G, Ni B, Sklar J, Przytycka TM, Childs R, et al: Genome-wide detection of DNase I hypersensitive sites in single cells and FFPE tissue samples. *Nature* 2015, 528: 142-146.

[47] Cusanovich DA, Daza R, Adey A, Pliner HA, Christiansen L, Gunderson KL, Steemers FJ, Trapnell C, Shendure J: Multiplex single cell profiling of chromatin accessibility by combinatorial cellular indexing. *Science* 2015, 348: 910-914.

[48] Buenrostro JD, Wu B, Litzenburger UM, Ruff D, Gonzales ML, Snyder MP, Chang HY, Greenleaf WJ: Single-cell chromatin accessibility reveals principles of regulatory variation. *Nature* 2015, 523: 486-490.

[49] Lai B, Gao W, Cui K, Xie W, Tang Q, Jin W, Hu G, Ni B, Zhao K: Principles of nucleosome organization revealed by single-cell micrococcal nuclease sequencing. *Nature* 2018, 562: 281-285.

[50] Rotem A, Ram O, Shoresh N, Sperling RA, Goren A, Weitz DA, Bernstein BE: Single-cell

ChIP-seq reveals cell subpopulations defined by chromatin state. *Nat Biotechnol* 2015, 33: 1165-1172.

[51] Cao J, Cusanovich DA, Ramani V, Aghamirzaie D, Pliner HA, Hill AJ, Daza RM, McFaline-Figueroa JL, Packer JS, Christiansen L, et al: Joint profiling of chromatin accessibility and gene expression in thousands of single cells. *Science* 2018, 361: 1380-1385.

[52] Preissl S, Fang R, Huang H, Zhao Y, Raviram R, Gorkin DU, Zhang Y, Sos BC, Afzal V, Dickel DE, et al: Single-nucleus analysis of accessible chromatin in developing mouse forebrain reveals cell-type-specific transcriptional regulation. *Nat Neurosci* 2018, 21: 432-439.

[53] Zhu C, Yu M, Huang H, Juric I, Abnousi A, Hu R, Lucero J, Behrens MM, Hu M, Ren B: An ultra high-throughput method for single-cell joint analysis of open chromatin and transcriptome. *Nat Struct Mol Biol* 2019, 26: 1063-1070.

[54] Ma S, Zhang B, LaFave LM, Earl AS, Chiang Z, Hu Y, Ding J, Brack A, Kartha VK, Tay T, et al: Chromatin potential identified by shared single-cell profiling of RNA and chromatin. *Cell* 2020, 183: 1103-1116 e1120.

[55] 10X Geomics Multiome[https: //www.10xgenomics.com/cn/blog/introducing-chromium-single-cell-multiome-atac-gene-expression]

[56] Genshaft AS, Li S, Gallant CJ, Darmanis S, Prakadan SM, Ziegler CG, Lundberg M, Fredriksson S, Hong J, Regev A, et al: Multiplexed, targeted profiling of single-cell proteomes and transcriptomes in a single reaction. *Genome Biol* 2016, 17: 188.

[57] Stoeckius M, Hafemeister C, Stephenson W, Houck-Loomis B, Chattopadhyay PK, Swerdlow H, Satija R, Smibert P: Simultaneous epitope and transcriptome measurement in single cells. *Nat Methods* 2017, 14: 865-868.

[58] Peterson VM, Zhang KX, Kumar N, Wong J, Li L, Wilson DC, Moore R, McClanahan TK, Sadekova S, Klappenbach JA: Multiplexed quantification of proteins and transcripts in single cells. *Nat Biotechnol* 2017, 35: 936-939.

[59] Clark SJ, Argelaguet R, Kapourani CA, Stubbs TM, Lee HJ, Alda-Catalinas C, Krueger F, Sanguinetti G, Kelsey G, Marioni JC, et al: scNMT-seq enables joint profiling of chromatin accessibility DNA methylation and transcription in single cells. *Nat Commun* 2018, 9: 781.

[60] Wang Y, Yuan P, Yan Z, Yang M, Huo Y, Nie Y, Zhu X, Qiao J, Yan L: Single-cell multiomics sequencing reveals the functional regulatory landscape of early embryos. *Nat Commun* 2021, 12: 1247.

[61] Mimitou EP, Cheng A, Montalbano A, Hao S, Stoeckius M, Legut M, Roush T, Herrera A, Papalexi E, Ouyang Z, et al: Multiplexed detection of proteins, transcriptomes, clonotypes and CRISPR perturbations in single cells. *Nat Methods* 2019, 16: 409-412.

[62] Zhu C, Zhang Y, Li YE, Lucero J, Behrens MM, Ren B: Joint profiling of histone modifications and transcriptome in single cells from mouse brain. *Nat Methods* 2021, 18: 283-292.

[63] Zhang B, Srivastava A, Mimitou E, Stuart T, Raimondi I, Hao Y, Smibert P, Satija R: Characterizing cellular heterogeneity in chromatin state with scCUT&Tag-pro. *Nat Biotechnol* 2022, 40: 1220-1230.

[64] Chen S, Lake BB, Zhang K: High-throughput sequencing of the transcriptome and chromatin accessibility in the same cell. *Nat Biotechnol* 2019, 37: 1452-1457.

[65] Frei AP, Bava FA, Zunder ER, Hsieh EW, Chen SY, Nolan GP, Gherardini PF: Highly multiplexed simultaneous detection of RNAs and proteins in single cells. *Nat Methods* 2016, 13: 269-275.

[66] Gerlach JP, van Buggenum JAG, Tanis SEJ, Hogeweg M, Heuts BMH, Muraro MJ, Elze L, Rivello F, Rakszewska A, van Oudenaarden A, et al: Combined quantification of intracellular

(phospho-)proteins and transcriptomics from fixed single cells. *Sci Rep* 2019, 9: 1469.

[67] Argelaguet R, Cuomo ASE, Stegle O, Marioni JC: Computational principles and challenges in single-cell data integration. *Nat Biotechnol* 2021, 39: 1202-1215.

[68] Stuart T, Butler A, Hoffman P, Hafemeister C, Papalexi E, Mauck WM, 3rd, Hao Y, Stoeckius M, Smibert P, Satija R: Comprehensive integration of single-cell data. *Cell* 2019, 177: 1888-1902 e1821.

[69] Zhang Z, Sun H, Mariappan R, Chen X, Chen X, Jain MS, Efremova M, Teichmann SA, Rajan V, Zhang X: scMoMaT: Mosaic integration of single cell multi-omics data using matrix tri-factorization. Nat Commun 2023, 14: 384.

[70] Adossa N, Khan S, Rytkonen KT, Elo LL: Computational strategies for single-cell multi-omics integration. *Comput Struct Biotechnol J* 2021, 19: 2588-2596.

[71] Brombacher E, Hackenberg M, Kreutz C, Binder H, Treppner M: The performance of deep generative models for learning joint embeddings of single-cell multi-omics data. Front Mool Biosci 2022, 9: 96244.

[72] Stanojevic S, Li Y, Garmire LX: Computational methods for single-cell multi-omics integration and alignment. Genomics Proteomics Bioinformatics 2022, 20: 836-849.

[73] Welch JD, Hartemink AJ, Prins JF: MATCHER: manifold alignment reveals correspondence between single cell transcriptome and epigenome dynamics. *Genome Biology* 2017, 18: 138.

[74] Welch JD, Kozareva V, Ferreira A, Vanderburg C, Martin C, Macosko EZ: Single-cell multi-omic integration compares and contrasts features of brain cell identity. *Cell* 2019, 177: 1873-1887 e1817.

[75] Argelaguet R, Arnol D, Bredikhin D, Deloro Y, Velten B, Marioni JC, Stegle O: MOFA+: a statistical framework for comprehensive integration of multi-modal single-cell data. *Genome Biol* 2020, 21: 111.

[76] Jin S, Zhang L, Nie Q: scAI: an unsupervised approach for the integrative analysis of parallel single-cell transcriptomic and epigenomic profiles. *Genome Biology* 2020, 21: 25.

[77] Gong B, Zhou Y, Purdom E: Cobolt: integrative analysis of multimodal single-cell sequencing data. *Genome Biol* 2021, 22: 351.

[78] Gayoso A, Steier Z, Lopez R, Regier J, Nazor KL, Streets A, Yosef N: Joint probabilistic modeling of single-cell multi-omic data with totalVI. *Nat Methods* 2021, 18: 272-282.

[79] Ashuach T, Gabitto MI, Jordan MI, Yosef N: MultiVI: deep generative model for the integration of multi-modal data. *bioRxiv* 2021, 2021. 08. 20. 457057.

[80] Jain MS, Polanski K, Conde CD, Chen X, Park J, Mamanova L, Knights A, Botting RA, Stephenson E, Haniffa M, et al: MultiMAP: dimensionality reduction and integration of multimodal data. *Genome Biol* 2021, 22: 346.

[81] Cao Z-J, Gao G: Multi-omics single-cell data integration and regulatory inference with graph-linked embedding. *Nature Biotechnology* 2022, 40: 1458-1466.

[82] Li GY, Fu SL, Wang SG, Zhu C, Duan B, Tang C, Chen X, Chuai G, Wang P, Liu Q: A deep generative model for multi-view profiling of single-cell RNA-seq and ATAC-seq data. *Genome Biol* 2022, 23: 20.

[83] Lynch AW, Theodoris CV, Long H, Brown M, Liu XS, Meyer CA: MIRA: Joint regulatory modeling of multimodal expression and chromatin accessibility in single cells. Nat Methods 2022, 19: 1097-1108.

[84] Dou J, Liang S, Mohanty V, Miao Q, Huang Y, Liang Q, Cheng X, Kim S, Choi J, Li Y, et al: Bi-order multimodal integration of single-cell data. *Genome Biol* 2022, 23: 112.

[85] Lopez R, Regier J, Cole MB, Jordan MI, Yosef N: Deep generative modeling for single-cell

transcriptomics. *Nat Methods* 2018, 15: 1053-1058.

[86] Xiong L, Xu K, Tian K, Shao Y, Tang L, Gao G, Zhang M, Jiang T, Zhang QC: SCALE method for single-cell ATAC-seq analysis via latent feature extraction. *Nat Commun* 2019, 10: 4576.

[87] Tunyasuvunakool K, Adler J, Wu Z, Green T, Zielinski M, Zidek A, Bridgland A, Cowie A, Meyer C, Laydon A, et al: Highly accurate protein structure prediction for the human proteome. *Nature* 2021, 596: 590-596.

[88] Stuart T, Srivastava A, Madad S, Lareau CA, Satija R: Single-cell chromatin state analysis with Signac. *Nat Methods* 2021, 18: 1333-1341.

[89] Grün D, Kester L, van Oudenaarden A: Validation of noise models for single-cell transcriptomics. *Nat Methods* 2014, 11: 637-640.

[90] Bravo González-Blas C, Minnoye L, Papasokrati D, Aibar S, Hulselmans G, Christiaens V, Davie K, Wouters J, Aerts S: cisTopic: cis-regulatory topic modeling on single-cell ATAC-seq data. *Nat Methods* 2019, 16: 397-400.

[91] Trapnell C, Cacchiarelli D, Grimsby J, Pokharel P, Li S, Morse M, Lennon NJ, Livak KJ, Mikkelsen TS, Rinn JL: The dynamics and regulators of cell fate decisions are revealed by pseudotemporal ordering of single cells. *Nat Biotechnol* 2014, 32: 381-386.

第三部分

组学的弱监督学习

第 5 章　组学的不完备监督——半监督学习

5.1　半监督学习

5.1.1　适用场景

半监督学习（semi-supervised learning，SSL）是不完备监督学习的一种常见范式，是监督学习与无监督学习相结合的一种学习模式。半监督学习使用大量的未标记数据，并同时使用标记数据来进行机器学习。半监督学习的基本思想是利用数据分布上的模型假设建立学习器对未标记样本进行标记，通过迭代学习的方式，将无监督学习转化为有监督学习。半监督学习的核心问题是如何综合利用已标记样本和未标记样本来进行学习器的构建。半监督学习的优势是可以最大限度地发挥未标记样本的作用，帮助模型通过少量已标记样本来构建具有高泛化能力的学习模型，降低对于样本标记工作的依赖和标记成本。

组学数据，特别是临床组学样本，由于其标记需要专门的领域知识，且标记成本高，故常具有标记样本的稀缺性，普遍情况是存在少量标记样本，同时存在大量无标记样本（unlabeled data），极端情况是只存在少量的正例样本（positive samples）及大规模的无标记样本。这两种场景均适用于半监督学习，具体适用场景描述如下。

1）少量标记样本+大量未标记样本

该场景是组学数据半监督学习的常用场景，常见于疾病组学样本的分类和诊断、蛋白质功能的预测、模体发现等。该场景存在少量标记样本，包括少量的正例样本和负例样本，同时存在大量的未标记样本（称之为背景样本），若仅通过已知的少量标记样本，难以构建有效的学习器，故需要整合已标记样本和未标记样本来进行具有高泛化能力的学习器的构建。

2）少量正例样本+大量未标记样本

该场景是组学数据半监督学习的一种极端场景。由于生命科学知识发现的本身特点，决定了实验发现往往只倾向于记录阳性样本，故该场景的标记样本均为正例样本，而忽略了负例样本的标记，常见于各种从头（de novo）生物学知识发现，如特定功能的新基因或者新蛋白质的发现、特定新基因组模体的发现等。该场景存在少量正例标记样本，同时存在大量的未标记样本（称之为背景样本），若仅通过已知的少量正例标记样本，无法构建有效的学习器，故需要整合已标记正例样本和未标记样本来进行学习器的构建。该学习场景通常称之为 PU 学习（PU learning，positive and unlabeled learning）。

5.1.2 理论思想

形式化的，我们有训练样本集 $D_l = \{(x_1, y_1), (x_2, y_2), \cdots, (x_l, y_l)\}$，这 l 个样本具有标记信息，同时，还有 $D_u = \{(x_{l+1}, y_{l+1}), (x_{l+2}, y_{l+2}), \cdots, (x_{l+u}, y_{l+u})\}$，这 u 个样本标记信息未知，$l \leqslant u$，即只存在少量标记样本，大量样本均为未标记样本。若 D_u 的标记信息均为正例，则为 PU 学习。在这样的场景下，若仅仅依赖于 D_l 样本集，无法获得具有高泛化能力的学习模型。故需要整合 D_u 数据集进行模型训练。

半监督学习可以体现为各种具体的模型，但这些模型通常基于两个常用的基本假设，用来建立预测样本和学习目标之间的关系。

1）聚类假设（cluster assumption）

当两个样本位于同一聚类簇时，它们在很大的概率下具有相同的类别标签。根据该假设，决策边界应该尽量通过数据较为稀疏的地方，从而避免把稠密的聚类中的数据点分到决策边界两侧。在这一假设下，大量无标记样本的作用是帮助探明样本空间中数据分布的稠密和稀疏区域，从而指导学习算法对利用已标记样本学习到的决策边界进行调整，使其尽量通过数据分布的稀疏区域。聚类假设简单、直观，常以不同的方式直接用于各种半监督学习算法的设计中。例如，Joachims 提出了 TSVM 算法[1]，在训练过程中，该算法不断修改 SVM 的划分超平面并交换超平面两侧某些无标记样本的可能标记，使得 SVM 在所有训练数据（包括有标记和无标记样本）上最大化间隔（margin），从而得到一个既通过数据相对稀疏的区域，又尽可能正确划分有标记示例的超平面；Lawrence和 Jordan 通过修改高斯过程（Gaussian process，GP）中的噪声模型来进行半监督学习[2]，他们在正、反两类之间引入了"零类"，并强制要求所有的无标记样本都不能被分为零类，从而迫使学习到的分类边界避开数据稠密区域；Grandvalet 和 Bengio 通过使用最小化熵作为正则化项来进行半监督学习[3]，由于熵仅与模型在无标记样本上的输出有关，因此，最小化熵的直接结果就是降低模型的不确定性，迫使决策边界通过数据稀疏区域。

2）流形假设（manifold assumption）

将高维数据嵌入到低维流形中，当两个样本位于低维流形中的一个小局部邻域内时，它们具有相似的类别标签。和聚类假设着眼整体特性不同，流形假设主要考虑模型的局部特性。在该假设下，大量无标记样本的作用是让数据空间变得更加稠密，从而有助于更加准确地刻画局部区域的特性，使得决策函数能够更好地进行数据拟合。流形假设也可以直接用于半监督学习算法的设计中。例如，Zhu等人使用高斯随机场以及谐波函数来进行半监督学习[4]，他们首先基于训练样本建立一个图，图中每个结点就是一个（有标记或无标记）样本，然后求解根据流形假设定义的能量函数的最优值，从而获得对无标记样本的最优标记；Zhou等在根据样本相似性建立图之后，让样本的标记信息不断向图中的邻近样本传播，直到达到全局稳定状态[5]。值得注意的是，一般情形下，流形假设和聚类假设是一致的。由于聚类通常比较稠密，满足流形假设的模型能够在数据稠密的聚类中得出相似的输出。然而，由于流形假设强调的是相似样本具有相似的输出而不是完全相同的标记，因此流形假设比聚类假设更为普适，这使其在聚类假设难以成立的半监督回归中仍然有效[6, 7]。

　　本章对于半监督学习的分类沿用周志华《机器学习》这本书中的分类方式[8]，将其划分为直推式（transductive）半监督学习和纯（pure）半监督学习两大类。其中，直推式半监督学习只处理样本空间内给定的训练数据，利用训练数据中有类标签的样本，预测训练数据中无类标签的样本的类别标签，其目的是在这些未标记样本上获得最优泛化能力；纯半监督学习除了希望可以预测训练样本中未标记样本的标签以外，还希望能够预测训练过程中未观察到的新的样本的标签。换句话说，直推式半监督学习基于"封闭世界"假设，纯半监督学习基于"开放世界"假设（图 5.1）。

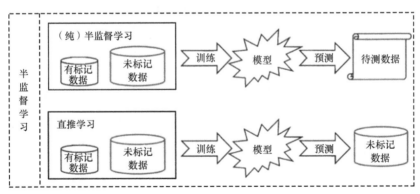

图 5.1　半监督学习分类[8]

　　具体的，直推式半监督学习的典型代表是以标签传播算法（label propagation algorithm，LP）为代表的基于图的半监督学习算法[5, 6]，这一类算法通过构造图结构来对于数据训练集中的无标签数据进行分类。纯半监督学习的典型代表包括基于生成式模型的方法[8]、半监督支持向量机[1]、基于分歧的方法[disagreement-based method，如协同训练（co-training）等][9]。这一类模型的核心思想都是希望能够整合有标记样本和无标记样本来获得一个泛化性能更好的分类器。

PU 学习是半监督学习的一种极端情况，体现为有标记的训练样本一般只有正样本和一些未标记的样本；对于这部分未标注的样本，并不清楚其为正例还是负例[10]。理论上，上述介绍的半监督学习思想对于 PU 学习均适用，但其依赖于具体的解决策略。①负采样。从大量的未标记样本中按某些预先设定好的分布采样策略采样出一些负样本，构成和正样本平衡的训练数据集，一起进行训练。②全批次（full batch）。将所有未标记样本当成负样本进行训练。这两种策略各有优劣。其中，负采样策略虽然做到了训练集比较平衡，但是会带来诸如收敛慢、收敛波动、真实训练与采样训练存在偏差等问题，这些问题均可能造成其收敛到一个次优解。全批次策略虽然可以获得更好的模型性能，但是其亟待解决的问题是整个训练样本空间过大，训练复杂度高。

5.1.3 组学应用

半监督学习在组学分析领域有非常多的应用案例，包括应用于癌症复发预测[11]、疾病基因识别[12]、蛋白质相互作用预测[13]、药物虚拟筛选[14]、组合用药筛选[15]、单细胞组学数据分析[16-18]等。特别的，文献[19]给出了关于 PU 学习在生物医学领域的应用综述。表 5.1 总结了组学分析领域应用半监督学习的若干经典案例。在下一节中，我们将选取具体的案例进行深入介绍。

表 5.1　半监督学习的组学应用案例

工具	问题	组学	方法	年份	参考文献
SemiProt	蛋白质分类	基因组	纯半监督学习（核方法）	2005	[20]
Percolator	多肽识别	蛋白质组	纯半监督学习（SVM）	2007	[21]
HIVSemi	蛋白质相互作用预测	基因组	纯半监督学习（半监督神经网络+多任务学习）	2010	[13]
—	肿瘤复发预测	基因组	直推式半监督学习（low density separation）	2011	[11]
PUDI	疾病基因识别	基因组	纯半监督学习（SVM+PU 学习）	2012	[12]
—	药物虚拟筛选	药物基因组	纯半监督学习（Co-training）	2012	[14]
PULSE	可变剪切体识别	基因组，蛋白质组	纯半监督学习（决策树+PU 学习）	2015	[22]
RACS	抗癌组合用药预测	基因组，转录组	直推式半监督学习（图模型）	2015	[15]
—	环形 RNA 功能预测	基因组	纯半监督学习（深度森林模型+PU 学习）	2020	[23]

续表

工具	问题	组学	方法	年份	参考文献
Solo	单细胞二聚体检测	单细胞转录组	纯半监督学习（VAE）	2020	[16]
CALLR	单细胞类型识别	单细胞转录组	直推式半监督学习（图模型）	2021	[17]
EmptyNN	单细胞组学数据降噪	单细胞转录组	纯半监督学习（半监督神经网络+PU 学习）	2021	[18]

5.2　案例：抗癌药物组合预测的半监督学习

5.2.1　背景介绍

　　肿瘤的耐药性问题是肿瘤临床治疗的瓶颈之一，为了解决肿瘤细胞的耐药性问题，科学家们正在综合使用各种组学测序技术对癌细胞的组学特征进行探索，并旨在提出新的药物设计方案，尝试利用联合用药（drug combination）的方法寻找治疗肿瘤的有效手段。联合用药系指为了达到治疗目的而采用的两种或两种以上药物同时或先后应用的治疗策略[24]。药物联用后，在药动学与药效学方面的一些环节上会产生相互影响。无论发生在哪个方面，最终的效果主要分为三种：①使原来的效应增强，称为协同作用（synergism）；②与原先效应一致，称为加和作用（additive effect）；③使原有的效应减弱，称为拮抗作用（antagonism）。其中的协同作用以增效减毒、降低剂量的优势而最被人们期冀。

　　然而，筛选出有效的药物组合并成功上市用于疾病的治疗并不容易，需要经历不同药物、不同浓度、不同测试体系的层层筛选，才能够进入临床测试阶段。显然，利用传统实验方法对药物组合进行测试实验，从海量的潜在药物组合中筛选出有效的药物组合需要耗费大量的人力、物力、财力和时间。因而，迫切需要建立有效的方法来挑选出最可能有效的候选药物组合。现阶段有三大类方法可帮助筛选有效的药物组合：①建立大规模实验筛选平台；②动态模拟方法；③利用其他药物相关组学数据（药物结构、药物活性、药物基因组学数据及生物网络数据等）建立计算模型。这些方法可将实验量大大缩小，从而降低组合药物的研发成本，加快组合药物研发的进程。

　　本研究案例关注基于药物基因组学相关数据进行抗癌组合用药的筛选及预测这一具有挑战性和重要临床需求的科学问题。随着实验手段和计算技术的发展，各类药物相关数据（如药物结构、药物活性、药物处理的基因表达谱数据及生物网络等数据）的积累[25, 26]，进一步促进了药物组合研究的发展。近几年，尤其是网络药理学研究和 AI 技术的兴起[27, 28]，为多组分、多靶点的协同药物组合筛选研究提供了重要技术手段。为了促进协同药物组合计算筛选方法的发展，由 DREAM（Dialogue for Reverse Engineering Assessments and Methods）竞赛组织联合美国国家癌症研究所（NCI）发起了一项利用计算手段预测化合物对在人类β-细胞淋巴瘤细胞系上的作用效果的竞赛，并对这些计算模型的预测效果进行了评估[29]。竞赛的参赛者需要将由 14 个化合物两两配对组成的 91 个化合物对按照它们在β-细胞淋巴瘤细胞系 Ly3 上的作用效果排序。协同作用效果最强的化合物对排在最前面，协同效果最弱（即拮抗效果最强）的排在最后。竞赛提供了这 14 个单一化合物处理的基因转录组学的芯片数据，以及这 14 个化合物作用下的 Ly3 细胞系的剂量-效应曲线（dose-response curve）。同时，竞赛也允许参赛者使用其他的相关数据，如化合物的化学结构、化合物的靶点参与的生物通路等。最终，来自超过 13 个国家的不同团队参与了这项竞赛并提出了 31 个计算模型。在这 31 个模型中，有 10 个模型的预测是基于假设——转录谱（transcriptional profile）相似性更高的化合物更倾向于产生协同作用效果（相似性假说）。但是在这些方法中，对相似性的定义不同。相比之下，另外 8 个预测模型则假设转录谱相似性越低的化合物，越倾向于产生协同作用效果（不相似假说）。其余的 13 个预测模型则是基于更为复杂的假设构建得到的。

为了客观地评估这 31 个参赛模型的表现，竞赛组织者对这 91 个化合物对在 Ly3 细胞系上的作用效果进行了实验测试，并且采用 EOB（excess over Bliss）来判断每个化合物对的作用效果是协同、加和还是拮抗。对这 91 个化合物对按照实验测得的作用效果，从协同效果最强的化合物对到协同效果最弱的化合物对排序，作为金标准排序（gold-standard data set）。通过与金标准排序进行比较，发现其中基于相似性假说或者复杂假设的计算模型的表现相比基于不相似假说建立的模型的表现效果更好。在所有的 31 个计算模型中，表现最好的模型为 DIGRE（drug-induced genomic residual effect）[29]。这个模型基于如下假设：当细胞依次用两个不同的化合物处理，由第一个化合物引起的细胞的转录变化将影响第二个化合物对细胞的作用效果。

DREAM 竞赛为我们提供如下启示：①虽然此前并没有实验表明单一化合物对细胞的扰动组学数据可以用来预测化合物对的协同或者拮抗效应，但是这项竞赛中的多个计算模型已经表明了这类药物基因组学数据对于预测化合物对的作用效果是有效的；②化合物对的协同或者拮抗效应是具有高度细胞特异性的，即某个化合物对的协同作用是针对特定细胞系而言的。鉴于高通量筛选实验的结果无法在各个细胞系中通用，更体现出了构建基于组学的计算预测模型的价值。所以，如何对于已知的、具有抗肿瘤效果的协同药物组合的共性特征进行研究，基于药物化学结构、药理特性、药物靶点网络及药物处理前后的基因表达谱数据等，并结合机器学习算法来研发预测协同抗癌症药物组合的计算模型，具有重要的研究意义和临床转化价值。

5.2.2 解决方案

1. 计算框架总述

在本研究案例中，我们将构建一套用于协同抗癌药物组合的高效计算筛选系统 RACS（ranking-system of anti-cancer synergy）[15]。RACS 可以预测两个药物产生协同作用的可能性，并且按照可能性从高到低对测试的药物组合进行排序。当给定一套已知的协同抗肿瘤药物组合（有标记样本）数据集，我们的预测模型 RACS 可以将未知的药物组合（无标记样本）按照它们与已知的协同抗肿瘤药物组合的相似性由高到低进行排序[30]。RACS 所采用的核心思想即为半监督学习，我们拟基于少量已知的、有标记的药物组合样本所体现出来的组学层面的特征构建学习模型，从海量的无标注的药物组合空间里（背景样本）进行潜在的、具有协同作用的药物组合筛选。

RACS 的构建主要有两部分（图 5.2）。①初步排序模型。首先，我们将针对目前已积累的、具有协同抗肿瘤作用的药物组合进行研究，从药物的化学结构、药理特性、药物靶点网络及药物处理的基因表达谱等数据中探索这些协同抗肿瘤药物组合所具有的分子机制/作用模式。我们将这些分子机制/作用模式通过数学方式刻画成描述性特征，并且利用统计学方法挑选出在已知的协同抗肿瘤药物组合与非协同抗肿瘤药物组合（由已知的协同抗肿瘤药物组合中的单药两两重排，并去除这些已知协同药物组合而构建得到）中存在显著区别的描述性特征。然后，我们基于半监督学习来预测测试数据（未知的药物组合）产生协同抗肿瘤作用的可能性，并按照可能性由高到低得到排序结果。②二级过滤系统。我们将利用药物处理的基因表达谱数据，提取出已知的协同抗肿瘤药物组合在特定癌症亚型/细胞系基因表达谱上所具有的模式，并由此定义出过滤参数。对于一个测试的药物组合，如果它不满足任意一个过滤参数，那么它将被从初步排序模型给出的排序列表中删除，由此得到最终的预测结果[15]。

2. 初步排序模型构建

我们通过数据库搜索及大量的文献检索，收集得到已知的协同抗癌药物组合数据。在药物组合数据库（drug combination database，DCDB）[31]中收集了治疗癌症、获得性免疫缺陷综合征、心血管疾病等的联用药物数据。这些联用药物的作用效果又分为协同作用、加和作用及拮抗作用。整理出已经由 FDA 批准上市或者进入各个临床研究阶段的协同治疗各类癌症的药物组合。同时，以从 PubMed 中搜集文献中报道的抗药物组合数据作为补充。在我们现阶段的工作中，仅针对由两个药物组成的联合用药。共收集到 41 组由两个药物构成且具有靠点蛋白信息的协同抗肿瘤药物组合数据。在对收集到的这些药物组合数据计算特征时，其中的有些药物由于缺乏相关信息，导致一些特征无法进行计算。为了计算尽量多的描述性特征，同时保留尽可能多的已知协同抗肿瘤药物组合数据，最终我们保留了 26 个协同抗肿瘤药物组合，作为进一步研究的正样本数据集[15]。其中涉及的 33 个单药的作用靶点信息收集自 DrugBank 数据库[32]、TTD 数据库[33]及 PubMed 文献。

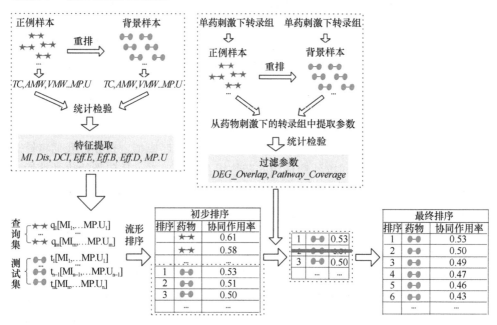

图 5.2 协同抗肿瘤药物组合预测模型 RACS 的构建流程图[15]。由黑线连接的两个红色五角星代表已知的协同抗肿瘤药物组合（有标记样本），而由黑线连接的两个灰色椭圆形则代表由已知的协同抗肿瘤药物组合中的单药两两重排并去除这些已知协同药物组合而构建得到的非协同抗肿瘤药物组合（无标记样本）。TC、AMW、VMW 等代表 13 个候选特征：药物治疗相似性、联用药物分子质量、联用药物分子质量差异、基于基因功能注释的药物互信息、药物组合干预性、药物间距离、药物组合治疗效用、药物网络邻居重合度、药物调控的相同/交叉/相互作用/不相关/通路。对于一个测试的药物组合，如果它不满足任意一个过滤参数，那么它将被从初步排序模型给出的排序列表中删除，由此得到最终的预测结果。

数据收集后，我们将通过统计学检验来找出在协同抗癌药物组合与非协同组合之间存在显著差异的特征。我们将拥有靶蛋白信息的 26 组已知协同抗癌药物组合作为正样本数据/有标记样本。同时，将正样本中的 33 个单药进行两两重排，并去除其中的 26 个正样本，构建得到 502 对非协同药物组合数据集（无标记样本）。经过前期深入的文献调研，我们将从药物的化学结构、药物的药理学特点、药物靶点的功能以及药物的靶向网络特性等方面来探索协同抗癌药物组合所具有的分子机制/作用模式。在初始筛选时，我们定义了 13 个描述性特征作为候选特征（表 5.2），它们涵盖了上述所说药物的化学结构、药理学特点、药物靶点功能及靶向网络特性。对 26 组正样本及 502 组非协同药物组合数据分别计算这 13 个候选特征，利用 Z-检验（Z-score test）查看这些特征在协同抗癌药物组合与非协同药物组合中是否具有显著的区别。首先，对每个候选特征，对所有的正样本计算这个特征值，并取平均值。然后，从非协同药物组合数据集中每次随机抽取 26 组样本，同样计算该特征值并取平均值，重复 1000 次，得到 1000 个平均值。利用 Z-检验判断这个特征值是否在协同抗癌药物组合与非协同药物组合中存在着显著的差异。当计算得到的 Z 值的绝对值大于 3 时，即认为该特征值在协同抗癌组合与非协同组合中差异显著（如果 Z 值大于 3，这表明正样本的特征值是显著大于随机样本的；如果 Z 值小于–3，则表明正样本的特征值是显著小于随机样本的）。我们仅保留在协同抗癌药物组合与非协同药物组合中差异显著的特征，用于预测模型的构建。最终得到了 7 个差异显著的描述性特征用于构建我们的预测模型 RACS（图 5.3）。在这 7 个描述性特征中，有 6 个是我们在这项工作中全新定义的。

在我们的工作中，初步排序模型的构建采用基于流形假设的半监督学习算法，算法如下。

表 5.2　7 个候选的描述性特征的分类

编号	是否新定义	特征名	特征的平均值（正样本）	特征的平均值（无标记样本）	Z-检验值	说明
1	×	药物间距高（Dis）	2.48	2.59	–4.68	两个药物对应的两组靶点群在蛋白质-蛋白质相互作用网络上的平均距离
2	√	药物调控的不相关通路（MP.U）	1.23×10^{-3}	4.32×10^{-4}	3.22	两个药物对应的两组靶点群调控的两套生物通路集中不相关通路对所占的比例
3	√	基于基因功能注释的药物互信息（MI）	-1.22×10^{-3}	4.75×10^{-4}	–4.04	两个药物对应的两组靶点群调控的生物过程之间的相似性，值越大，表明这两个药物的功能相似性越高
4	√	药物组合治疗效用（Eff.D）	0.23	0.16	5.61	从治疗效应以及附加效应两个方面来衡量药物组合的效用。利用药物靶点在网络中的度中心性衡量靶点的重要性
5	√	药物组合治疗效用（Eff.B）	0.17	0.12	4.34	从治疗效应及附加效应两个方面来衡量药物组合的效用。利用药物靶点在网络中的介数中心性衡量靶点的重要性

续表

编号	是否新定义	特征名	特征的平均值（正样本）	特征的平均值（无标记样本）	Z-检验值	说明
6	√	药物组合治疗效用（Eff.E）	0.23	0.19	3.12	从治疗效应以及附加效应两个方面来衡量药物组合的效用。利用药物靶点在网络中的特征向量中心性衡量靶点的重要性
7	√	药物组合干预性（DCI）	1.33×10^{-3}	-7.97×10^{-4}	3.77	癌症网络的信息传递效率在药物联用与单用组之间的改变量

7 个假选特征中，1 个与药物的 ATC 有关，2 个与药物的分子量有关，5 个与功能生物网络有关，6 个与生物网络的拓扑结构有关。

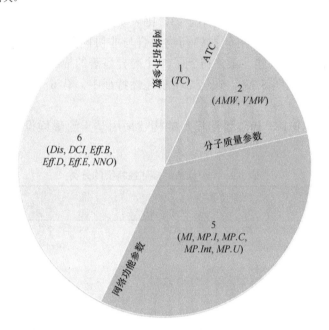

图 5.3 构建模型所用的 7 个描述性特征

给定数据集 $X = \{x_1, \cdots, x_q, x_{q+1}, \cdots, x_n\} \subset R_m$，前 q 个样本构成 query 集合（查询集/提交集：已知的标注样本集合），剩余的样本作为测试数据将被排序。在本模型中，每个研究样本是一个联用药对，query 集合由已知的协同药对构成。利用欧式距离计算得到每两组药对 x_i，x_j 之间的距离 $d(x_i, x_j)$，计算任意两组药对之间的距离，最终得到距离矩阵 $d: X \times X \to R$。期望学得函数 $f: X \to R$ 可以准确地对每个药对预测出产生协同作用的可能性/分值 f_i。最终，对所有药对进行预测后，得到向量 $f = [f_1, \cdots, f_n]^T$。$y: X \to R$ 为指示函数，其中，若 x_i 是 query 集合中的药对，则对应的 $y_i = 1$，反之，$y_i = 0$。可以得到向量 $y = [y_1, \cdots, y_n]^T$。然后，测试数据将被按照其与 query 集合中的药对的相似性进行排序，具体步骤如下。

（1）计算每两组药对 x_i，x_j 之间的欧式距离 $d(x_i, x_j)$，将距离的倒数值作为这两组药对之间的相似性 $W_{ij} = 1 / d(x_i, x_j)$，最终得到相似性矩阵 W。

（2）将相似性矩阵 W 进行对称正规化 $S = D^{-1/2} W D^{-1/2}$，其中，D 是对角矩阵，矩阵中的第 (i, i) 个元素等于相似矩阵 W 中第 i 行元素的加和值。

（3）迭代 $f(t+1) = \alpha S f(t) + (1-\alpha) y$ 直到收敛，其中 α 处于区间[0, 1]。在本工作中，α 设定为 0.9。

（4）测试集中的每个药对 x_i 都将得到一个分值 f_{i*}，按照这个分值对所有药对进行排序，分值大的药对产生协同作用的可能性更大，排序靠前。算法细节可参考 Zhou 等发表的文章[34]。

我们的初步排序模型的构建需要正样本/有标记数据（已知的具有协同抗肿瘤作用的药物组合）作为 query 集合，同时也需要提供无标记数据（未标记是否具有协同抗肿瘤作用的药物组合）作为测试数据。将所有的 query 集合中的样本以及测试样本，用我们挑选出来的 7 个描述性特征来表示，通过上述标记传播算法进行协同抗肿瘤药物组合样本的排序[15]。

3. 二级过滤系统构建

癌症又可进一步细分为血癌（白血病）、骨癌、淋巴癌、肠癌、肝癌、乳腺癌等，每一类癌症具有不同的癌症亚型，例如，乳腺癌又可进一步分为三阴性（triple-negative）、HER2 阳性、激素受体阳性且 Ki-67 标记指数高的 luminal B、激素受体阳性且 Ki-67 标记指数低的 luminal A。不同种类、不同亚型的癌症具有各自不同的特征，采用的治疗手段也有所差异。将癌症亚型/细胞系特异性考虑到我们的预测模型 RACS 中，有望对 RACS 的预测精准度进一步优化。目前，已有上千癌症细胞系应用于基础研究工作中[25]。我们收集的所有已知的协同抗癌症药物组合涉及 19 种不同的癌症。现阶段，转录组数据已被广泛用于疾病特性和药物作用机制研究。因此，我们将进一步利用药物处理的癌症亚型/细胞系上基因表达谱芯片数据对由初步排序模型得到的预测结果进行癌症亚型/细胞系特异性的筛选/过滤。

我们收集了每个已知的协同抗癌症药物组合中的 33 个单药的基因表达谱数据。例如，我们已知药物 Arsenic trioxide 及药物 Tanespimycin 在白血病中具有协同治疗作用，那么，我们可以获得从 CMAP、GEO 及 ArrayExpress 数据库中收集的两个药物在同一个白血病相关细胞系上处理前后的基因表达谱数据[26, 35, 36]。共收集到 9 组协同抗癌症药物组合中的 11 个单药的基因表达谱数据[15]。对每一个药物，对应的表达谱数据又分为药物处理组和对照组，利用 t 检验来计算每个基因在这两组样本中的差异表达值，将 p 值小于 0.05 的基因作为这个药物处理前后的

差异表达基因。将这 9 组协同抗癌症药物组合作为正样本数据（有标记样本），其中共涉及 11 个单药。将这 11 个药物两两重排，同时去掉 9 个已知的正样本，构建得到非协同药物组合 46 组。首先，我们得到每个单药处理前后癌症细胞系上的差异表达基因；然后，利用这些差异表达基因信息，对协同抗癌症药物组合所具有的特点进行挖掘。我们初步设计了 5 个候选参数（表 5.3），计算每个协同抗癌症药物组合以及非协同药物组合的候选参数。其中某些参数基于癌症细胞特异性网络计算获得，以乳腺癌 MCF7 细胞特异性网络为例，我们从 CCLE[25]中获取了各个癌症细胞系的基因表达数据。MCF7 的差异表达基因可以通过将 MCF7 中的基因表达值与其余所有细胞系的基因表达值的均值进行比较获得，选择 $|log2foldchange|>0.5$ 的基因作为差异表达基因。利用蛋白质-蛋白质相互作用关系将得到的差异表达基因连接，构成乳腺癌 MCF7 细胞特异性网络。

表 5.3　基于单药的基因表达谱数据的 5 个候选参数设计

编号	参数名称	参数介绍	是否保留
1	DEG_Overlap	两个单药的差异表达基因的重合度	√
2	DEG_n_Overlap	两个单药的差异表达基因在蛋白质相互作用网络中邻居节点的重合度	×
3	DEG_BP	两个单药的差异表达基因所调控的生物过程的相似性	×
4	Pathway_Coverage	两个单药的差异表达基因在癌症细胞特异性网络上的覆盖度	√
5	DEG_Dis	两个单药的差异表达基因在蛋白质相互作用网络上的距离	×

我们设计了两步显著性检验方法来判断这些候选参数在协同抗癌症药物组合以及非协同药物组合中的差异是否具有显著性，其伪代码如图 5.4 所示。参数必须同时满足这两步显著性，才能保留并用于构建过滤系统。最终，保留了 2 个过滤参数 DEG_Overlap 与 Pathway_Coverage，用于对前面初级排序模型的输出结果中的药物组合进一步进行过滤。当且仅当药物组合同时满足这两个过滤参数（即这个药物组合计算得到的两个过滤参数的 p 值都要小于 0.05）时才被保留，否则从排序结果中筛除。具体计算过程请读者参考相应文献[15]，在此不做赘述。

5.2.3　结果与讨论

如 5.1.2 节所述，半监督学习方法通常基于聚类假设或流形假设，两大方法各有优劣。接下来，我们进一步将基于流形假说构建的 RACS 与使用其他半监督学习方法构建的模型的预测表现进行比较，从计算角度评估 RACS 的预测性能。我们挑选用于比较的是基于聚类假说常用的一种半监督学习方法 One-class SVM[37]。在比较时，保持其他条件不变：使用同样的 query 集与测试数据集；同

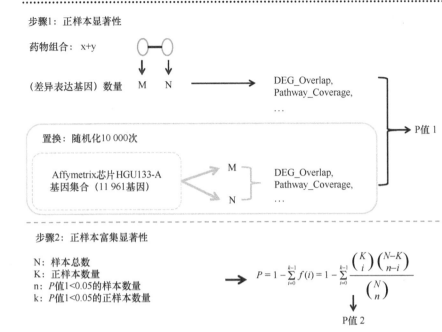

图 5.4　两步显著性检验方法伪码

样用我们挑选出来的 7 个描述性特征来表示所有样本；仍然使用发现率、命中率、富集因子这三个指标来评价 RACS，以及使用 One-class SVM 的预测模型的表现效果（图 5.5）。结果表明，在发现率这个指标上，RACS 比使用 One-class SVM 的预测模型高出了 48.75%；在命中率这个指标上，RACS 比使用 One-class SVM 的预测模型高出了 119.39%；在富集因子这个指标上，RACS 比使用 One-class SVM 的预测模型高出了 118.30%。以上结果表明基于流形假设排序的预测模型 RACS 比使用 One-class SVM 的模型的预测效果优越。

　　我们进一步评估 RACS 模型中用到的 7 个描述性特征对于预测性能的贡献。我们同样使用在前面所构建出来的 30 套不同的 query 集与测试数据集来对每个描述性特征的贡献进行评估。每次预测时，仅使用一个描述性特征，对预测结果的评价仍然使用发现率、命中率、富集因子这三个指标。如图 5.6 所示，在使用单个描述性特征构建的预测模型中，使用特征 MI 构建的模型的预测表现始终比使用其他任意单个描述性特征构建的模型的表现要好。其次是特征 MP.U。这两个特征都是基于网络功能方面的特征，而在基于网络的拓扑结构特点计算的描述性特征中，我们在本项工作中全新定义的特征 DCI 的表现要优于剩余的特征 Dis、Eff.B、Eff.D、Eff.E。除此之外，我们还可以看到，无论在使用哪套 query 集与测试数据集来进行模型的预测时，当所有的特征组合起来共同用于预测模型的构建时，预测结果要比使用任意一个单一的特征构建出来的预测模型的表现要好。此外，从三个评价指标来看，使用所有特征时的预测模型比仅使用任意单一特征构建的预测模型性能提升约 0.2 倍。

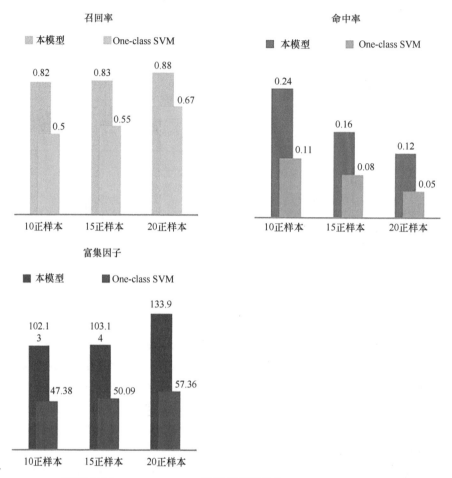

图 5.5 RACS 预测模型与 One-class SVM 预测结果的比较

为了验证 RACS 对协同抗癌药物预测的准确性，我们用 RACS 在 3 种不同的癌症细胞系上做了大量实验验证，包括：国际 DREAM 竞赛组织颁布的人类β-细胞淋巴瘤细胞系 Ly3 金标准数据集；人类乳腺癌 MCF7 细胞系；人类肺癌 A549 细胞系。此外，我们将 MCF7 细胞系上验证出强协同效果的药对进一步在斑马鱼癌症模型上进行了验证。由于该部分内容涉及进一步的实验验证，在此不再做详细赘述，具体信息可以参考相关文献[15]。

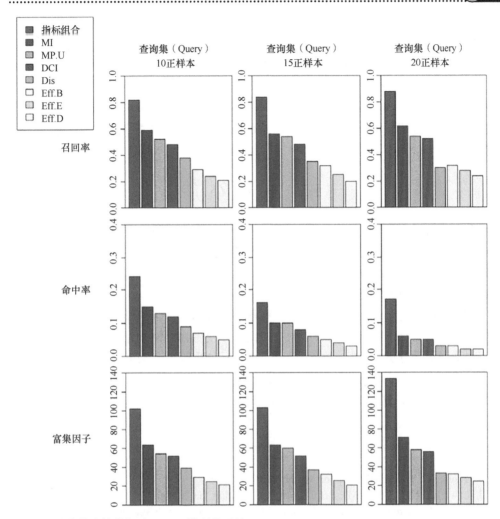

图 5.6　单个描述性特征对 RACS 模型的贡献

5.2.4　案例小结

随着实验手段和计算技术的发展，公共数据库中各类数据快速增长，促进了协同药物组合的研究进展。近几年，尤其是网络药理学研究和 AI 技术的兴起，为多组分多靶点的协同药物组合研究提供了重要技术手段。本案例紧紧围绕癌症这一由多基因突变、信号通路异常及代谢网络改变等多种因素共同导致的复杂疾病的疾病网络特征，研发了一套面向靶蛋白网络和药物基因组学、协同抗癌药物组合的计算预测系统 RACS。通过系统收集有协同抗癌药效的药物对，梳理靶点蛋白和网络特征数据，充分利用网络药理学技术和药物基因组学数据，挖掘组合药物产生协同抗癌效果的分子机制和网络模式特征。同时，采用合适的半监督学习算法，建立有效的协同药物组合预测模型，大大提高了高通量预测的阳性率。最后，分别在三种癌症的细胞系及动物模型上进行了验证。

综上，RACS 系统采用半监督学习算法来构建协同抗癌药物组合的预测模型，有效地解决了样本严重不平衡的问题（只存在少量的协同抗癌药物组合，同时具有大量的未标记样本），是半监督学习结合药物基因组学和网络药理学赋能组合用药筛选的一个典型案例。

5.3 本 章 小 结

半监督学习是目前利用无标记样本构建有效和具有高泛化能力分类器的主流学习技术之一。半监督适合用于标记样本稀缺的组学挖掘场景，可以用于新的生物学知识的从头（de novo）挖掘。半监督学习对于减少生物医学领域的高标记成本、提高学习机器的泛化性能具有重要意义。

本章向读者详细展示了利用半监督学习结合药物基因组学和网络药理学进行抗癌组合用药筛选的一个成功案例，该案例涉及生物网络构建和通路富集分析、药物基因组学分析、生物统计计算、药物靶标分析等多个关键技术。

从半监督学习进一步延伸至自监督学习（self-supervised learning），并和目前的深度学习技术等深度结合，是未来发展的方向。详细内容读者可参考相关文献[38, 39]。

参 考 文 献

[1] Thorsten J: Transductive support vector machines. 2006.

[2] Lawrence ND, Jordan MI: Semi-supervised learning via Gaussian processes. In *Advances in Neural Information Processing Systems 17* [*Neural Information Processing Systems, NIPS 2004, December 13-18, 2004, Vancouver, British Columbia, Canada*]. 2004.

[3] Grandvalet Y, Bengio Y: Semi-supervised learning by entropy minimization. In *Advances in Neural Information Processing Systems 17* [*Neural Information Processing Systems, NIPS 2004, December 13-18, 2004, Vancouver, British Columbia, Canada*]. 2004.

[4] Zhu X, Ghahramani Z, Lafferty JD: Semi-supervised learning using Gaussian fields and harmonic functions. *ICML* 2003.

[5] Zhou D, Bousquet O, Lal TN, Weston J, Olkopf BS: Learning with local and global consistency. In *NIPS*. 2004.

[6] Zhou ZH, Li M: Semi-supervised regression with co-training. In *IJCAI-05, Proceedings of the Nineteenth International Joint Conference on Artificial Intelligence, Edinburgh, Scotland, UK, July 30-August 5, 2005*. 2005.

[7] Zhou ZH, Li M: Semisupervised regression with cotraining-style algorithms. *IEEE Transactions on Knowledge and Data Engineering* 2007, 19: 1479-1493.

[8] 周志华: 机器学习. 北京: 清华大学出版社, 2016.

[9] Blum A, Mitchell T: Combining labeled and unlabeled data with co-training. In *Proceedings of the 11th Annual Conference on Computational Learning Theory*. 1998.

[10] Bekker J, Davis J: Learning from positive and unlabeled data: A survey. *Machine Learning* 2018.

[11] Shi M, Bing Z: Semi-supervised learning improves gene expression-based prediction of cancer recurrence. *Bioinformatics* 2011.

[12] Yang P, Li XL, Mei JP, Kwoh CK, Ng SK: Positive-unlabeled learning for disease gene identification. *Bioinformatics* 2012, 28: 2640-2647.

[13] Weston J: Semi-supervised multi-task learning for predicting interactions between HIV-1 and human proteins. *Bioinformatics* 2010, 26: i645-i652.

[14] Kang H, Sheng Z, Zhu R, Huang Q, Liu Q, Cao Z: Virtual drug screen schema based on multiview similarity integration and ranking aggregation. *Journal of Chemical Information & Modeling* 2012, 52: 834-843.

[15] Sun Y, Sheng Z, Ma C, et al. : Combining genomic and network characteristics for extended capability in predicting synergistic drugs for cancer. *Nature Communications* 2015, 6: 8481.

[16] Bernstein NJ, Fong NL, Lam I, Roy MA, Kelley DR: Solo: Doublet identification in single-cell RNA-Seq via semi-supervised deep learning. *Cell Systems* 2020, 11: 95-101.

[17] Wei Z, Zhang S: CALLR: a semi-supervised cell-type annotation method for single-cell RNA sequencing data. *Bioinformatics* 2021: Supplement_1.

[18] Yan F, Zhao Z, Simon LM: EmptyNN: A neural network based on positive-unlabeled learning to remove cell-free droplets and recover lost cells in single-cell RNA sequencing data. *Patterns* 2021: 2: 100311.

[19] Fuyi L, Shuangyu D, André L, Meiya H, Xudong G, Jing X, Xiaoyu W, Shirui P, Cangzhi J, Yang Z: Positive-unlabeled learning in bioinformatics and computational biology: a brief review. *Briefings in Bioinformatics* 2022: 1: 1-12.

[20] Weston J, Leslie CS, Zhou D, Elisseeff A, Noble WS: Semi-supervised protein classification using cluster kernels. *Bioinformatics* 2005. 15: 3241-3247.

[21] Kll L, Canterbury JD, Weston J, Noble WS, Maccoss MJ: Semi-supervised learning for peptide identification from shotgun proteomics datasets. *Nature Methods* 2007, 4: 923-925.

[22] Yanqi, Hao, Recep, Colak, Joan, Teyra, Carles, Corbi-Verge, Alexander, Ignatchenko: Semi-supervised learning predicts approximately one third of the alternative splicing isoforms as functional proteins. *Cell Reports* 2015, 12: 183-189.

[23] Xiangxiang Z, Yue Z, Wei L, Quan Z: Predicting disease-associated circular RNAs using deep forests combined with positive-unlabeled learning methods. *Briefings in Bioinformatics* 2020, 4: 1425-1436.

[24] Liu Y, Wei Q, Yu G, Gai W, Li Y, Chen X: DCDB 2.0: a major update of the drug combination database. *Database* 2014: bau124.

[25] Barretina J, Caponigro G, Stransky N, Venkatesan K, Margolin AA, Kim S, Wilson CJ, Lehar J, Kryukov GV, Sonkin D, et al: The cancer cell line encyclopedia enables predictive modelling of anticancer drug sensitivity. *Nature* 2012, 483: 603-607.

[26] Lamb J, Crawford ED, Peck D, Modell JW, Blat IC, Wrobel MJ, Lerner J, Brunet JP, Subramanian A, Ross KN, et al: The Connectivity Map: using gene-expression signatures to connect small molecules, genes, and disease. *Science* 2006, 313: 1929-1935.

[27] Kanehisa M, Goto S, Sato Y, Furumichi M, Tanabe M: KEGG for integration and interpretation of large-scale molecular data sets. *Nucleic Acids Res* 2012, 40: D109-D114.

[28] Kanehisa M, Goto S: KEGG: kyoto encyclopedia of genes and genomes. *Nucleic Acids Res*

2000, 28: 27-30.

[29] Bansal M, Yang J, Karan C, Menden MP, Costello JC, Tang H, Xiao G, Li Y, Allen J, Zhong R, et al: A community computational challenge to predict the activity of pairs of compounds. *Nat Biotechnol* 2014, 32: 1213-1222.

[30] 孙怡, 协同抗癌症药物组合预测模型的构建与应用. 同济大学博士学位论文, 2015.

[31] Liu Y, Hu B, Fu C, Chen X: DCDB: drug combination database. *Bioinformatics* 2010, 26: 587-588.

[32] Knox C, Law V, Jewison T, Liu P, Ly S, Frolkis A, Pon A, Banco K, Mak C, Neveu V, et al: DrugBank 3.0: a comprehensive resource for 'omics' research on drugs. *Nucleic Acids Res* 2011, 39: D1035-1041.

[33] Zhu F, Shi Z, Qin C, Tao L, Liu X, Xu F, Zhang L, Song Y, Zhang J, Han B, et al: Therapeutic target database update 2012: a resource for facilitating target-oriented drug discovery. *Nucleic Acids Res* 2012, 40: D1128-1136.

[34] Dengyong Zhou, Jason Weston, Arthur Gretton, Olivier Bousquet, Schölkopf Bernharol: Ranking on Data Manifolds. *Advances in Neural Information Processing Systems* 2003, 3: 169-176.

[35] Barrett T, Troup DB, Wilhite SE, Ledoux P, Evangelista C, Kim IF, Tomashevsky M, Marshall KA, Phillippy KH, Sherman PM, et al: NCBI GEO: archive for functional genomics data sets-10 years on. *Nucleic Acids Res* 2011, 39: D1005-1010.

[36] Rustici G, Kolesnikov N, Brandizi M, Burdett T, Dylag M, Emam I, Farne A, Hastings E, Ison J, Keays M, et al: ArrayExpress update-trends in database growth and links to data analysis tools. *Nucleic Acids Res* 2013, 41: D987-990.

[37] Larry M. Manevitz, Yousef M: One-class SVMs for document classification. *Journal of Machine Learning Research* 2001, 2: 139-154.

[38] Zhai X, Oliver A, Kolesnikov A, Beyer L: S4L: Self-supervised semi-supervised learning. *arXiv* 2019.

[39] Liu X, Zhang F, Hou Z, Li M, Tang J: Self-supervised learning: Generative or contrastive. *IEEE Transactions on Knowledge and Data Engineering* 2021, 08218.

第 6 章 组学的不完备监督——迁移学习

6.1 迁 移 学 习

6.1.1 适用场景

迁移学习（transfer learning，TL）是不完备监督学习的一种常见范式，它专注于利用已有问题的解决模型，运用在其他不同但相关的任务上。该范式也是多任务学习、多模态学习等机器学习范式的基础。对于深层神经网络的训练过程，由于网络的复杂性，从头训练深层神经网络通常需要大量的数据和较长的训练时间。这里的"从头训练"系指神经网络的各个权值在训练开始前已初始化为随机值。研究者从神经网络的层次学习机制中获得有效进行迁移学习的启发：神经网络的初始若干层通常行使特征提取或组合的功能，而最后若干层可以利用前层学习数据的抽象表征来进行预测。因此，如果两个模型的训练数据之间存在特征方面的相似性，在模型 A 使用其中一套数据训练完毕的情况下，当需要对模型 B 进行训练时，可以将已经训练完毕的模型 A 中前端若干层的权值直接移植到模型 B 的对应神经网络层，在此基础上对模型 B 整体进行训练。

目前，ChatGPT 等大模型技术的发展日新月异，其背后都有迁移学习和预训练技术的身影。这种范式一方面可以将已训练好的神经网络模型重复利用，提高旧模型的利用率，同时提升新模型的训练速度；另一方面，由于前端起到表示作用的神经网络层已经具备将输入数据转化为内部表征的功能，因此这种方法能够利用较少的输入数据对神经网络进行有效训练，并能够显著提高模型的泛化能力。故迁移学习常被应用于背景数据较多但目标任务标签较少的场景中。

生物或临床研究所产出的数据通常具有很强的任务针对性，因此，单一研究的数据量一般十分有限。这些小样本数据很大程度上限制了建立有效模型的可能性，如深度学习模型通常要求数据量>10 000。针对这类普遍存在的小样本数据环境，迁移学习提供了解决方案，即以监督或非监督的方式来训练与目标任务相同或相似的背景数据，然后将模型通过迁移学习的方式应用于目标任务。基于此，这些小样本数据将可以用于建模，从而获得对于目标任务更好的预测性能。

6.1.2　理论思想

形式上，为了描述迁移学习的数学思想，我们定义两个概念：域（domain）和任务（task）。域：$D = \{x_i \in X \subseteq \chi, P(X)\}$，其中，$X$表示输入特征样本空间；$\chi$表示输入特征全集空间；$P(X)$表示输入特征样本空间分布（简写为$P$）。任务：$T = \{y_i \in Y, P(y | X)\}$，其中，$Y$表示标签空间；$P(y | X)$表示预测函数（简写为$P^y$）。在两个或多个任务中，利用任务$T_{1, \cdots, i}$获得$T_{i+1}$的预测函数的范式均属于广义的迁移学习范畴。根据特征全集空间χ的差异，我们可以将迁移学习的范式分为同构迁移和异构迁移。

（1）同构迁移（gomogeneous transfer），即$\chi_i = \chi_j$，该模式又分为以下三类：①数据集偏移（dataset shift），即$P_i \neq P_j$且$P_i^y \neq P_j^y$；②领域适配（domain adaptation），即$P_i \neq P_j$且$P_i^y = P_j^y$；③多任务学习（multi-tasking），即$P_i = P_j$且$P_i^y \neq P_j^y$。

（2）异构迁移（heterogeneous transfer），即$\chi_i \neq \chi_j$，该模式又分为以下两类：①多模态学习（multi-modal），即$P_i^y = P_j^y$；②异构类别空间（cross-category），即$P_i^y \neq P_j^y$。

在以上范式中，数据集偏移，领域适配构成了当前常见的狭义迁移学习范式。而在实际应用中使用迁移学习需要注意以下三个问题：

（1）可以使用哪些知识在不同的域或者任务中进行迁移学习，即不同域之间具有哪些共有知识可以迁移；

（2）在找到了迁移对象之后，针对具体问题采用哪种迁移学习算法，即如何设计出合适的算法来提取和迁移共有知识；

（3）什么情况下适合迁移，即迁移方法是否适合具体应用，是否可能产生负迁移（negative transfer）。

这其中以负迁移问题最为致命。当域之间的概率分布差异很大的时候，上述假设通常难以成立，便会产生严重的负迁移，即旧知识对新知识学习的过程产生阻碍。在负迁移的环境中，旧知识通常会以噪声的形式存在，因此需要对被迁移任务和目标任务之间的关系进行仔细探究，以利用正迁移、避免负迁移。另外需要说明的是，迁移学习和域自适应（domain adaptation，DA）、域泛化（domain generalization，DG）等概念具有紧密的关系，具体可参考相关文献[1]。

下面介绍二种常见的迁移形式。

1）基于实例的迁移

基于实例的迁移学习研究如何从源领域中挑选出对目标领域的训练有用的实例。通常情况下，迁移学习中，源领域与目标领域的数据分布不一致，故可以通过对源域的有标记数据进行有效的权重分配，让源域实例分布接近目标域的实例分布，从而在目标领域中建立一个分类精度较高的、可靠的学习模型。Dai 等提出的 TrAdaBoost 算法是一种经典的、基于实例的迁移学习算法[2]。

2）基于特征的迁移

基于特征的迁移又可以分为两类：特征选择和特征映射。基于特征选择的迁移学习关注如何获得源领域与目标领域之间共同的特征表示，然后利用这些特征进行知识迁移。而基于特征映射的迁移学习关注如何将源领域和目标领域的数据从原始特征空间映射至新的特征空间。由此，在该空间中，源领域数据与目标领域的数据分布相同，从而可以在新的空间中更好地利用源领域已有的有标记数据样本进行训练，最终对目标领域的数据进行预测。

3）基于共享参数的迁移

基于共享参数的迁移关注如何找到源数据和目标数据之间的共同参数或者先验分布，从而达到知识迁移的目的。其假设前提是：学习任务中的每个相关模型会共享一些相同的参数或者先验分布。

这其中基于共享参数的迁移是目前深度学习实践中被大量使用的迁移形式，即预训练+微调模式（pre-training + fine-tunning）。2014 年，Bengio 等研究者探究了深度模型中各层特征的可迁移性，该研究针对图像分类任务进行了如下实验[3]（图 6.1）。

该实验建立了四种模型：

（1）输入域 A 上的基本模型 baseA；

（2）输入域 B 上的基本模型 baseB；

（3）输入域 B 上前 n 层使用 baseB 的参数初始化，后续采用参数冻结（B3B）和微调（B3B$^+$）两种方式；

（4）输入域 B 上前 n 层使用 baseA 的参数初始化，后续同样采用参数冻结（A3B）和微调（A3B$^+$）两种方式。

四种模型的性能测试结果如图 6.2 所示。

从该迁移学习实验中，我们可以总结以下结论：

（1）特征迁移使得模型的泛化性能有所提升，即使目标数据集非常大的时候亦是如此；

（2）随着参数被固定的层数 n 的增长，两个相似度小的任务之间的可迁移性能的增长速率比两个相似度大的任务之间的可迁移性能的增长速率更快，两个数据集越不相似，特征迁移的效果越差；

（3）从不是特别相似的任务中进行迁移优于使用随机初始化的网络参数；

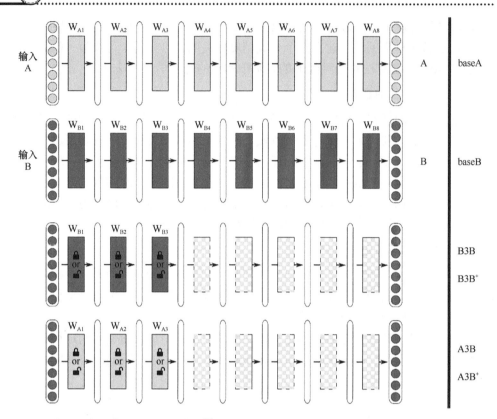

图 6.1 基于共享参数的迁移学习实验[3]

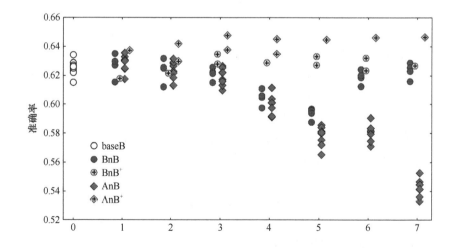

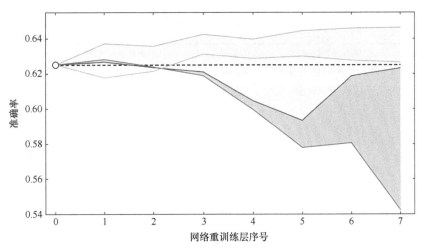

图 6.2　基于共享参数的迁移学习实验模型性能对比[3]

（4）使用迁移参数初始化网络能够提升泛化性能，即使经过目标任务训练的大量调整依然如此。

6.1.3　组学应用

随着人工智能技术的不断发展，近年来迁移学习在组学分析领域得到了广泛应用（表 6.1），包括蛋白质功能结构预测[4, 5]、基因调控网络重构[6-8]、单细胞基因表达数据建模[9-13]、功能基因组开放区域预测[14]、染色质互作预测[15]、转录因子结合区域预测[16, 17]、基于 CRISPR-Cas 的基因编辑系统效率和脱靶分布预测[18]及小分子药物设计[19]等方面。Chuai 等研究者开发了基于无监督迁移学习的、向导 RNA 设计的统一打靶和脱靶预测平台 DeepCRISPR[18]。DeepCRISPR 通过整合来自多细胞系的打靶活性数据及多个脱靶检测技术产生的脱靶数据，基于卷积神经网络进行模型训练，考虑向导 RNA 序列层面和表观遗传层面（如染色质开放程度、甲基化等）的特征描述，利用深度学习的表征学习能力自动学习有效的特征表示，避免人工进行向导 RNA 的特征工程，达到细胞系特异性的向导 RNA 设计，其基因打靶和脱靶预测方面的精度均得到了显著提高，并且可以有效揭示影响基因编辑系统编辑效率的序列和染色质方面的特征。Xue 等研究者将大规模预训练技术应用于分子的表征与理解上，并得到了一个可以理解 SMILES 的分子模型 X-MOL[19]。其在后续的实验中基于各种精心设计的微调策略将 X-MOL 微调至几乎所有分子相关的下游任务中，均取得了良好的表现。在下一节中，我们将对上述案例进行深入介绍。

表 6.1 迁移学习的应用案例

工具	问题	组学	迁移策略	年份	参考文献
GNAT	基因调控网络重构	转录组	基于实例+基于特征	2015	[7]
DeepCRISPR	基因编辑系统优化设计	基因组	预训练+微调	2018	[18]
Kipoi	基因组开放区域预测	基因组	预训练+微调	2019	[14]
DANN_TF	转录因子结合区域预测	基因组	预训练+微调	2019	[16]
GripDL	基因调控网络重构	转录组	预训练+微调	2019	[8]
—	单细胞基因表达数据建模	单细胞转录组	基于实例+基于特征	2019	[9]
SAVER-X	单细胞基因表达数据建模	单细胞转录组	基于特征	2019	[11]
BERMUDA	单细胞基因表达数据建模	单细胞转录组	基于特征	2019	[12]
BioSfer	基因调控网络重构	转录组	基于实例+基于特征	2020	[6]
DeepC	染色质互作预测	基因组	预训练+微调	2020	[15]
AlphaFold	蛋白质功能结构预测	蛋白质组	预训练+微调	2020	[4]
AlphaFold2	蛋白质功能结构预测	蛋白质组	预训练+微调	2021	[5]
Grad-CAM	转录因子结合区域预测	基因组	预训练+微调	2021	[17]
cFIT	单细胞基因表达数据建模	单细胞转录组	基于实例+基于特征	2021	[10]
X-MOL	小分子药物设计	代谢组	预训练+微调	2022	[19]
RGN2	蛋白质功能预测	蛋白质组	预训练+微调	2022	[20]
—	抗体设计	蛋白质组	预训练+微调	2023	[21]
ESMFold	蛋白质结构预测	蛋白质组	预训练+微调	2023	[22]
ProGen	蛋白质生成	蛋白质组	预训练+微调	2023	[23]
Geneformer	单细胞基因表达数据建模	单细胞转录组	预训练+微调	2023	[13]

6.2 案例一：基因编辑系统优化设计的迁移学习

6.2.1 背景介绍

重组 DNA 技术发展于 20 世纪 70 年代，是一项划时代的生物学技术。这项技术使得研究者获得了修改 DNA 分子的能力，使得研究基因、发展新型医药和生物学技术成为可能。近年来，一种新型基因组工程技术的进步正在逐步推动生物研究领域的革新。以前，研究者面临着从基因组中提取出 DNA 然后进行修饰所带来的种种限制，现在，结合人类基因组图谱及功能基因组学研究所产生的一系列成果，研究者可以在几乎所有的生物体的内生环境中直接编辑或改变 DNA 序列的组成和功能，阐明其基因组层面的功能组成并确定其遗传学意义上的因果联系。上述技术被称为基因编辑技术，其典型代表为 CRISPR（clustered regularly interspaced short palindromic repeat）系统。该系统于 1987 年在细菌中被发现，并于 2007 年被证实为一种细菌或古细菌中的免疫系统。CRISPR-Cas 系统的多个亚型在近几年被逐渐改造为具有高可用性的基因编辑工具，是继锌指核酸内切酶和类转录激活因子效应物核酸酶这两代基因编辑技术之后发展出的第三代基因组定点编辑技术[13,24,25]。与前代技术相比，CRISPR-Cas 基因编辑系统具有成本低、制作简单、效率高及特异性较高等优点，已经成为进行功能基因组学研究、阐明基因组功能的有力技术手段，在科研、医疗等领域有着广阔的应用前景[24,27,28]。

尽管 CRISPR-Cas 基因编辑系统相较于锌指核酸内切酶和类转录激活因子效应物核酸酶基因编辑技术等在效率及特异性方面均获得了显著的提升，但 CRISPR-Cas 基因编辑系统在实际的应用中依旧会因为准确性和特异性方面的不足导致基因编辑实验的失败，大大限制了 CRISPR-Cas 基因编辑系统在生物医学研究等领域的应用。因此，CRISPR-Cas 基因编辑系统的优化对于拓宽 CRISPR-Cas 基因编辑系统在生物医学研究领域的应用具有重要意义。

本研究案例关注 CRISPR-Cas 基因编辑系统在实际应用中主要面临的两个痛点：第一，向导 RNA 所引导的 CRISPR-Cas 基因编辑可能效率低下；第二，向导 RNA 所引导的 CRISPR-Cas 基因编辑可能存在脱靶。在建立模型的过程中，传统方法具有以下三个缺陷：①在数据利用层面，由于是一套数据或一组相同细胞系数据产生一个预测模型，因而会造成每个预测模型的训练数据量过低，导致每个预测模型的预测性能受到很大的限制；②在特征集合构造方面，只考虑了目标 DNA 区域序列层面的信息，如目标 DNA 区域序列、目标 DNA 区域上游序列及目标 DNA 区域下游序列等信息，没有将表观遗传学信息考虑在内；③受限于标签数据量过小，在方法学层面，只能使用浅层模型，导致对于数据的归纳抽象能力不足，进而使得预测能力存在较大瓶颈。基于此，我们开发了基于迁移学习的 DeepCRISPR 基因编辑打靶效率和脱靶分布预测系统，优化了系统的设计思路，成功解决了上述三个瓶颈。首先，在数据利用层面，DeepCRISPR 将已有的 CRISPR-Cas9 基因敲除实验数据进行了整合，然后使用整合数据进行了模型开发，大大提升了模型的数据利用率。而在特征构造方面，DeepCRISPR 成功地将向导 RNA 对应的目标 DNA 区域序列信息与目标 DNA 区域的表观遗传学信息进行了整合，并使用 DNA 序列信息与表观遗传学信息所构成整合信息作为特征集合，在此基础上进行模型训练。最后，在方法学层面，DeepCRISPR 使用了迁移学习，解决了标签样本量过小的限制，成功获得了具有优秀预测性能的 CRISPR-Cas9 效率和脱靶分布预测模型，并打破了细胞系类型及基因组类型对于模型的限制。

6.2.2 解决方案

1. 计算框架总述

在本研究案例中，我们采用了自动编码器技术，使用全基因组范围内潜在的所有无标签向导 RNA 作为训练数据得到一个自动编码器模型，以获得向导 RNA 相关信息的抽象表示。训练完毕的自动编码器可以使用迁移学习中预训练+微调的方法，应用于 CRISPR-Cas9 基因敲除实验打靶效率和脱靶分布频率预测中。从理论和研究结果中可以看到，应用大量的无标签向导 RNA 信息所训练的自动编码器可以针对 CRISPR-Cas9 基因编辑系统打靶效率和脱靶分布预测进行迁移学习，能够有效提高后两者的预测性能。DeepCRISPR 使用了亿级别的全基因组潜在无标签向导 RNA 训练自动编码器，并将其编码器部分作为父网络，由此产生向导 RNA 相关信息的高级抽象表示，并将其以微调的方式应用于 CRISPR-Cas9 基因编辑系统打靶效率和脱靶分布预测模型的训练中，从而使用少量有标签的向导 RNA 样本获得了高性能的预测模型。模型的整体框架如图 6.3 所示。

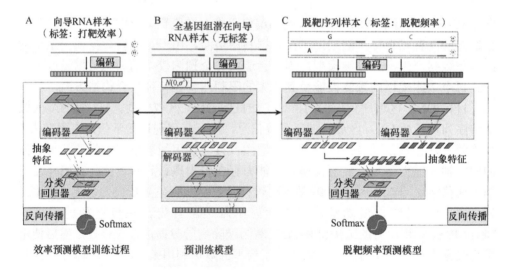

图 6.3　DeepCRISPR 模型框架[18]

2. 预训练模型：全基因组潜在向导 RNA 自动编码器模型

DeepCRISPR 采用了基于卷积层的去噪自动编码器对向导 RNA 相关信息（包括目标 DNA 区域序列、PAM 序列及相关的表观遗传学信息）进行了表示学习。该自动编码器如前所述，包含一个编码器和一个解码器。在本案例中，该自动编码器的输入为来自 13 个人类细胞系的、含有表观遗传学信息的全基因组向导 RNA 样本信息，这些数据中的表观遗传学信息来源于 ENCODE，包含超过 6.8 亿的训练样本。我们将人类基因组中符合 CRISPR-Cas9 基因编辑系统 PAM 序列模式 NGG 的所有序列进行提取，根据每个潜在向导 RNA 序列的基因组坐标得到对应的表观遗传学信息，从而形成训练数据集。通过 SPARK 集群对这 6.8 亿个训练样本进行预处理。每个向导 RNA 样本均包含了其目标 DNA 区域的序列信息，以及目标 DNA 区域的表观遗传学信息。通过这些样本，训练得到了基于卷积层的去噪自动编码器，从而得到了向导 RNA 样本的抽象表示。其结构如图 6.4 所示。

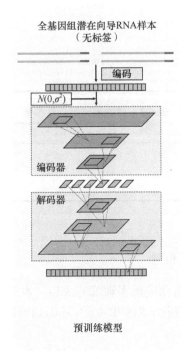

图 6.4　自动编码器结构示意图[18]

　　该自动编码器使用了去噪的方法，即在输入端输入数据中加入基于正态分布的噪声数据。这种去噪自动编码器相对于一般自动编码器能够稳健地应对巨大样本量中所包含的噪声，并有效地获得向导 RNA 样本的抽象表示。这种训练得到的特征表示也将被迁移至后续的预测模型中。模型结构参数和训练参数分别见表 6.2 和表 6.3。

表6.2　自动编码器结构参数

层序号	层类型	滤波器维度	滤波器步长	单元数量
1	输入层	—	—	8
2	卷积层	1×3	1	32
3	卷积层	1×3	2	64
4	卷积层	1×3	1	64
5	卷积层	1×3	2	256
6	卷积层	1×3	1	256
7	反卷积层	1×3	2	256
8	反卷积层	1×3	1	256
9	反卷积层	1×3	2	64
10	反卷积层	1×3	1	64
11	反卷积层	1×3	2	32
12	反卷积层	1×3	1	8

表6.3　自动编码器训练参数

参数	值
学习率	0.01
优化器	Adam
批次样本量	3000

注：Adam 优化器的参数为默认值。

3. 任务1：打靶效率预测模型

在基于卷积层的去噪自动编码器训练完成后，本案例在此基础上构建了采用全卷积结构的神经网络以进行 CRISPR-Cas9 基因编辑系统打靶效率预测。该网络的结构与训练过程见图6.5。

如图所示，DeepCRISPR 打靶效率预测模型采用了迁移学习中的预训练+微调方法，将已训练好的去噪自动编码器中的编码器权值迁移到模型的前端特征提取层，且不固定迁移的神经网络层权值，使用具有 CRISPR-Cas9 基因敲除实验打靶效率标签的向导 RNA 样本对整个模型的权值进行训练调整。其中，由大量无标签向导 RNA 样本学习得到的向导 RNA 表征的流形可以使得打靶效率预测模型的预测性能获得提升。该预测模型的训练使用了约 15 000 个具有 CRISPR-Cas9 基因敲除实验打靶效率标签的向导 RNA 样本。经过该数据集训练的打靶效率预测模型即为最终的打靶效率预测模型，可用于对新的向导 RNA 样本进行打靶效率预测。模型结构参数和训练参数分布见表6.4和表6.5。

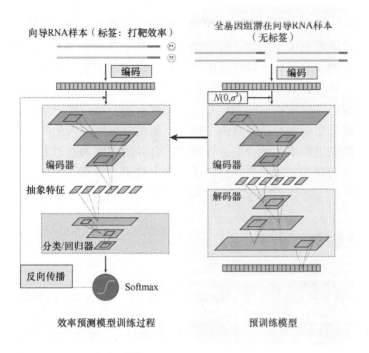

图 6.5　打靶效率预测模型训练过程[18]

表 6.4　打靶效率预测模型结构参数

层序号	层类型	滤波器维度	滤波器步长	单元数量
1	输入层	—	—	8
2	卷积层	1×3	1	32
3	卷积层	1×3	2	64
4	卷积层	1×3	1	64
5	卷积层	1×3	2	256
6	卷积层	1×3	1	256
7	卷积层	1×3	2	512
8	卷积层	1×3	1	512
9	卷积层	1×3	1	1024
10	卷积层	1×1	1	1 或 2

表 6.5　打靶效率预测模型训练参数

参数	值
学习率	0.01
优化器	Adam
批次样本量	32

注：Adam 优化器的参数为默认值。

4. 任务 2：脱靶分布预测模型

与打靶效率预测模型的建立过程相似，在基于卷积层的去噪自动编码器训练完成后，本案例在此基础上同样采用全卷积结构建立用于进行脱靶分布预测的神经网络模型。与打靶效率预测模型的不同之处在于：脱靶分布预测模型具有两个与去噪自动编码器结构相同的编码器、一个融合层，以及接下来的卷积处理和分类层。该脱靶分布预测模型具有两个输入，两部分分别输入至两个编码器之中，两个编码器的输出结果在融合层进行合并，合并的方向为通道方向。合并后的结果将进入后端的卷积处理和分类层，最终输出结果。该网络的结构与训练过程见图 6.6。

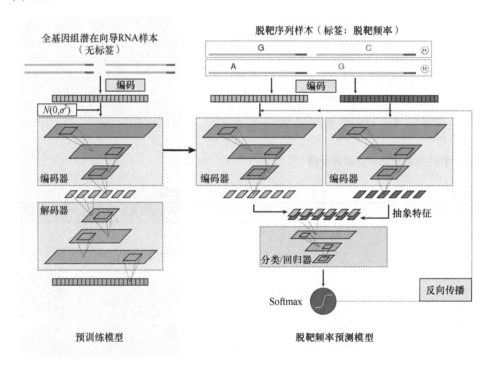

图 6.6 脱靶分布预测模型训练过程[18]

在图 6.6 所示的模型训练中，我们将处理好的给定向导 RNA 目标 DNA 区域信息与其对应的一个潜在脱靶位点的区域信息作为一个样本对，这些样本对即为模型的训练样本。每个样本对包含两个部分：其一为向导 RNA 对应的目标 DNA 的区域信息，包括 DNA 序列信息及表观遗传学信息；其二为与目标 DNA 序列相似的潜在脱靶位点的区域信息，同样包括该区域的 DNA 序列信息及相应的表观遗传学信息。这样的两部分编码可以准确地将向导 RNA 作用的目标 DNA 区域信息和与目标 DNA 序列相似的潜在脱靶位点信息合并为一个整体表示。在训练的过程中，训练样本每部分都会进入一个与去噪自动编码器结构相同的编码器，以获得每部分的抽象表示。这一训练过程中提到的两个编码器在数据进入前均已经通过迁移学习得到了去噪自动编码器中编码器部分的权值。接下来，从编码器中得到的上述两部分数据的抽象表示会在融合层中沿通道方向进行合并。该合并结果中既包含了目标 DNA 区域的抽象表示，又包含了潜在脱靶位点区域的抽象表示。将该结果输入到后续的卷积结构的分类器中，即可得到最终的预测结果。

在本案例中，脱靶分布预测模型的训练使用了从多个 CRISPR-Cas9 基因敲除实验脱靶位点数据来源的约 160 000 个样本。而在训练的过程中，为了克服模型训练时的样本不平衡问题，本研究采用了基于拔靴法的平衡抽样算法（bootstrap sampling）以对模型训练使用的迷你批次（mini-batch）数据进行平衡化构造，缓解了样本的不平衡问题。此外，与打靶效率预测模型相同，由去噪自动编码器的编码器部分迁移到脱靶分布预测模型的两个编码器中的权值会随着模型的训练而进行微调，最终实现对 CRISPR-Cas9 基因编辑系统特异性的优化。模型结构参数和训练参数分别见表 6.6 和表 6.7。

表 6.6 脱靶分布预测模型结构参数

层序号	层类型	滤波器维度	滤波器步长	单元数量
1a	输入层	—	—	8
1b	输入层	—	—	8
2a	卷积层	1×3	1	32
2b	卷积层	1×3	1	32
3a	卷积层	1×3	2	64
3b	卷积层	1×3	2	64
4a	卷积层	1×3	1	64
4b	卷积层	1×3	1	64
5a	卷积层	1×3	2	256
5b	卷积层	1×3	2	256
6a	卷积层	1×3	1	256
6b	卷积层	1×3	1	256
7	融合层	—	—	—
8	卷积层	1×3	2	512
9	卷积层	1×3	1	512
10	卷积层	1×3	1	1024
11	卷积层	1×1	1	2

注：1a～6a 为向导 RNA 目标 DNA 区域信息处理分支；1b～6b 为对应的潜在脱靶位点区域信息处理分支；第 11 层为输出层。

表 6.7　脱靶分布预测模型训练参数

参数	值
学习率	0.01
优化器	Adam
批次样本量	32

注：Adam 优化器的参数为默认值。

6.2.3　结果与讨论

1. 任务 1：打靶效率预测模型

　　为了能够客观评价 DeepCRISPR 打靶效率预测模型的预测性能，我们首先建立了包含大量已验证的 CRISPR-SpCas9 基因敲除实验打靶效率的向导 RNA 样本的基准数据。这些基准数据来自 4 个不同的人类细胞系，包括 HCT116[30]、HEK293T[30]、HeLa[29] 以及 HL60[31]细胞系。而这些数据集也同样被应用于 Haeussler 等研究者的 CRISPR-Cas9 基因编辑系统打靶效率预测工具的预测性能基准评测研究中[32]。

　　性能测试使用了来源于上述 4 个细胞系近 15 000 个向导 RNA 数据样本。使用随机分层抽样，从每个细胞系选取了 20%的数据作为独立测试集。剩下 80%的数据则作为训练集，用来进行模型训练以及使用交叉验证方法进行超参数调整。我们同时建立了未使用迁移学习的 CRISPR-Cas9 基因编辑系统打靶效率预测模型作为对照。此外，该测试场景囊括了 8 种已发表的 CRISPR-Cas9 基因编辑系统打靶效率预测工具，包括 sgRNA Designer[33]、SSC[34]、CHOPCHOP[35]、CRISPR MultiTargeter[36]、E-CRISP[37]、sgRNA Scorer[38]以及 WU-CRISPR[39]。这些工具既包括数据学习型的预测工具，又包括了人工规则型的工具。测试的基准指标是 ROC 曲线下面积。测试结果如图 6.7 所示。

　　如图 6.7 所示，DeepCRISPR（pt + aug CNN）为使用了迁移学习及数据扩增的最终预测模型，而 DeepCRISPR（pt CNN）为使用了迁移学习但未使用数据扩增的预测模型，另外，DeepCRISPR（CNN）为既未使用迁移学习，亦未使用数据扩增的预测模型。所用数据集方面，ALL 数据集是将 4 个测试集合并而形成的数据集。未使用迁移学习和数据扩增方法的 DeepCRISPR（CNN）在 ALL 数据集中的 ROC 曲线下面积达到了 0.796，超越了其他所有工具。使用了基于由大量无标签向导 RNA 样本数据训练得到的自动编码器进行迁移学习且未进行数据扩增的预测模型，即 DccpCRISPR（pt CNN），则取得了更高的 ROC 曲线下面积值（0.836）。既使用了迁移学习，也同时使用了数据扩增方法训练而成的最终模型 DeepCRISPR（pt + aug CNN），达到了最高的 ROC 曲线下面积值（0.857）。

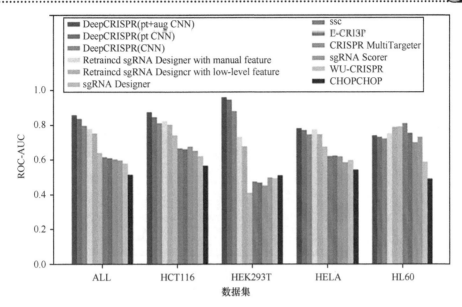

图 6.7　各打靶效率工具预测结果比较[18]

2. 任务 2: 脱靶分布预测模型

为了对 DeepCRISPR 脱靶分布预测模型的预测性能进行评估,本研究案例整合了基于多个脱靶检测技术,包括 GUIDE-seq[40]、Digenome-seq[41]、BLESS[42]、HTGTS[43]以及 IDLV[44]等的多个 CRISPR-Cas9 基因敲除实验脱靶位点数据。这些基准数据的总样本量为 160 000,包含 30 个向导 RNA,来自两个不同的人类细胞系,其中一个为 HEK293T 细胞系,包含 18 个向导 RNA;另一个为 K562 细胞系,包含 12 个向导 RNA。接下来,本研究与已发表的多个 CRISPR-Cas9 基因编辑系统脱靶分布预测工具进行了比较。

在测试中,独立测试集为从每个细胞系中随机抽取的 20%数据,而剩下的 80%作为训练集用于模型的训练以及通过交叉验证进行超参数调整。由于训练集的高度不平衡性且只有约 700 个真实脱靶位点,DeepCRISPR 脱靶分布预测模型在训练的过程中同样使用了基于拔靴法的样本平衡抽样。在本次测试中,脱靶分布预测模型在两个细胞系的独立测试集上与已经发表的 CRISPR-Cas9 基因编辑系统脱靶分布预测工具进行了比较,这些工具包括 CFD score[30]、MIT score[45]、CROP-IT[46]及 CCTop[47]。这些工具均基于不同的人工规则,用于人类向导 RNA脱靶预测。鉴于测试数据集的不平衡性,对于分类任务的测试,若只考虑 ROC曲线下面积(ROC-AUC)会存在一定偏差,因此本测试还加入了精确率(precision)-召回率(recall)曲线下面积(PR-AUC)作为基准方法。测试结果如图 6.8 和图 6.9 所示。

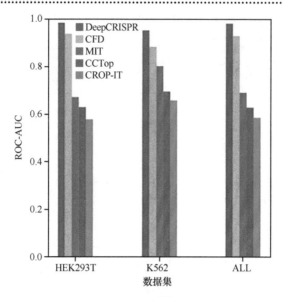

图 6.8　各脱靶分布预测工具 ROC-AUC 结果比较[17]

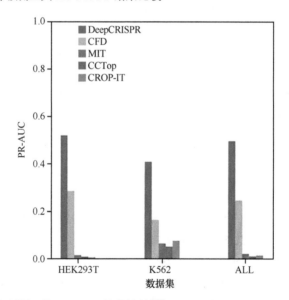

图 6.9　各脱靶分布预测工具 PR-AUC 结果比较[18]

在该测试中可以看到，DeepCRISPR 脱靶分布预测模型在 ROC-AUC 方面比 CFD score 高出的部分非常有限。一方面是因为 CFD score 已经取得了极高的 ROC-AUC 值，另一方面是因为 ROC-AUC 这一基准对于精确率或假阳性率不敏感，因此在对不平衡样本的评估中会出现偏差。而对于脱靶分布预测问题，能够将所有的高脱靶风险位点预测出来是第一要义，因此预测测试集中的真实脱靶位点的重要性应大于其他非脱靶位点。如图 6.9 所示，DeepCRISPR 脱靶分布预测模型在 PR-AUC 指标上取得了最好的结果，说明该模型能够有效降低脱靶发生预测中的假阳性率。

6.2.4　案例小结

自 1987 年在细菌中被发现以来，CRISPR-Cas 系统在 2007 年被证实为一种细菌免疫系统。CRISPR-Cas 系统的多个亚型在近几年被逐渐改造为可用的基因编辑工具，可以实现高效的基因敲除或插入。相较于上一代的基因编辑技术 ZFN 和 TALEN，CRISPR-Cas 系统拥有更高的效率和特异性，已成为目前广泛使用的一项重要生物技术，被应用于功能基因组学研究的多个方面，同时也为基因治疗提供了一种新的思路。

CRISPR-Cas 基因编辑系统在作用的过程中主要依靠自身所携带的部分 RNA 序列，即向导 RNA，与目标 DNA 序列进行序列匹配从而完成目标区域的识别和 DNA 切割。而对于一个目标区域或是一个基因，向导 RNA 经常会有多种选择。实验发现，不同的向导 RNA 所介导的 CRISPR-Cas 基因编辑的效率和特异性具有很大差别。

本案例通过机器学习的方法，利用大量已有的 CRISPR-Cas9 基因敲除实验数据，建立模型预测向导 RNA 所介导的基因编辑过程的效率和特异性，从而实现对该基因编辑系统的优化。在该案例中，以预训练+微调的迁移学习范式占据了主导地位，预训练目标为最小化解码器输出与编码器输入之间的差别，输入数据为全基因组中的所有潜在向导 RNA，共 6.8 亿条。这些输入为来自 13 个人类细胞系的、含有表观遗传学信息的全基因组向导 RNA 样本信息。每个向导 RNA 样本均包含了其目标 DNA 区域的序列信息以及目标 DNA 区域的表观遗传学信息。预训练模型的目的在于获得向导 RNA 的抽象表示。该自动编码器使用了去噪算法，在输入层中上加入了基于正态分布的噪声数据。这种去噪自动编码器相对于一般自动编码器能更加稳健地应对巨大样本量所产生的噪声。这种训练得到的特征表示被应用于之后的预测模型训练中，有效降低了后续任务的训练难度，显著提升了模型的整体性能。

综上，本案例采用迁移学习和预训练技术来进行基因编辑系统的优化设计，有效地解决了样本的不平衡和标注稀缺问题，显著提升了基因编辑的打靶和脱靶预测精度，是迁移学习结合组学分析以及基因编辑系统优化设计的一个典型案例。

6.3 案例二：药物小分子设计的迁移学习

6.3.1 背景介绍

基于人工智能的小分子建模与分析大大加速了药物开发的进程,在 AI 分子任务中，对于小分子的表示与理解是实现后续研究的基础。各种分子表示与分子表征方法，如分子描述符与分子指纹[48]等，已被设计出来用以解决小分子的特征描述问题。在传统的研究中，分子的描述符是由相关领域内的专家根据特定任务以及深入的化学、制药知识而设计，以定性或定量的方式来表示一个分子。随着药物研发的难度逐渐增大、成本逐渐增加，早期已有大量基于理论计算和浅层学习的机器学习方法应用于定量构效关系（quantitative structure-activity relationship，QSAR）与定量结构性质关系（quantitative structure-property relationship，QSPR）的计算。近年来，随着深度学习与表示学习的兴起，从原始数据中自动学习并理解与任务相关的高级特征，已经逐渐成为 AI 分子建模中的一种有效方法，这使得通过原始分子直接获得预测结果的"端到端"式预测成为可能。

SMILES（simplified molecular input line entry system）是一种线性的分子表示方式，最早由 Arthur Weininger 和 David Weininger 于 20 世纪 80 年代提出，最终由日光公司完善并规范化[49]。SMILES 设计之初的目的是为了能够以一种十分简易的方式来储存分子，因此 SMILES 的优点是数据类型简单，能够以极小的储存代价在没有歧义的情况下完整地表示一个分子。另一方面，由于近些年自然语言处理（natural language processing，NLP）领域的飞速发展，SMILES 作为一种化学语言，天然地与自然语言有着极高的相似性，这导致了使用 SMILES 来表示分子可以借鉴成熟的 NLP 方法。鉴于其计算方法的易用性及储存上的高效性，SMILES 逐渐成为基于 AI 的分子研究中最早被广泛使用的分子表示方式之一。然而 SMILES 通过牺牲对分子结构的直观表示而获得其简易性与高效性，这使得 SMILES 对于分子的表示较为抽象，限制了其进一步的应用。分子的结构是空间中的三维结构，其中的三维信息是由键与键之间的角度、二面角与键长决定的，由于许多化学键存在着可旋转的性质，分子的三维构象并不固定，一般情况下可以将空间中的三维信息简化为二维的拓扑信息。为了能够在线性空间中表示二维空间的信息，SMILES 首先将分了中的环状结构打断，并使用成对的数字来记录开环处两端的原子。当分子中出现分支结构时，其中一条链会被选择作为主链，其他的链被当作支链，以小括号标记的方式进行记录，当支链记录完成后，对于主链的记录继续进行直至分子被完全记录。最终分子被压缩成为一个线性的表示，尽管这种线型表示结合 SMILES 的规则可以完整复原出分子原本的二维结构，但实际使用过程中对于 SMILES 规则的理解成为了众多模型的痛点。在使用 SMILES 作为输入格式的分子相关预测任务中，模型需要首先通过输入的 SMILES 重建出分子本身的结构，并在此基础上学习分子结构与性质的内在关系，这无疑增加了模型学习的难度，为模型性能的进一步提升带来了阻碍。另一方面，SMILES 中支链的优先记录机制导致了原本在分子中某一主链上相连的两个原子，在 SMILES 中可能会被长段支链所隔开，故难以对正处于生成过程中的分子进行全面的有效性检验。生成分子的有效性是分子生成任务中的一项基础任务，模型需要生成满足化学规则的分子，上述问题使得基于 SMILES 的分子生成工作需要长期面对生成的分子不满足 SMILES 语法规则/化学规则的困境。

近年来，针对 SMILES 在 AI 分子研究中的改进工作陆续被提出，其中较为著名的工作如 DeepSMILES[50]、SELFIES[51]等，根据 AI 模型的特点对 SMILES 进行了改进，使之更容易被模型理解。不同于对 SMILES 本身的修改，在本研究案例中，Xue 等研究者研究并探讨了大规模预训练技术在基于 SMILES 的分子表示与理解中的重要作用，并建立了基于预训练+微调模式的迁移学习框架 X-MOL[19]。

6.3.2 解决方案

1. 计算框架总述

针对 SMILES 的特性，本研究案例提出通过预训练 X-MOL 的方式来解决 SMILES 中存在的问题。X-MOL 的核心思想即为预训练-微调。如图 6.10 所示，X-MOL 框架主要由两个组成部分：①利用大规模的无标签数据及强大的计算能力，结合预训练技术使得模型学习并理解 SMILES；②将预训练模型应用于各种下游的分子分析任务中。X-MOL 利用了超过 11 亿个分子的超大规模数据集，以及 BAIDU 的 PaddlePaddle 云计算平台的强大算力，结合大规模预训练技术来达到学习、理解 SMILES 的目的。在下游分子分析任务方面，X-MOL 最终被应用在分子性质预测、化学反应预测等方面。后续实验表明，在所有的任务中，X-MOL 都能取得与现有最先进方法媲美的结果。

图 6.10 X-MOL 模型框架[19]

2. 预训练

X-MOL 所采用的预训练任务形式为"基于一段输入文本生成另一段文本"，这类形式的任务中最典型的工作是机器翻译，因此在此项工作的模型构建上，可以借助于机器翻译中最常用的编码器-解码器结构[52]（图 6.11）。在机器翻译任务中，由于输入的源语言与所要输出的目标语言不同，而不同语言对词与句子的理解亦不同，因此研究人员通常使用编码器来提取源语言中的语意信息，再使用解码器将语意信息解码为目标语言。与机器翻译不同的是，本任务中模型的输入与输出都是 SMILES，两者之间没有任何的语意区别，因此需要尽可能地保证输入端与输出端对 SMILES 理解方式的对齐。这里，本文采用共享参数的方式强制使编码器与解码器保持相同的 SMILES 理解方式。

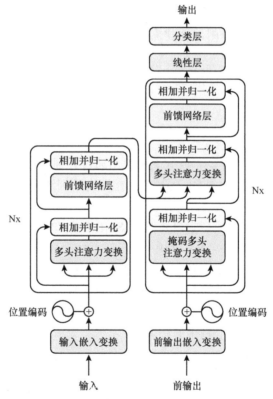

图 6.11　编码器-解码器模型[52]

除语意理解外，编码器与解码器的区别还在于对数据特征的提取方式。对于编码器部分，来自源语言的句子被作为一个整体输入模型中，因此编码器可以直接观测到输入句子的全局信息，即信息在编码器中进行双向传递。对于解码器部分，在常见的自回归生成模型中，由于生成的句子是按字符生成的，每个新字符的生成都基于之前已生成的部分，因此在生成的句子中，任意部分都只能观测到其之前的部分，即信息在解码器中单向传递。故本案例同时对编码器-解码器结构本身进行了改进。为了进一步加快运算速度，本案例对于 X-MOL 的构建只使用了一个编码器模型，并通过注意力掩码的方式实现了编码器与解码器内部不同的特征抽取方式，完成了逻辑上的编码器-解码器结构。在传统的编码器-解码器结构中，解码器需要在编码器计算结束、将输入数据的特征提取完毕后才能开始解码，从而导致解码器与编码器无法同时运行，进而带来时间消耗的问题。使用单个编码器的结构则可以避免编码器与解码器的时序问题，并大大降低了对于显存的占用。

为了通过注意力掩码的方式实现逻辑上的编码器-解码器结构，首先，使用注意力机制构建了最初的编码器模型，此时模型内部是完整的双向注意力机制。其次，通过在注意力机制的计算过程中引入掩码操作来从逻辑上实现编码器-解码器结构，迫使模型中对应解码器的部分只能进行单向的注意力，并中断编码器部分对于解码器部分的注意力。尽管编码器部分与解码器部分如何对样本进行更新需要通过训练来学习，但输入与输出部分的长度却是固定的。注意力机制并不改变样本的长度，这一特性使得在计算过程中，样本哪些部分对应编码器还是解码器完全可以被确定，因此通过针对每一条样本单独构建一个掩码模板，并以此对其注意力系数矩阵进行干扰是可行的。当某个字符对于另一个字符的注意力系数降至 0 时，代表对其完全不关注，编码器与解码器中不同的注意力形式可以根据此机制实现。如图 6.12 所示，掩码模版由 0 与负无穷组成，深灰色与黑色代表 0，浅灰色代表负无穷。在掩码模板内部：深灰色对应着编码器内部的双向自注意力机制；黑色对应着解码器部分对于编码器部分的全局注意力机制，以及自身内部的单向注意力机制；灰色则代表不应该存在的注意力机制（在实际训练中，由于各个批次内部的所有样本维度需要统一，一般引入补偿机制将较短的样本补全至批次内部的最长长度。补全的部分由于没有实际意义，在计算中应该避免所有的注意力，包括补偿本身展开的注意力与受到的注意力）（图 6.12）。

得到了某样本的掩码模版之后，本案例在注意力计算的公式中引入上述模板 M，并对计算公式进行如下更改：按照注意力计算方式得到的注意力值会被加上模版 M 再进行 Softmax 操作。此时，注意力值矩阵中不应该存在注意力的位置会由于模版的影响变为负无穷，再经过 Softmax 后变为 0，也即在后续的加权求和中被过滤，最终完成编码器-解码器模型的构建。在训练时，两条同属于一个分子的不同随机 SMILES 被同时输入 X-MOL 中。第二条 SMILES 首先被全部掩码，随即两条 SMILES 进入通用的嵌入层中获取统一的初步表征。在后续的模型计算中，两条 SMILES 分别在两种注意力机制下进行计算。最终在模型的输出部分，仅有第二条 SMILES 对应的输出部分被用来计算损失（loss）并更新模型。X-MOL 预训练架构如图 6.13 所示。

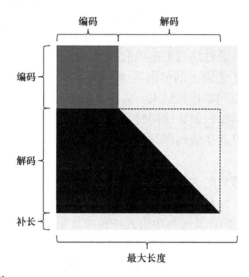

图 6.12　掩码模板实例

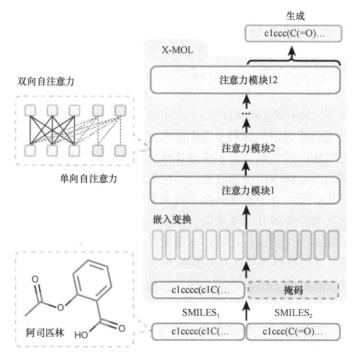

图 6.13　X-MOL 模型预训练阶段框架[19]

3. 微调

在此案例中，X-MOL 被微调至多种下游任务，包括两类任务：分子性质预测和化学反应预测。总体的微调方法如表 6.8 所示，微调方法包括修改输入形式和修改损失函数。

表 6.8　X-MOL 所涉及的下游任务即对应微调方法-预测任务

任务	输入形式	损失函数
分子性质预测	单输入	交叉熵
化学反应预测	多输入	MSE

将 X-MOL 微调至所有预测任务的策略如图 6.14 所示。在输入部分，包括单输入与多输入任务，所有输入成分都被同时送入模型中。对于多输入任务，这里使用特殊符号[SEP]来对不同的输入部分进行分隔，同时标记每一个字符分属哪个输入组分。而在模型部分，首先所有对于 SMILES 的掩码操作全部被移除，以保证所有分子都以原始的信息被输入到模型之中。此外，X-MOL 中的注意力掩码机制被完全删除，也即解码器部分被取消，从而使得 X-MOL 的编码器-解码器结构简化为单纯的编码器结构，用以提取分子中的特征。在输出部分，X-MOL 使用一个特殊符号[CLS]对整个分子进行表征，[CLS]被放置在 SMILES 的最前端。最后，模型输出的[CLS]根据不同的下游任务衔接不同的输出层与激活函数。对于分类任务，最后的输出层是一个包含有 n 个单元的全连接层，其中 n 为该任务的总分类数，对应的损失函数为交叉熵；对于回归任务，最后的输出层是一个包含有 1 个单元的全连接层，对应的损失函数为 MSE。

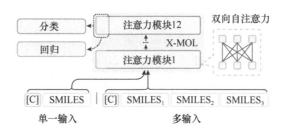

图 6.14　X-MOL 模型微调阶段框架[19]

6.3.3　结果与讨论

1. 微调任务：分子性质预测

分子性质预测，包括基于配体的分子与靶点结合能力预测以及 ADMET 预测等，是 AI 分子相关研究中的基础任务之一。本案例在 MoleculeNet[53]中筛选出 4 个分类任务用于检验 X-MOL 在分子性质预测任务上的表现，分别是 HIV、BACE、BBBP 及 ClinTox。

　　HIV 数据集是由 Drug Therapeutics Program - AIDS Antiviral Screen 整理的数据集，共包含有超过 4 万个实验测定的化合物抑制艾滋病病毒自我复制的能力。实验测得的结果共分为 3 类，分别是"确认无活性"、"确认有活性"及"确认中等活性"。本案例将后两个标签进行了合并，并使得此任务成为一个预测非活性与活性的二分类任务。

　　BACE 数据集则提供了化合物针对人类 β-分泌酶 1 抑制剂的定性（二分类）/ 定量结合结果（IC_{50}）。数据集总共包含了 1513 个化合物，这些数据都源自近十年来科学文献中报道的实验结果。本案例选取其中的定性标签，因此 BACE 数据集在这一部分被当作分类任务来处理。

　　BBBP（blood-brain barrier permeability）数据集即血脑屏障渗透性数据集。血脑屏障作为阻断血液与大脑细胞外环境的一种膜，阻隔了大量的药物、激素及神经递质等，因此在设计针对中枢神经系统的药物时，预测药物对于血脑屏障的渗透能力至关重要。此数据集中收录了 2053 个化合物及其对于血脑屏障的渗透性（具备渗透能力与否、二分类）。

　　ClinTox 数据集主要面向药物的毒性，收录美国食品药品监督管理局（FDA）批准的药物与因毒性原因而导致临床试验阶段失败的药物，共 1491 个分子。ClinTox 包含两个子任务，数据集内的每一个分子都有两个标签，分别表示临床试验是否表现出毒性以及 FDA 是否批准。

　　本案例使用 ROC-AUC 指标来评估模型对于具体任务的学习情况，对于 ClinTox 任务，取 X-MOL 分别在两个子任务上得到的 ROC-AUC 的均值来作为 ClinTox 的最终 ROC-AUC。对于每个任务，本案例都按照 MoleculeNet 中提到的 8∶1∶1 的比例将数据集随机分割为训练集、验证集及测试集。为了进行更加严谨的测试，本案例选择将每个任务重复分割 20 次，并使用这 20 次分割出来的数据分别训练模型、评估模型表现，最终选取这 20 次表现的平均值作为 X-MOL 在该项任务上的最终表现。

　　最终，X-MOL 在 4 个分类任务上的表现如图 6.15 所示，展示了 X-MOL 在 HIV（A）、BACE（B）、BBBP（C）与 ClinTox（D）任务上相较于 MoleculeNet 中的方法的具体表现。图中数值越大越好，红色表示 X-MOL 的表现，蓝色表示此前性能最佳的方法。结果显示，X-MOL 超越了 MoleculeNet 榜单中的所有方法，包括各种经典的浅层学习与深度学习模型，特别在 BBBP 及 ClinTox 任务中，X-MOL 以极大的幅度超越了现有最佳模型的表现。值得被关注的是，尽管基于图的分子表示方法相较于 SMILES 可以更直观地表示分子的结构，X-MOL 最终的表现仍然优于基于图的分子模型 GC（graph convolution），这表明基于 SMILES 的模型在经过大规模预训练之后可以获得对于分子结构的良好理解，达到甚至超越基于分子图的方法。

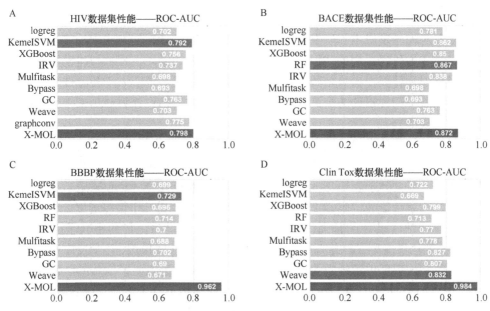

图 6.15　X-MOL 模型微调阶段框架[19]

2. 微调任务：化学反应预测

对于化学反应的预测是药物设计领域的另一个重要研究方向，涉及设计的药物分子是否易于被合成。本案例将 X-MOL 微调至化学反应产率预测任务上，以检验 X-MOL 针对化学反应相关的任务是否具有良好的学习与理解能力。

与分子性质预测不同，化学反应预测任务的输入由多个部分组成，包括反应物、反应环境、催化剂，以及其他参与或影响化学反应的成分等。在这一环节，本案例以一个预测 C-N 交叉偶联反应产率的经典方法[54]作为基准，来展示 X-MOL 在这一类任务上的潜能。本案例将反应中 4 个部分的 SMILES 同时输入到 X-MOL 之中，并使用 MSE 作为损失函数用于更新模型。

最终，X-MOL 在此项任务上取得了平均 0.0626 的 RMSE，显著低于基准工作所表现出的 0.078。此外，本案例将 X-MOL 与另一种基于 BERT 的方法 Yield-BERT[55]进行了比较，后者针对于化学反应进行预测。Yield-BERT 与 X-MOL 均使用 SMILES 作为输入，并同样使用注意力模型作为模型结构。两者主要的区别在于 Yield-BERT 使用的是 Reaction SMILES，即一种通过引入额外字符来描述化学反应成分的特殊 SMILES，而 X-MOL 则是对不同的反应成分叠加不同的嵌入层来完成区分。通过使用 R^2 作为模型评估指标，X-MOL 取得了 0.949 预测性能，这与 Yield-BERT 所报道的 0.951 几乎相同。

6.3.4 案例小结

随着药物研发成本和研发难度的持续增加，通过计算的方式来加速整个研发流程已经成为研究者们的共识。人工智能技术强大的学习、理解与建模能力使研究人员意识到计算不再只是药物研发流程的辅助手段。基于人工智能技术的各种方法经涵盖了药物设计的全流程，人工智能驱动的药物设计将会是未来药物设计的重要组成部分。

尽管抗体药技术快速发展，但当前阶段，小分子药物依旧是药物研发的主流。本案例关注人工智能驱动的药物小分子优化与设计，对这一方向展开了全面且深入的研究，开发分子表征与大规模预训练模型 X-MOL。X-MOL 采用了基于注意力机制及共享参数的编码器-解码器结构，该设计有效提升了运算速度。通过针对 SMILES 特性而设计的预训练任务，X-MOL 在超过 11 亿的小分子上学习了 SMILES 的语法规则。本案例将 X-MOL 微调至分子性质预测、化学反应预测等下游任务中，均表现出了领先的预测性能。这些实验结果表明了 X-MOL 优秀的预测能力，展示了分子表征与大规模预训练技术在药物小分子设计领域的巨大潜能。

综上，X-MOL 采用迁移学习和预训练技术来进行小分子优化设计，有效地解决了小分子表征及标注稀缺问题，统一了诸多的小分子设计下游任务，是预训练技术学习结合小分子优化设计的一个典型案例。

6.4　本　章　小　结

迁移学习专注于利用已有问题的解决模型，并将其使用在其他不同但相关问题上，也是多任务学习、预训练模型等机器学习范式的基础。该范式一方面可以将已训练好的神经网络模型重复利用，提高旧模型的利用率，同时提升新模型的训练速度；另一方面能够利用较少的输入数据对神经网络进行有效的训练，并能够显著地提高模型的泛化能力。故迁移学习常被应用于背景数据较多但目标任务标签较少的场景中。这种特性适应于绝大多数生物和临床研究中的组学领域建模场景。

本章向读者详细展示了迁移学习在生物组学数据领域的两个具体应用案例。其一是利用大量基因组中潜在的向导 RNA 序列构建自动编码器模型，并将之迁移至下游的打靶和脱靶分布预测等任务；其二是基于 SMILES 建立基于注意力编码器-解码器模式的大规模预训练模型，并迁移至下游的分子性质以及化学反应预测等任务。二者皆采用了迁移学习形式中的共享网络参数-预训练+微调范式，从而利用下游预测任务中有限的标签数据获得性能强大的预测模型。

迁移学习和预训练技术是目前如 ChatGPT 等大模型实现的基础。未来如何将迁移学习和大规模预训练技术及多模态学习等技术进行系统整合，以及深入探究迁移学习和元学习等学习范式的区别与联系，是其发展方向。详细内容读者可参考相关文献[56, 57]。

参 考 文 献

[1] Farahani A, Voghoei S, Rasheed K, Arabnia HR: A brief review of domain adaptation. *Advances in Data Science and Information Engineering: Proceedings from ICDATA 2020 and IKE 2020* 2021: 877-894.

[2] Dai W, Qiang Y, Xue G, Yong Y: Boosting for transfer learning. In *Machine Learning, Proceedings of the Twenty-Fourth International Conference （ICML 2007）, Corvallis, Oregon, USA, June 20-24, 2007*. 2007

[3] Yosinski J, Clune J, Bengio Y, Lipson H: How transferable are features in deep neural networks. *Neural Information Processing Systems* 2014: 3320-3328.

[4] Senior AW, Evans R, Jumper J, Kirkpatrick J, Sifre L, Green T, Qin C, Žídek A, Nelson AW, Bridgland A: Improved protein structure prediction using potentials from deep learning. *Nature* 2020, 577: 706-710.

[5] Jumper J, Evans R, Pritzel A, Green T, Figurnov M, Ronneberger O, Tunyasuvunakool K, Bates R, Žídek A, Potapenko A: Highly accurate protein structure prediction with AlphaFold. *Nature* 2021, 596: 583-589.

[6] Mignone P, Pio G, D'Elia D, Ceci M: Exploiting transfer learning for the reconstruction of the human gene regulatory network. *Bioinformatics* 2020, 36: 1553-1561.

[7] Pierson E, Consortium G, Koller D, Battle A, Mostafavi S: Sharing and specificity of co-expression networks across 35 human tissues. *PLoS computational biology* 2015, 11: e1004220.

[8] Yang Y, Fang Q, Shen H-B: Predicting gene regulatory interactions based on spatial gene expression data and deep learning. *PLoS Computational Biology* 2019, 15: e1007324.

[9] Mieth B, Hockley JR, Görnitz N, Vidovic MM-C, Müller K-R, Gutteridge A, Ziemek D: Using transfer learning from prior reference knowledge to improve the clustering of single-cell RNA-Seq data. *Scientific Reports* 2019, 9: 20353.

[10] Peng M, Li Y, Wamsley B, Wei Y, Roeder K: Integration and transfer learning of single-cell transcriptomes via cFIT. *Proceedings of the National Academy of Sciences* 2021, 118: e2024383118.

[11] Wang J, Agarwal D, Huang M, Hu G, Zhou Z, Ye C, Zhang NR: Data denoising with transfer learning in single-cell transcriptomics. *Nature Methods* 2019, 16: 875-878.

[12] Wang T, Johnson TS, Shao W, Lu Z, Helm BR, Zhang J, Huang K: BERMUDA: a novel deep transfer learning method for single-cell RNA sequencing batch correction reveals hidden high-resolution cellular subtypes. *Genome Biology* 2019, 20: 1-15.

[13] Theodoris CV, Xiao L, Chopra A, Chaffin MD, Al Sayed ZR, Hill MC, Mantineo H, Brydon EM, Zeng Z, Liu XS, Ellinor PT: Transfer learning enables predictions in network biology.

Nature 2023, 618: 616-624.

[14] Avsec Ž, Kreuzhuber R, Israeli J, Xu N, Cheng J, Shrikumar A, Banerjee A, Kim DS, Beier T, Urban L: The Kipoi repository accelerates community exchange and reuse of predictive models for genomics. *Nature Biotechnology* 2019, 37: 592-600.

[15] Schwessinger R, Gosden M, Downes D, Brown RC, Oudelaar AM, Telenius J, Teh YW, Lunter G, Hughes JR: DeepC: predicting 3D genome folding using megabase-scale transfer learning. *Nature Methods* 2020, 17: 1118-1124.

[16] Lan G, Zhou J, Xu R, Lu Q, Wang H: Cross-cell-type prediction of TF-binding site by integrating convolutional neural network and adversarial network. *International Journal of Molecular Sciences* 2019, 20: 3425.

[17] Zheng A, Lamkin M, Zhao H, Wu C, Su H, Gymrek M: Deep neural networks identify sequence context features predictive of transcription factor binding. *Nature Machine Intelligence* 2021, 3: 172-180.

[18] Chuai GH, Ma HH, Yan JF, Chen M, Hong NF, Xue DY, Zhou C, Zhu CY, Chen K, Duan B, et al: DeepCRISPR: optimized CRISPR guide RNA design by deep learning. *Genome Biology* 2018, 19: 18.

[19] Xue D, Zhang H, Chen X, Xiao D, Gong Y, Chuai G, Sun Y, Tian H, Wu H, Li Y: X-MOL: large-scale pre-training for molecular understanding and diverse molecular analysis. *Science Bulletin* 2022, 67: 899-902.

[20] Chowdhury R, Bouatta N, Biswas S, Floristean C, Kharkar A, Roy K, Rochereau C, Ahdritz G, Zhang J, Church GM: Single-sequence protein structure prediction using a language model and deep learning. *Nature Biotechnology* 2022, 40: 1617-1623.

[21] Hie BL, Shanker VR, Xu D, Bruun TU, Weidenbacher PA, Tang S, Wu W, Pak JE, Kim PS: Efficient evolution of human antibodies from general protein language models. *Nature Biotechnology* 2023: 1-9.

[22] Lin Z, Akin H, Rao R, Hie B, Zhu Z, Lu W, Smetanin N, Verkuil R, Kabeli O, Shmueli Y: Evolutionary-scale prediction of atomic-level protein structure with a language model. *Science* 2023, 379: 1123-1130.

[23] Madani A, Krause B, Greene ER, Subramanian S, Mohr BP, Holton JM, Olmos Jr JL, Xiong C, Sun ZZ, Socher R: Large language models generate functional protein sequences across diverse families. *Nature Biotechnology* 2023: 1-8.

[24] Hsu PD, Lander ES, Zhang F: Development and applications of CRISPR-Cas9 for genome engineering. *Cell* 2014, 157: 1262-1278.

[25] Doudna JA, Emmanuelle C: Genome editing. The new frontier of genome engineering with CRISPR-Cas9. *Science* 2014, 346: 1258096.

[26] Hyongbum K, Jin-Soo K: A guide to genome engineering with programmable nucleases. *Nature Reviews Genetics* 2014, 15: 321-334.

[27] Sander JD, J Keith J: CRISPR-Cas systems for editing, regulating and targeting genomes. *Nature Biotechnology* 2014, 32: 347-355.

[28] Graham DB, Root DE: Resources for the design of CRISPR gene editing experiments. *Genome Biology* 2015, 16: 260.

[29] Hart T, Chandrashekhar M, Aregger M, Steinhart Z, Brown KR, MacLeod G, Mis M, Zimmermann M, Fradet-Turcotte A, Sun S: High-resolution CRISPR screens reveal fitness genes and genotype-specific cancer liabilities. *Cell* 2015, 163: 1515-1526.

[30] Doench JG, Fusi N, Sullender M, Hegde M, Vaimberg EW, Donovan KF, Smith I, Tothova Z, Wilen C, Orchard R: Optimized sgRNA design to maximize activity and minimize off-target

effects of CRISPR-Cas9. *Nature Biotechnology* 2016, 34: 184.

[31] Tim W, Wei JJ, Sabatini DM, Lander ES: Genetic screens in human cells using the CRISPR-Cas9 system. *Science* 2013, 343: 80-84.

[32] Haeussler M, Schönig K, Eckert H, Eschstruth A, Mianné J, Renaud J-B, Schneider-Maunoury S, Shkumatava A, Teboul L, Kent J: Evaluation of off-target and on-target scoring algorithms and integration into the guide RNA selection tool CRISPOR. *Genome Biology* 2016, 17: 148.

[33] Park J, Bae S, Kim JS: Cas-Designer: a web-based tool for choice of CRISPR-Cas9 target sites. *Bioinformatics* 2015, 31: btv537.

[34] Xu H, Xiao T, Chen C-H, Li W, Meyer CA, Wu Q, Wu D, Cong L, Zhang F, Liu JS: Sequence determinants of improved CRISPR sgRNA design. *Genome Research* 2015, 25: 1147-1157.

[35] Montague TG, Cruz JM, Gagnon JA, Church GM, Valen E: CHOPCHOP: a CRISPR/Cas9 and TALEN web tool for genome editing. *Nucleic Acids Research* 2014, 42: W401-W407.

[36] Prykhozhij SV, Vinothkumar R, Daniel G, Berman JN: CRISPR multitargeter: a web tool to find common and unique CRISPR single guide RNA targets in a set of similar sequences. *PLoS One* 2015, 10: e0119372.

[37] Florian H, Grainne K, Michael B: E-CRISP: fast CRISPR target site identification. *Nature Methods* 2014, 11: 122-123.

[38] Chari R, Mali P, Moosburner M, Church GM: Unraveling CRISPR-Cas9 genome engineering parameters via a library-on-library approach. *Nature Methods* 2015, 12: 823-826.

[39] Wong N, Liu W, Wang X: WU-CRISPR: characteristics of functional guide RNAs for the CRISPR/Cas9 system. *Genome Biology* 2015, 16: 218.

[40] Tsai SQ, Zheng Z, Nguyen NT, Liebers M, Topkar VV, Thapar V, Wyvekens N, Khayter C, Iafrate AJ, Le LP: GUIDE-seq enables genome-wide profiling of off-target cleavage by CRISPR-Cas nucleases. *Nature Biotechnology* 2015, 33: 187.

[41] Kim D, Bae S, Park J, Kim E, Kim S, Yu HR, Hwang J, Kim J-I, Kim J-S: Digenome-seq: genome-wide profiling of CRISPR-Cas9 off-target effects in human cells. *Nature Methods* 2015, 12: 237.

[42] Crosetto N, Mitra A, Silva MJ, Bienko M, Dojer N, Wang Q, Karaca E, Chiarle R, Skrzypczak M, Ginalski K: Nucleotide-resolution DNA double-strand break mapping by next-generation sequencing. *Nature Methods* 2013, 10: 361-365.

[43] Frock RL, Hu J, Meyers RM, Ho Y-J, Kii E, Alt FW: Genome-wide detection of DNA double-stranded breaks induced by engineered nucleases. *Nature Biotechnology* 2015, 33: 179.

[44] Wang X, Wang Y, Wu X, Wang J, Wang Y, Qiu Z, Chang T, Huang H, Lin RJ, Yee JK: Unbiased detection of off-target cleavage by CRISPR-Cas9 and TALENs using integrase-defective lentiviral vectors. *Nature Biotechnology* 2015, 33: 175.

[45] Hsu PD, Scott DA, Weinstein JA, F Ann R, Silvana K, Vineeta A, Yinqing L, Fine EJ, Xuebing W, Ophir S: DNA targeting specificity of RNA-guided Cas9 nucleases. *Nature Biotechnology* 2013, 31: 827.

[46] Ritambhara S, Cem K, Aaron Q, Yanjun Q, Mazhar A: Cas9-chromatin binding information enables more accurate CRISPR off-target prediction. *Nucleic Acids Research* 2015, 43: e118.

[47] Stemmer M, Thumberger T, Del SKM, Wittbrodt J, Mateo JL: CCTop: An Intuitive, Flexible and Reliable CRISPR/Cas9 Target Prediction Tool. *PLoS One* 2015, 10: e0124633.

[48] Todeschini R, Consonni V: Molecular descriptors. *Recent Advances in QSAR Studies* 2010: 29-102.

[49] Weininger D: SMILES, a chemical language and information system. 1. Introduction to methodology and encoding rules. *Journal of Chemical Information and Computer Sciences*

1988, 28: 31-36.

[50] O'Boyle N, Dalke A: DeepSMILES: an adaptation of SMILES for use in machine-learning of chemical structures. ChemRxiv, 2018.

[51] Krenn M, Häse F, Nigam A, Friederich P, Aspuru-Guzik A: Self-referencing embedded strings （SELFIES）: A 100% robust molecular string representation. *Machine Learning: Science and Technology* 2020, 1: 045024.

[52] Vaswani A, Shazeer N, Parmar N, Uszkoreit J, Jones L, Gomez AN, Kaiser L, Polosukhin I: Attention is All you Need. In *Neural Information Processing Systems*. 2017: 5998-6008.

[53] Wu Z, Ramsundar B, Feinberg EN, Gomes J, Geniesse C, Pappu AS, Leswing K, Pande V: MoleculeNet: a benchmark for molecular machine learning. *Chemical Science* 2018, 9: 513-530.

[54] Ahneman DT, Estrada JG, Lin S, Dreher SD, Doyle AG: Predicting reaction performance in C–N cross-coupling using machine learning. *Science* 2018, 360: 186-190.

[55] Schwaller P, Vaucher AC, Laino T, Reymond JL: Prediction of chemical reaction yields using deep learning. *Machine Learning: Science and Technology* 2021, 2: 015016.

[56] Tan X, Su AT, Hajiabadi H, Tran M, Nguyen Q: Applying machine learning for integration of multi-modal genomics data and imaging data to quantify heterogeneity in tumour tissues. *Artificial Neural Networks* 2021: 209-228.

[57] Tukra S, Lidströmer N, Ashrafian H: Meta learning and the AI learning process. *Artificial Intelligence in Medicine* 2020: 1-15.

第7章　组学的不完备监督——元学习

7.1　元　学　习

7.1.1　适用场景

元学习（meta learning）也称为"学会学习"（learning to learn），是机器学习领域内小样本学习的重要手段。这种方法可用于解决小样本学习问题，以便在面对新的任务时，模型能够快速进行泛化。元学习所需解决的主要挑战是如何利用已有的数据样本让模型学会学习。元学习的优势体现在以下几个方面：①通过优化学习算法如进行超参搜索等，帮助模型更好地适应条件改变、提升模型性能；②支持小样本学习，拥有更快的训练速度并节省训练成本；③构建具有更强泛化能力的模型，使得训练后的模型不仅能在单个任务上表现出色，而且能够在多任务中进行泛化。

组学数据，特别是临床组学样本，由于其注释需要专门的领域知识，且由于高昂的标注成本和测序成本，使得可用数据较少、标注样本稀缺等问题十分常见。因此，在建立模型时，常常面临缺少大规模的训练数据集、数据遵循长尾分布（long-tail distribution），以及模型难以快速泛化至新任务等挑战。元学习可以有效地解决这些问题，其具体应用场景描述如下。

1）缺少大规模的训练数据集

该场景是组学数据元学习的一个常用场景，考虑到现有的测序技术限制及高昂的测序成本，生物组学样本的积累相对于其他领域较少，想要获得大规模的数据集非常困难，因此若仅仅基于少量样本进行学习（即小样本学习，few-shot learning），传统的深度学习算法容易出现过拟合等问题，而元学习可以帮助我们基于小样本数据构建出具有强泛化能力的模型。

2）数据服从长尾分布

该场景也是组学数据元学习的常用场景，由于生命科学的知识发现，以及测序数据的局限性，收集到的数据具有一定的偏好性，数据易出现长尾分布，这使得大量的任务缺少足够的数据。这一问题制约了传统机器学习范式的有效应用。若基于这一数据直接构建深度学习模型，则模型很容易对于某一多样本任务过拟合，而忽视小样本任务的学习。通过元学习，我们可以基于长尾分布的数据构建出高泛化能力的模型。

3）在新的任务上能够快速泛化

该场景是组学数据元学习的一个非常普遍的场景，常见于新的疾病组学样本的分类和诊断、新的蛋白质功能预测等。在这些场景中，新任务可能涉及训练集中未见过的疾病或蛋白质，模型需要能够快速地泛化到这些训练中未见的任务。由于样本数量较少，如果采用传统的机器学习方法，对新任务的泛化可能容易失效。而通过元学习，我们可以实现模型对新任务的快速泛化。

7.1.2 理论思想

形式化的，与传统的机器学习训练方式不同，元学习考虑在任务分布下的训练集和测试集，即我们有训练的元样本集 $D_{\text{meta\_train}} = \left\{ \left[D_1^{\text{train}}, D_1^{\text{test}} \right], \cdots, \left[D_n^{\text{train}}, D_n^{\text{test}} \right] \right\}$，其中，$D_i^{\text{train}} = \left\{ \left(x_1^i, y_1^i \right), \cdots, \left(x_k^i, y_k^i \right) \right\}$ 和 $D_i^{\text{test}} = \left\{ \left(x_1^i, y_1^i \right), \cdots, \left(x_l^i, y_l^i \right) \right\}$；$k$ 和 l 分别代表当前任务 D_i 下的元训练集样本对数量以及元测试集样本对的数量。传统机器学习通过最大似然函数或者最大后验概率的方式学习一个模型参数，即 $\max_\phi \log P(y|x, \phi)$ 或者 $\max_\phi \log P(y|x, \phi) + \max_\phi \log P(\phi)$。元学习分为两个阶段：适应性阶段通过元训练集学习到一个任务特异性的参数，而元学习阶段通过元测试集和任务特异性参数来更新元知识，即 $\max_\theta \sum_{D_i} \sum_{(x, y) \sim D_i^{\text{test}}} \log P_{\phi_i}(y|x)$，其中 $\phi_i \sim P(\phi_i|D_i^{\text{train}}, \theta)$。

元学习可以体现为各种具体的模型，这些模型基于适应性阶段算法设计的不同，可以大致分为三大类：基于模型（model-based）、基于度量（metric-based），以及基于优化（optimization-based）的方法。

1）基于模型的方法

基于模型的元学习不对模型形式做任何假设，该类方法主要设计能够在新任务上快速泛化的模型，即能够在少量的训练步骤内迅速更新模型的参数。这种目标可以通过设计特殊的模型内部结构或者加入一个外部的元学习器而达到。更直观的，元学习器通过特定任务的样本训练来生成任务特异性的模型。该类方法的目标是通过大量任务的学习来产生一个能够良好地适应各种任务的元学习器。例如，Munkhdalai 提出的 MetaNet 模型[1]，该模型的训练主要由三个步骤组成：获取元信息，生成快权值，更新优化慢权值。模型主要由编码器和分类器两部分构成，编码器用于提取特征，分类器用于进行分类。编码器和分类器都由慢权值和快权重组成，慢权值采用正常的梯度下降算法进行更新，而快权值则由精心设计的元学习器来生成。元学习器也由两个模型及一个记忆模块组成，其中一个模型用于生成编码器的快权值，另一个模型用于生成分类器的快权值，而记忆模块的索引为当前任务下元训练集中样本的编码表征，其值为元训练集中样本经过分类器的梯度。由于该元学习模型假设梯度是任务相关的，能够反映出任务的特异性，故元学习器的输入为每一个任务中元训练集的样本在编码器和分类器中的损失梯度（图 7.1）。

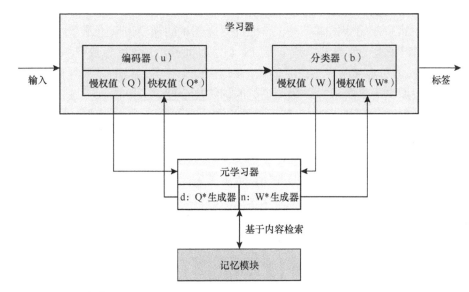

图 7.1　MetaNet 框架图

2）基于度量的方法

基于度量的方法与最近邻方法（KNN、k-means 等）非常相似，元测试集的预测标签是基于元训练集中预测标签的加权组合，而这些权值则由描述样本间相似性的核函数所确定。因此，如何学习一个优秀的核函数是基于度量元学习的关键。度量学习的方法在解决这一问题上尤为适宜，其主要是针对研究对象学习一个新的度量或者距离函数。例如，Snell 提出的 Prototypical Networks[2]，该模型使用一个编码器将每一个输入样本嵌入到一个新的度量空间中，每个原型（prototype）被定义为当前类别下所有元训练集样本中的均值向量，每个在元测试集中的样本预测结果是基于该新的度量空间中的最近的原型的标签来决定的。

3）基于优化的方法

传统深度学习通过梯度反向传播的方式来更新模型。然而，基于梯度的优化方式在设计上并不能解决小样本学习的问题，也不能在较少的迭代次数中实现收敛，因此基于优化的元学习方法主要是对模型的优化策略进行调整，从而能使其适应于小样本学习。例如，Finn 提出了基于优化的元学习经典的模型

（model-agnostic meta learning，MAML）[3]，该模型能够适用于任何形式的模型架构，因此被称为模型无关（model-agnostic）的元学习。不同于传统深度学习的梯度下降算法，MAML 并不直接针对某一特定任务更新模型参数，而是在学习一批任务后统一更新模型，从而学习到广泛适应于多任务的元知识。Nichol 等人提出了另一种 Reptile 模型[4]，这个模型与 MAML 类似，但存在一些显著的差异。在 MAML 中，更新元知识时，由于每一个任务下都需要使用元训练集对元知识进行迭代，然后在元测试集上测试，因此对元知识的梯度下降更新需要求高阶导数，这会使得模型的计算复杂度非常高，训练时间长，并可能导致训练的不稳定。而 Reptile 模型对求高阶导数进行简化，使用每一个任务最终的参数与初始参数的差值来代替原先的高阶求导，因此模型的训练复杂度大大降低。

这三种方法各有其优缺点：基于模型的方法在使用其他 AI 模型（如强化学习）时具有可修改性，但该方法的模型缺乏归纳偏置，即模型需要从零开始学习归纳偏置，导致其样本训练效率不高；基于度量的方法计算速度快，简单易行，但是在实际应用中很难处理样本量的变化，大多数情况下仅适用于分类问题；基于优化的模型可以较好地处理样本量的变化，同时能够更加有效地将模型泛化到分布外的任务，但由于涉及高阶优化，模型可能存在不稳定并且计算效率相对低下的问题。上述三种方法主要可以描述为：

基于模型的方法：$P_\theta(y|x, S) = f_\theta(x, S)$ （7.1）

基于度量的方法：$P_\theta(y|x, S) = \sum_{(x_i, y_i) \in S} k_\theta(x, x_i) y_i$ （7.2）

基于优化的方法：$P_\theta(y|x, S) = f_{\theta(S)}(x)$，$\theta(S) = g_{\theta_g}\left(\theta_0, \{\nabla_{\theta_0} L(x_i, y_i)\}_{(x_i, y_i) \in S}\right)$
（7.3）

7.1.3 组学应用

元学习在组学分析领域的应用案例并不常见，属于一个前沿的研究方向。本章整理的应用案例包括药物设计与发现、单细胞类型识别、癌症预后预测、疾病鉴定、蛋白质功能预测、蛋白质结合预测、表型预测、分子性质预测、肽段活性预测等。表 7.1 总结了组学分析领域应用元学习的若干经典案例。在下一节中，我们将选取具体的案例进行深入介绍。

表 7.1　元学习的组学应用案例

工具	问题	组学	方法	年份	参考文献
Meta-QSAR	药物设计与发现	药物基因组	基于模型的方法	2018	[5]
MARS	单细胞类型识别	单细胞转录组	基于度量的方法	2020	[6]
Metalearning_survival	癌症预后预测	转录组	基于优化的方法	2020	[7]

续表

工具	问题	组学	方法	年份	参考文献
Meta-DermDiagnosis	疾病鉴定	成像组	基于优化的方法	2020	[8]
DAML	疾病鉴定	成像组	基于优化的方法	2020	[9]
G-meta	蛋白质功能预测	蛋白质组	基于优化的方法	2020	[10]
MetaDTA	蛋白结合预测	蛋白质组	基于模型的方法	2022	[11]
Meta-matching	表型预测	表型组，成像组	基于优化的方法	2022	[12]
ADKF-IFT	分子性质预测	分子化合物	基于优化的方法	2022	[13]
MIMML	肽段活性预测	蛋白质组	基于度量的方法	2022	[14]
PanPep	抗原-TCR 结合预测	蛋白质组	基于优化和模型的方法	2023	[15]

7.2　案例：抗原-TCR 识别的元学习

7.2.1　背景介绍

人类的 T 细胞由胸腺中的淋巴干细胞分化发育而来。在发育过程中，它们获得识别外来抗原以及对不同病原体进行杀伤的能力。这种功能的多样性是由位于 T 细胞表面的 TCR 受体保证的。TCR 由两条不同的蛋白质链组成，其中绝大多数的人类 T 细胞由 alpha 和 beta 两条链组成，占据 90%以上。Alpha 和 beta 链是 T 细胞特异性识别 MHC-I 类和 II 类蛋白相关抗原的关键介质。其余 10%的 TCR 则是由 gamma 和 sigma 两条链组成，由该两条链组成的 TCR 识别时不受到 MHC 的限制。

由于由 alpha 链和 beta 链组成的 TCR 占据绝大多数，且具有较高的多样性，因此绝大多数研究也都集中于此。编码 alpha 链和 beta 链的基因由多个非连续的基因片段组成，包括 variable（V）、diversity（D）、joining（J）区域。V、D、J 区域编码 beta 链，V 和 J 区域主要编码 alpha 链。因此，大量具有多样性的 T 细胞库由这些基因片段随机重排产生，同时也可以通过在连接位置随机添加或删除碱基来产生。位于 V（D）J 链接位置的序列区域被称为 CDR3（complementarity determining region 3）区域，这段区域在 alpha 链及 beta 链中都具有最高的变异性，同时也是决定 T 细胞识别由 MHC-I 呈递的肽段的关键区域。随后 alpha 链和 beta 链的异二聚体配对进一步增加了组合的变异性，可能的组合数估计超过 10^{18}。

T 细胞库是动态变化的，直接反映了免疫反应的多样性：当抗原呈递给未成熟的 T 细胞时，在共刺激信号的激活下，将快速引起具有相同 TCR 的 T 细胞克隆扩增，从而产生效应 T 细胞。在清除抗原后，这些细胞数量减少，作为记忆 T 细胞留在血液中。因此，对 T 细胞库的表征一直具有重要的科学意义，它能够准确地描述多种疾病（恶性肿瘤、自身免疫性疾病和传染病）中的 T 细胞动态特征。根据抗原的来源不同可将其分为两大类：来源于细胞外的抗原称为外源性抗原，如被吞噬细胞吞噬的细菌、细胞、蛋白质等；细胞内合成的抗原称为内源性抗原。

由主要组织相容性复合体 I（MHC-I）呈递的新生抗原或来自外源性病毒的肽段，可以通过被 CD8⁺ T 细胞表面的 T 细胞受体识别而引起免疫反应（图 7.2）。免疫原性肽段以及克隆扩增的免疫反应性 T 细胞的鉴定，为开发肿瘤疫苗、诊断工具和免疫疗法提供了契机。因此，诸多实验方法，如四聚体分析、四聚体相关 T 细胞受体测序和 T-scan 等实验技术，已被开发并应用于检测 TCR 与 MHC 分子呈递的肽段复合体（pMHC）之间的相互作用。然而，这些实验方法耗时费力，技术挑战性大且成本高昂。因此，在现代免疫学中，对于 TCR-抗原配对的准确预测和识别具有重要需求，也是现代免疫学中最具有计算挑战性的基本问题之一。目前，包括 IEDB、VDJdb、PIRD 和 McPas-TC 在内的若干数据库记录了部分经过实验验证的肽-TCR 结合对。这些数据源有助于揭示肽段和 TCR 之间相互作用的机制，并有助于建立识别肽-TCR 结合的有效计算模型。

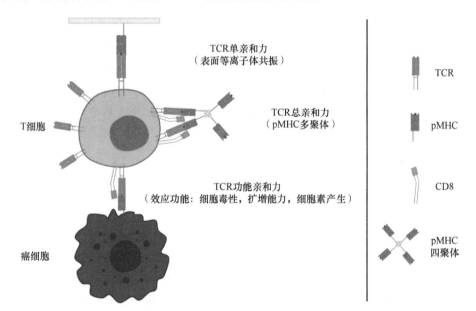

图 7.2　TCR 和肽段结合示意图[16]

现已存在多种计算工具可以用来分析不同的 TCR 库，并且预测抗原-TCR 结合的特异性。这些工具可以分为三类：①定义相似性度量以进行 TCR 聚类，并揭示其抗原特异性结合模式，包括 TCRdist[17]、DeepTCR[18]、GIANA[19]、iSMART[20]、GLIPH[21] 和 ELATE[22] 等软件方法；②开发用于预测抗原特异性 TCR 结合的模型，包括 TCRGP[23]、TCRex[24] 和 NetTCR-2[25] 等软件方法；③试图开发不受特定抗原限制的通用抗原-TCR 结合预测模型,其中抗原和 TCR 都会被嵌入进行表征学习,包括 pMTnet[26]、DLpTCR[27]、ERGO2[28] 和 TITAN[29] 等软件方法。显然,第一类工具不能直接用于抗原-TCR 结合识别;第二类工具仅限于特定抗原,实用性有限;第三类工具尝试开发通用的抗原-TCR 结合预测模型,因此在实际应用中可能具有更广泛的适用性。

　　本研究案例关注于利用已知的抗原肽和 TCR 库的数据构建 TCR-抗原特异性结合的预测模型。现有的方法通常倾向于学习具有大量已知 TCR 结合库的抗原肽段的 TCR 结合模式,但由于抗原和 TCR 相互作用空间的多样性,这些工具无法识别只具有少量已知结合 TCR 的抗原或训练数据中不存在的抗原肽段。换言之,这些模型无法推广至识别训练集中未见的肽段,或者是免疫系统未曾遇见的外源肽段。由此可见,准确识别任意肽段的 TCR-抗原结合模式是一项极具挑战性的任务。解决这一问题需要设计新颖有效的计算策略,包括:①充分挖掘已知少量 TCR 结合信息的肽段信息;②设计有效的模型来快速泛化和识别免疫系统未见的新生抗原或者外源肽段;③揭示 TCR 结合和识别中重要的结构特征。综上,开发通用且稳健的抗原-TCR 结合识别方法是免疫学研究中最具挑战性的科学问题之一,有望促进对抗原和 TCR 之间相互作用机制的深入理解,以及促进个性化免疫疗法的开发。

7.2.2　解决方案

1. 计算框架总述

　　在本研究案例中,我们构建了一个强大的计算框架 PanPep,用于预测 TCR-抗原结合[15]。PanPep 可以提供范围在 0~1 之间的结合得分,此得分代表 TCR 和抗原之间结合的可能性。高得分通常表示该抗原-TCR 的高亲和力,并预示该 TCR 产生克隆扩增的可能性。PanPep 所采用的核心思想即为元学习,它假设每一个肽段均有其与 TCR 结合的特异性模式。该框架将每一个肽段视为一个任务,并将该肽段下的已知 TCR 结合信息视为该任务的样本。我们基于当前已知的肽段 TCR 信息所体现出来的数据特征,构建元学习模型,从大量肽段中学习到关于肽段 TCR 结合的高阶信息,并且能够快速泛化至新的肽段上。PanPep 是一个通用框架,用于识别任何类型的肽-TCR 结合,其灵感来自元学习和神经图灵机(neural turning machine,NTM)[30]。在这个框架中,元学习使得模型能够通过少量样本在不同的任务中快速适应,而 NTM 则通过使用外部存储器来避免学习过程中的遗忘。因此,PanPep 能够通过在元学习框架中进行学习,并记忆和存储学习到的肽段特异性 TCR 结合识别任务的相关信息,从而以泛肽方式(pan-peptide)统一识别任何类型的肽-TCR 结合。换言之,PanPep 具备了类似人类学习的直觉,类似于人类可以根据过去的经验快速适应和处理从未见过的新任务。

PanPep 的构建主要由两部分组成（图 7.3）。①元学习模块：PanPep 基于 MAML（meta agnostic meta learning）模型，执行元训练和元测试两步。在元训练过程中，模型在一组包含支持集（support set）和查询集（query set）的特异性肽段-TCR 结合预测任务上进行训练，以获取肽段特异性学习器并更新元学习器。在元测试过程中，元学习器在新的肽特异性结合识别任务上进行微调，仅使用少量已知的肽-TCR 样本对（支持集很少），并最终在查询集上进行测试。②解耦蒸馏（disentanglement distillation）模块：为了使得模型能够泛化至零样本（zero-shot）场景中，我们设计了一种受 NTM 启发的解耦蒸馏方法，以便更好地将 PanPep 推广至未见肽-TCR 识别的任务上（无支持集）。当给定肽段和 TCR 库的信息时，模型根据当前该肽段已知结合 TCR 库的规模，分为三个场景：多样本（majority）场景，少样本（few-shot）场景，零样本（zero-shot）场景（图 7.3）。若当前肽段已知大量的 TCR 结合信息时，可以选择多样本场景，将大量已知 TCR-肽段结合样本对作为该肽段任务下的支持集，重新训练元学习器；若当前肽段已知少量的 TCR 结合信息，可以选择少样本场景，基于已有的元学习器，将当前肽段任务下的少量 TCR 样本作为支持集对元学习器进行微调，以进行快速泛化；若当前肽段未知任何关于其结合 TCR 的信息，则选择零样本场景，此场景下该肽段并没有已知结合 TCR 信息可以作为支持集，因此解耦蒸馏模块将生成该肽段特异性学习器，从而达到快速泛化。

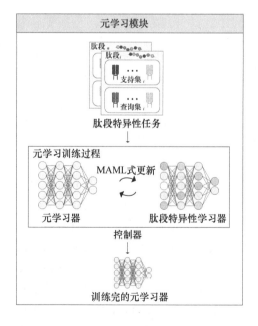
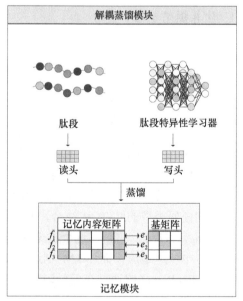

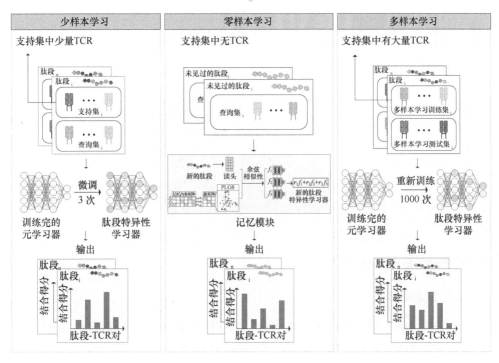

图 7.3　PanPep 框架[15]。 PanPep 由两个模块组成，即元学习模块和解耦蒸馏模块。PanPep 框架在三个场景中进行了测试。①少样本场景：PanPep 使用支持集用少量循环（通常是 3 循环）微调元学习器，并使用查询集评估了 TCR 结合识别的性能。②零样本场景：PanPep 通过解耦蒸馏模块将少样本学习扩展到零样本学习。③多样本场景：PanPep 使用元学习器作为先验，并使用大量训练将其重新训练（通常是 1000 次循环），并通过查询集评估了 TCR 结合识别。

2. 数据集收集与分析

我们通过整合多个数据库 IEDB[31]、McPAS-TCR[32]、PIRD[33]、VDJdb[34]，汇集了已知的肽段和 TCR 结合数据，以探索肽段特异性 TCR 结合的模式。该数据集包含了 699 种不同的肽和 29 467 种不同的 TCR，以及 32 080 个相关的已知结合肽-TCR 对。在所有肽-TCR 对中，有超过 100 个 TCR 结合的肽仅占总肽的 3.29%，但相应的肽-TCR 对占总结合对的 84.47%。相反，少于 10 个 TCR 结合的肽占总肽的 82.26%，而相应的肽-TCR 对占总结合对的 4.45%（图 7.4）。这一结果清楚地表明已知肽特异性 TCR 结合数据呈现长尾分布，如果直接基于不同的肽段-TCR 特异性结合对来构建模型，会使得模型倾向于处理多样本的场景，而在少样本和零样本场景下的泛化能力将会减弱。因此，我们推测现有的肽-TCR 结合预测工具的性能将偏向于多样本场景，而在处理少样本场景和零样本场景下的肽-TCR 结合时无法进行有效识别。

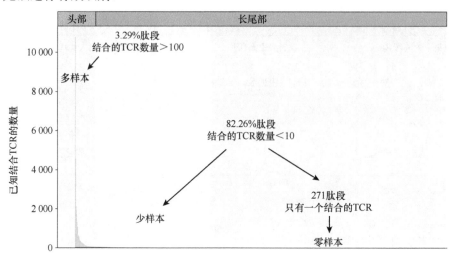

图 7.4 已知数据的长尾分布[15]

3. 元学习模块构建

在元学习模块中，我们采用 MAML 的计算框架来解决小样本学习的问题，该框架可以将模型泛化到属于肽段任务分布 $p(T)$ 中的任一任务。除此之外，该计算框架并不对模型的形式进行约束，而假设模型是一组参数向量 θ。具体地，模型可以被认为是以 θ 为参数的函数。元学习器旨在学习一个具有高阶元信息的参数 θ_{meta}，使得在一个来自 $p(T)$ 的新肽段任务上能够快速泛化。当元学习器需要泛化到一个新的任务时，元学习器的参数 θ_{meta} 会在新任务 T_i 上更新少量迭代次数，获得新的肽段特异性的学习器。由于参数更新基于每一个任务中的支持集，更新的过程也被称为内循环（inner loop）。在此研究中，我们将内循环设置为 3，并且使用交叉熵作为损失函数。因此，任务 T_i 下肽段特异性学习器的参数 θ_i 可以由以下形式表示：

$$\theta_i^{(1)} = \theta_{\mathrm{meta}} - \ell \cdot \nabla_{\theta_{\mathrm{meta}}} E_{tcr_j', \ y_j' \sim S_i} \left[\mathcal{L} \left[f_{\theta_{\mathrm{meta}}} \left(TE_i, \ tcr_j' \right), \ y_j' \right] \right] \quad (7.4)$$

$$\theta_i^{(2)} = \theta_i^{(1)} - \ell \cdot \nabla_{\theta_i^{(1)}} E_{tcr_j', \ y_j' \sim S_i} \left[\mathcal{L} \left[f_{\theta_i^{(1)}} \left(TE_i, \ tcr_j' \right), \ y_j' \right] \right] \quad (7.5)$$

$$\theta_i^{(3)} = \theta_i^{(2)} - \ell \cdot \nabla_{\theta_i^{(2)}} E_{tcr_j', \ y_j' \sim S_i} \left[\mathcal{L} \left[f_{\theta_i^{(2)}} \left(TE_i, \ tcr_j' \right), \ y_j' \right] \right] \quad (7.6)$$

其中，$\theta_i^{(3)}$ 代表了肽段特异性学习器在任务 T_i 下更新 3 个内循环后的参数。ℓ 是内循环的学习率；S_i 表示 T_i 任务中的支持集；TE_i 是肽段特异性任务的嵌入，也代表肽段 i 的特征编码；肽段特异性学习器的输入为 $\left(TE_i, \ tcr_j' \right)$，代表了任务 T_i 的肽

段的编码和 TCR_i 的编码；v'_j 代表了 tcr'_j 是否结合肽段 i。

通过在任务分布 $p(T)$ 中优化 f_{θ_i} 在查询集 Q_i 上的表现进行训练，将获得元学习器的参数 θ_{meta}。具体地，元学习器的目的是为了优化参数 θ_{meta}，使得其在新任务上梯度更新少量的迭代次数（内循环）即能够在该任务上获得比较好的效果，故元学习器在所有任务上的更新被称为外循环（outer loop）。在这个研究中，我们采用 Adam 优化器来实施元学习器的优化，同时肽段特异性任务的批次规模设置为 1。因此，元学习器 θ_{meta} 将以如下形式更新一步：

$$\theta_{\mathrm{meta}} \leftarrow \theta_{\mathrm{meta}} - \ell' \cdot \nabla_{\theta_{\mathrm{meta}}} E_{tcr_j,\, y_j \sim Q_i} \Big[\mathcal{L}\Big[f_{\theta_i^{(3)}}\big(TE_i,\ tcr_j \big),\ y_j \Big] \Big] \tag{7.7}$$

其中，ℓ' 是外循环的学习率；tcr_j，y_j 分别是 TCR j 以及标签 j，代表在查询集中的 tcr_j 是否已知结合肽段 i。因此，元学习器的更新涉及高阶导数。我们同时针对所有的训练任务存储了在元学习器收敛后的肽段特异性学习器 $f_{\theta_i^*}$ 以及它们的查询集 Q_i^*，以便后续的解耦蒸馏。

4. 解耦蒸馏模块构建

虽然模型在元学习模块中能够通过该任务支持集上的数据微调，从而实现在新的任务上快速泛化，但是在实际情况中，肽段-TCR 的识别需要实现针对外来抗原或者肿瘤新生抗原的有效识别，这类肽段称为"未见"（unseen）肽段，它们也代表了一类缺失支持集的任务。在这类任务上我们无法直接通过对元学习器的微调而得到肽段的特异性学习器。这类问题非常具有挑战性，也被称为零次学习任务。面向该任务，我们注意到神经图灵机（NTM）已经在元学习及小样本学习中发挥作用[30]，它通过模型拓展了一个外部的记忆模块，实现了快速的编码以及结果获取。虽然已有的一些研究结合了元学习和神经图灵机，但是没有方法将其泛化到零次学习的问题上。在本案例中，我们拓展了神经图灵机的基本思想，提出了解耦蒸馏模块，从而允许我们能够为未见过的肽段实现快速的泛化。与 NTM 的结构类似，解耦蒸馏模型主要由三个模块组成，即控制器、写头、读头，细节的描述如下。

（1）控制器存储了元学习模块中所有的肽段特异性模型 f_{θ_i} 及查询集 Q_i^*。

（2）记忆模块由一个索引基矩阵和一个记忆内容矩阵组成，其中基矩阵是一个单位正交阵 $I^{L \times L}$，而记忆内容矩阵为 $C^{L \times V}$。V 是肽段特异性学习器参数 θ_i^* 的长度，L 是新的肽段表征空间的维度，也称为 PLGS（peptide-specific learner generation space）。

（3）写头是解耦蒸馏模块中的解耦操作，包含一个可学习的参数矩阵 $W^{N \times L}$，其中 N 是训练任务中肽段特异性学习器的数量。

（4）读头是可学习参数矩阵 $A^{E \times L}$，可以把肽段特异性任务表征 TE_i 映射到新的肽段表征空间（PLGS）作为 TE_i'，其中 E 是 TE_i 的长度。

我们首先将所有肽段特异性学习器写入记忆内容矩阵，从而构建了肽段表征与肽段特异性学习器之间的映射，形式化描述如下：

$$M \leftarrow \left(F^{\mathrm{T}}W\right)^{\mathrm{T}} \tag{7.8}$$

其中，F 是一个由控制器中所有肽段特异性学习器参数组成的矩阵，即 $F^{N \times V} = \left[f_{\theta_1^*}, f_{\theta_2^*}, \cdots, f_{\theta_N^*}\right]^{\mathrm{T}}$。然后，一个新的肽段特异性学习器 $f_{\theta_i^*}'$ 则通过检索记忆模块生成。考虑与顺序无关的肽段特异性任务，我们采用 NTM 中基于内容的记忆内容处理机制。具体地，读、写头使用肽段特异性任务表征 TE_i 作为输入，同时输出在 PLGS 中的新肽段表征 TE_i'，进而用来计算与正交基矩阵的相似性。在目前的研究中，相似性函数被设置为余弦相似度：

$$K\left(u, v\right) = \frac{u \cdot v}{\|u\|\|v\|} \tag{7.9}$$

基于基矩阵 I 中每一个向量 $I(m)$，通过读头的注意力机制，该相似性计算产生权值 $w(m)$，每一个权值通过 softmax 计算得到：

$$w\left(m\right) = \frac{\exp\left(K\left(TE_i', I(m)\right)\right)}{\sum_n \exp\left(K\left(TE_i', I(n)\right)\right)} \tag{7.10}$$

其中，$\sum_m w\left(m\right) = 1$。同时，一个新的肽段特异性学习器可以通过读头的注意力机制检索记忆内容矩阵 M 获得：

$$f_{\theta_i^*}' \leftarrow \sum_m w\left(m\right) M\left(m\right) \tag{7.11}$$

其中，$M(m)$ 代表了 M 中的第 m 行的参数向量。

最后，受到无遗忘学习（learning without forgetting，LwF）的启发[35]，我们使用蒸馏损失作为下一个新任务的外部扩展方式，我们在解耦蒸馏模块中拓展了该基本思想。在元学习模块中，我们对所有的训练任务存储了肽段特异性学习器 $f_{\theta_i^*}$ 以及它们对应的查询集 Q_i。在迭代了所有训练任务后，所有的肽段特异性学习器通过写头 W 写入记忆模块。通过读头 A 获取肽段表征 TE_i，然后将其映射到PLGS空间中，随后通过检索记忆内容矩阵生成新的肽段特异性学习器 $f_{\theta_i^*}'$。我们提出使用蒸馏损失 $\mathcal{L}_d$ 去更新写头 W 及读头 Q，如下：

$$\mathcal{L}_d = -E_{TE_i \sim p(T)} \left[\sum_{tcr_j \sim Q_i} \left[\begin{array}{l} f_{\theta_i^*}^+ \left(TE_i, \ tcr_j \right) * \log\left(f_{\theta_i^*}'^+ \left(TE_i, \ tcr_j \right) \right) \\ + f_{\theta_i^*}^- \left(TE_i, \ tcr_j \right) * \log\left(f_{\theta_i^*}'^- \left(TE_i, \ tcr_j \right) \right) \end{array} \right] \right] \quad (7.12)$$

其中，TE_i 是来自 $p(T)$ 分布中肽段特异性任务 T_i 的表征；tcr_j 属于来自于肽段特异性任务 T_i 的查询集 Q_i；f^+ 和 f^- 分别代表来自模型 $f_{\theta_i^*}$ 或者 $f_{\theta_i^*}'$ 对于 tcr_j 是否与肽段 i 结合的概率输出。

7.2.3　结果与讨论

正如 5.1.2 节所述，元学习方法包括基于模型、基于度量、基于优化三大类方法，这三类方法各有优劣。接下来，我们将对基于优化方法构建的 PanPep 与使用其他学习方法构建的模型进行比较，从计算角度评估 PanPep 的预测性能。我们选择在肽段-TCR 识别领域较为热门的计算方法——pMTnet[26]、DlpTCR[27] 及 ERGO2[28]，在三种场景（多样本、少样本和零样本）下进行比较。我们首先使用它们各自的测试集，在三种场景下进行计算方法的测试，发现三个软件均在多样本场景下表现良好，而少样本场景下表现相对较差，并且在零样本场景下模型失去预测能力。相比于其他软件，PanPep 在多样本场景保持良好的预测性能的同时，在少样本及零样本场景下均优于其他软件，其中，PanPep 在多样本场景下达到 0.792 的 ROC-AUC 和 0.797 的 PR-AUC；在少样本场景下，基于任务的五折交叉验证达到平均 0.734 的 ROC-AUC 和 0.751 的 PR-AUC；在零样本场景下达到了 0.708 的 ROC-AUC 和 0.715 的 PR-AUC（图 7.5）。

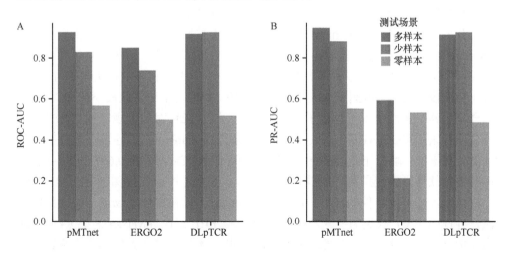

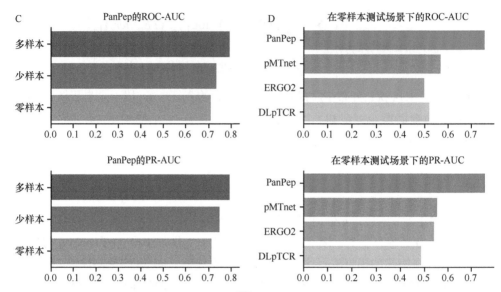

图 7.5 PanPep 预测性能与其他软件的比较[15]。A. pMTnet、ERGO2 和 DLpTCR 在三种场景下的 ROC-AUC。B. pMTnet、ERGO2 和 DLpTCR 在三种场景下的 PR-AUC。C. PanPep 在三种场景下的 ROC-AUC 和 PR-AUC。D. PanPep 和其他软件在零样本场景下的 ROC-AUC 和 PR-AUC。

更进一步，我们也同时比较了 PanPep 和迁移模型的结果。在该测试中，模型的构建均在相同的数据集上，即在少样本场景下，模型采用与 PanPep 一致的五折划分。区别体现在模型的训练，其中 PanPep 的训练以任务为单位，而迁移学习则以所有的肽段-TCR 对为单位。结果显示，PanPep 相对于迁移学习获得了更高的预测性能（图 7.6）。综上，PanPep 不仅在多样本及少样本场景下取得优越的肽-TCR 结合预测性能，而且能够有效地泛化至零样本场景下。

我们进一步展示了 PanPep 模型在外来病毒抗原识别中的应用。我们从来自 ImmuneCODE 发表的数据集中收集到 COVID-19 的队列[36]。该队列共包含了超过 1400 个病历，同时记录了高置信度的病毒特异性 TCR。将该数据集与 PanPep 训练集中肽段去重后，得到了 545 个未见的肽段。我们对于所有肽段下的 TCR 进行负样本采样平衡，获得了包含了 1 168 776 个肽段-TCR 对的大规模独立测试集。我们同样采用 ROC-AUC 及 PR-AUC 指标来测试 PanPep 与其他各个软件的预测性能。在零样本场景下，PanPep 达到了 0.668 的 ROC-AUC 和 0.677 的 PR-AUC，而其他的软件则失去预测性能（图 7.7A 和 B）。除此之外，我们随机采样了 100 000 个样本来评估不同软件的计算效率，由于 PanPep 可以在零样本场景下快速生成肽段特异性的模型，故仅需要 4.27s 来完成预测。相比之下，pMTnet 需要大约 20.5h 来完成预测（图 7.7C）。上述结果表明，PanPep 不仅能够在大规模独立测试集上表现出良好的预测性能，同时也具有更高的计算效率。

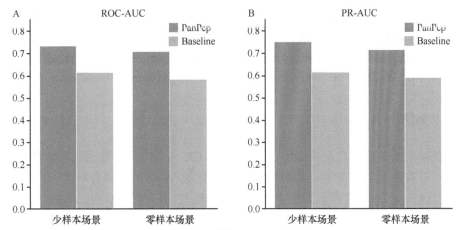

图 7.6　PanPep 预测性能与迁移模型的比较[15]。A. 在少样本场景中，基线迁移模型平均获得 0.615 的 ROC-AUC 和 0.614 的 PR-AUC（PanPep 的平均 ROC-AUC 为 0.734，平均 PR-AUC 为 0.751）。B. 在零样本场景中，基线迁移模型获得 0.584 的 ROC-AUC 和 0.589 的 PR-AUC（PanPep 的 ROC-AUC 为 0.708，PR-AUC 为 0.715）。

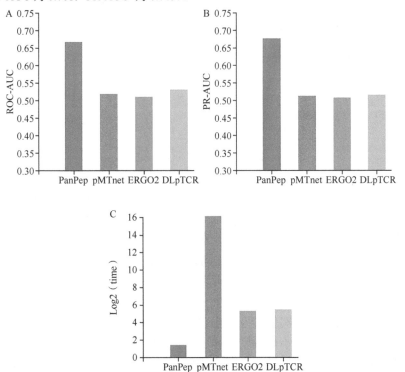

图 7.7　PanPep 在 COVID-19 数据集上的性能测试[15]。A. PanPep、pMTnet、ERGO2、DLpTCR 在大规模 COVID-19 数据集上的预测性能（以 ROC-AUC 为指标）。B. PanPep、pMTnet、ERGO2、DLpTCR 在大规模 COVID-19 数据集上的预测性能（以 PR-AUC 为指标）。C. 不同计算工具的效率比较（运行时间进行 log-2 转换）。

最后，我们证明 PanPep 在进行肿瘤 T 细胞筛选的同时，同样能够识别针对新生抗原产生免疫响应的 T 细胞标志物。我们收集了 9 例转移性肠胃癌患者的 T 细胞和新生抗原数据，以及 5 例患者的 T 细胞 CDR3 序列和单细胞表达谱数据，利用上述数据对 PanPep 进行进一步的验证，具体信息可以参考相应的参考文献[15]。

7.2.4 案例小结

受限于测序成本与测序深度，尽管肽段-TCR 结合的公共数据库逐渐增多，但是相对于其他组学的数据，其增长仍然相对缓慢。初步的数据分析显示，现有的数据呈现长尾分布。大量数据均集中在少量肽段上，而大部分肽段已知的结合 TCR 数量较少，这提示我们需要开发新的计算方法来解决这类长尾分布问题。本案例围绕肽段-TCR 结合识别中的小样本及长尾分布的瓶颈，开发了新颖有效的计算方法 PanPep。该方法假设每一个肽段均有其特异性的 TCR 结合模式，以肽段作为任务单位，构建元学习模型，以此来解决小样本学习问题。同时，受神经图灵机启发，我们提出了一个新的解耦蒸馏框架，该框架能够将模型泛化到零样本学习上，从而对于未见的肽段依然能够实现良好的预测性能。最后，我们通过若干示例来展示 PanPep 在临床应用方面的潜力。

综上，PanPep 采用元学习算法来构建肽段-TCR 结合预测模型，有效解决了样本数据量小且数据服从长尾分布的问题，是元学习结合免疫组学赋能肽段-TCR 识别预测的一个经典案例。

7.3 本 章 小 结

元学习是当前主流的小样本学习技术之一，它可用于构建有效且具有高泛化能力的分类器。元学习尤其适合用于标注样本稀缺的组学数据挖掘场景。通过约束损失函数，模型能够"学会学习"，对于在类似任务分布上的新任务具有泛化能力。元学习对于减少生物组学数据的高标记成本、减少小样本导致的模型误差，以及提高学习机器的泛化性能方面具有重要意义。

本章向读者详细展示了利用元学习并结合免疫组学数据进行肽段-TCR 结合预测的一个成功案例，该案例涉及元学习模型的构建以及受神经图灵机启发的解耦蒸馏方法，从而实现了小样本学习和零次学习的泛化。

鉴于目前生物医学领域的标记样本难以获取，元学习在组学应用中将会具有更加广阔的影响。除此之外，针对多模态的高维组学数据及其长尾分布特性，如何利用元学习对其进行有效建模，需要进行更加深入的探索。

参 考 文 献

[1] Munkhdalai T, Yu H: Meta networks. In *International conference on machine learning*. PMLR; 2017: 2554-2563.

[2] Snell J, Swersky K, Zemel R: Prototypical networks for few-shot learning. *Advances in Neural Information Processing Systems* 2017, 30: 4077-4087.

[3] Finn C, Abbeel P, Levine S: Model-agnostic meta-learning for fast adaptation of deep networks. In *International Conference on Machine Learning*. PMLR; 2017: 1126-1135.

[4] Nichol A, Schulman J: Reptile: a scalable metalearning algorithm. *arXiv preprint arXiv: 180302999* 2018, 2: 4.

[5] Olier I, Sadawi N, Bickerton GR, Vanschoren J, Grosan C, Soldatova L, King RD: Meta-QSAR: a large-scale application of meta-learning to drug design and discovery. *Machine Learning* 2018, 107: 285-311.

[6] Brbić M, Zitnik M, Wang S, Pisco AO, Altman RB, Darmanis S, Leskovec J: MARS: discovering novel cell types across heterogeneous single-cell experiments. *Nature Methods* 2020, 17: 1200-1206.

[7] Qiu YL, Zheng H, Devos A, Selby H, Gevaert O: A meta-learning approach for genomic survival analysis. *Nature communications* 2020, 11: 6350.

[8] Mahajan K, Sharma M, Vig L: Meta-dermdiagnosis: Few-shot skin disease identification using meta-learning. In *Proceedings of the IEEE/CVF Conference on Computer Vision and Pattern Recognition Workshops*. 2020: 730-731.

[9] Li X, Yu L, Jin Y, Fu C-W, Xing L, Heng PA: Difficulty-aware meta-learning for rare disease diagnosis. In *Medical Image Computing and Computer Assisted Intervention–MICCAI 2020: 23rd International Conference, Lima, Peru, October 4–8, 2020, Proceedings, Part I 23*. Springer; 2020: 357-366.

[10] Huang K, Zitnik M: Graph meta learning via local subgraphs. *Advances in Neural Information Processing Systems* 2020, 33: 5862-5874.

[11] Lee E, Yoo J, Lee H, Hong S: MetaDTA: Meta-learning-based drug-target binding affinity prediction. In *ICLR2022 Machine Learning for Drug Discovery*. 2022.

[12] He T, An L, Chen P, Chen J, Feng J, Bzdok D, Holmes AJ, Eickhoff SB, Yeo BT: Meta-matching as a simple framework to translate phenotypic predictive models from big to small data. *Nature Neuroscience* 2022, 25: 795-804.

[13] Chen W, Tripp A, Hernández-Lobato JM: Meta-learning adaptive deep kernel Gaussian processes for molecular property prediction. In *NeurIPS 2022 AI for Science: Progress and Promises*. 2022.

[14] He W, Jiang Y, Jin J, Li Z, Zhao J, Manavalan B, Su R, Gao X, Wei L: Accelerating bioactive peptide discovery via mutual information-based meta-learning. *Briefings in Bioinformatics* 2022, 23: bbab499.

[15] Gao Y, Gao Y, Fan Y, Zhu C, Wei Z, Zhou C, Chuai G, Chen Q, Zhang H, Liu Q: Pan-peptide meta learning for T-cell receptor–antigen binding recognition. *Nature Machine Intelligence* 2023, 3: 1-14.

[16] Campillo-Davo D, Flumens D, Lion E: The quest for the best: how TCR affinity, avidity, and functional avidity affect TCR-engineered T-cell antitumor responses. *Cells* 2020, 9: 1720.

[17] Dash P, Fiore-Gartland AJ, Hertz T, Wang GC, Sharma S, Souquette A, Crawford JC, Clemens EB, Nguyen TH, Kedzierska K: Quantifiable predictive features define epitope-specific T cell

receptor repertoires. *Nature* 2017, 547: 89-93.

[18] Sidhom JW, Larman HB, Pardoll DM, Baras AS: DeepTCR is a deep learning framework for revealing sequence concepts within T-cell repertoires. *Nature Communications* 2021, 12: 1-12.

[19] Zhang H, Zhan X, Li B: GIANA allows computationally-efficient TCR clustering and multi-disease repertoire classification by isometric transformation. *Nature Communications* 2021, 12: 1-11.

[20] Zhang H, Liu L, Zhang J, Chen J, Ye J, Shukla S, Qiao J, Zhan X, Chen H, Wu CJ: Investigation of antigen-specific T-cell receptor clusters in human cancers. *Clinical Cancer Research* 2020, 26: 1359-1371.

[21] Huang H, Wang C, Rubelt F, Scriba TJ, Davis MM: Analyzing the mycobacterium tuberculosis immune response by T-cell receptor clustering with GLIPH2 and genome-wide antigen screening. *Nature Biotechnology* 2020, 38: 1194-1202.

[22] Dvorkin S, Levi R, Louzoun Y: Autoencoder based local T cell repertoire density can be used to classify samples and T cell receptors. *PLoS Computational Biology* 2021, 17: e1009225.

[23] Jokinen E, Huuhtanen J, Mustjoki S, Heinonen M, Lähdesmäki H: Predicting recognition between T cell receptors and epitopes with TCRGP. *PLoS Computational Biology* 2021, 17: e1008814.

[24] Gielis S, Moris P, Bittremieux W, De Neuter N, Ogunjimi B, Laukens K, Meysman P: Detection of enriched T cell epitope specificity in full T cell receptor sequence repertoires. *Frontiers in Immunology* 2019, 10: 2820.

[25] Montemurro A, Schuster V, Povlsen HR, Bentzen AK, Jurtz V, Chronister WD, Crinklaw A, Hadrup SR, Winther O, Peters B: NetTCR-2.0 enables accurate prediction of TCR-peptide binding by using paired TCRα and β sequence data. *Communications Biology* 2021, 4: 1-13.

[26] Lu T, Zhang Z, Zhu J, Wang Y, Jiang P, Xiao X, Bernatchez C, Heymach JV, Gibbons DL, Wang J: Deep learning-based prediction of the T cell receptor-antigen binding specificity. *Nature Machine Intelligence* 2021, 3: 864-875.

[27] Xu Z, Luo M, Lin W, Xue G, Wang P, Jin X, Xu C, Zhou W, Cai Y, Yang W: DLpTCR: an ensemble deep learning framework for predicting immunogenic peptide recognized by T cell receptor. *Briefings in Bioinformatics* 2021, 22: bbab335.

[28] Springer I, Tickotsky N, Louzoun Y: Contribution of t cell receptor alpha and beta cdr3, mhc typing, v and j genes to peptide binding prediction. *Frontiers in Immunology* 2021, 12: 664514.

[29] Weber A, Born J, Rodriguez Martínez M: TITAN: T-cell receptor specificity prediction with bimodal attention networks. *Bioinformatics* 2021, 37: i237-i244.

[30] Graves A, Wayne G, Danihelka I: Neural turing machines. *arXiv Preprint arXiv: 14105401* 2014.

[31] Vita R, Mahajan S, Overton JA, Dhanda SK, Martini S, Cantrell JR, Wheeler DK, Sette A, Peters B: The immune epitope database (IEDB): 2018 update. *Nucleic Acids Research* 2019, 47: D339-D343.

[32] Tickotsky N, Sagiv T, Prilusky J, Shifrut E, Friedman N: McPAS-TCR: a manually curated catalogue of pathology-associated T cell receptor sequences. *Bioinformatics* 2017, 33: 2924-2929.

[33] Zhang W, Wang L, Liu K, Wei X, Yang K, Du W, Wang S, Guo N, Ma C, Luo L: PIRD: Pan immune repertoire database. *Bioinformatics* 2020, 36: 897-903.

[34] Bagaev DV, Vroomans RM, Samir J, Stervbo U, Rius C, Dolton G, Greenshields-Watson A, Attaf M, Egorov ES, Zvyagin IV: VDJdb in 2019: database extension, new analysis infrastructure and a T-cell receptor motif compendium. *Nucleic Acids Research* 2020, 48:

D1057-D1062.

[35] Li Z, Hoiem D: Learning without forgetting. *IEEE Transactions on Pattern Analysis and Machine Intelligence* 2017, 40: 2935-2947.

[36] May DH, Rubin BE, Dalai SC, Patel K, Shafiani S, Elyanow R, Noakes MT, Snyder TM, Robins HS: Immunosequencing and epitope mapping reveal substantial preservation of the T cell immune response to Omicron generated by SARS-CoV-2 vaccines. *medRxiv* 2021 med Rxiv: 21267877 2021.

第 8 章　组学的不完备监督——主动学习

8.1　主 动 学 习

8.1.1　适用场景

主动学习（active learning，AL）是不完备监督学习的一种常见范式，是监督学习与主动采样相结合的一种学习模式。主动学习从大量未标记数据中不断筛选出少数样本进行优先标记，通过迭代训练的方式进行机器学习。主动学习的基本思想是未标记数据中存在少数具有高信息含量的样本，将它们标记后来训练预测器，能更加高效地提升模型的预测能力。主动学习的核心问题是采用何种方法来筛选出这些高价值的未标记样本，使得预测器的性能得到最大程度的提升。主动学习的优势是通过主动选择样本进行标记，从而大大减少为了到达理想的预测能力所需的训练样本，降低标记成本。

生物医药领域的数据，包括组学数据，其标记工作不但需要专门的领域知识，而且经常涉及昂贵且费时耗力的实验过程。普遍情况是存在大量的变量，需要通过实验来找出理想组合，但对所有的组合进行实验往往并不现实，因此选择哪些样本优先进行实验对于研发人员来说显得尤为重要。主动学习共有三种应用场景：①池式查询（pool-based query）；②序列查询（sequential query）；③合成式成员查询（membership synthesis query）。其中，池式查询是适合生物医药领域数据的主要应用场景，常见于各类以筛选或优化为目的的实验。该场景下，首先从未标记数据中抽取一部分或者全部形成样本池，然后对样本池里面的所有样本进行某种度量并以此排序，最后选出排名靠前的一个或多个样本进行实验，得到相应的标记。因为另外两种查询方式在生物医药领域并无相关文献报道，所以本章的介绍将以池式查询为前提。不过，值得注意的是，合成式成员查询在未来有希望成为另一大应用场景，尤其在药物设计、抗体设计、酶进化等问题上。这些问题的共同点在于无标记数据量接近于无限，故与其通过抽取的方式形成样本池，不如直接生成（合成）需要优先标记的样本。该场景下，首先利用生成模型批量生成新的样本，然后对这些样本进行筛选或直接进行标记。其中，生成模型的质量至关重要，需要避免生成难以标记的样本。随着医药领域数据的生成模型不断发展和成熟，相信合成式成员查询将会展现出巨大的潜力。

8.1.2　理论思想

形式化地，我们定义 D^{tr} 为训练集，这里 $D^{tr} = \{(x^i, y^i)\}_{i=1}^{I}$，$x^i$ 是第 i 个样本的特征向量，y^i 是相应的标记。监督学习的任务是在假设空间中寻找一个映射函数 $F_\theta : X \to Y$，这里 X 是输入空间，Y 是输出空间，θ 是由训练集 D^{tr} 训练得到的一组参数。为了验证映射函数 $F_\theta : X \to Y$ 的有效性，一般定义一个测试集 D^{ts}，这里 $D^{ts} = \{(x^j, y^j)\}_{j=1}^{J}$，其中元素的含义与训练集类似。对于主动学习而言，除了初始训练集和测试集，大多数样本将在训练过程中陆续添加进训练集，因此定义一个候选数据集 D^{cdd}，这里 $D^{cdd} = \{(x^m, y^m)\}_{m=1}^{M}$，其中 y^m 未知。主动学习的重点在于构建一个选择器 $S_\psi(.)$（ψ 是其参数），它可以是一种采样策略或者是一种模型，其作用是从候选集合 D^{cdd} 里面筛选出哪些数据最应该被标记。在每次迭代中，选择器 $S_\psi(.)$ 从候选集合 D^{cdd} 里面选出一部分候选样本 B_n，对 B_n 进行标记，然后把它放进训练集 $D_t^{tr} = D_{t-1}^{tr} \cup B_n$，用这个新的 D_t^{tr} 训练预测器 $F_\theta(.)$，更新预测器参数 θ，完成一次循环（图 8.1）。假设每次迭代时只从候选集合 D^{cdd} 中挑选一个样本，那么选择器可以按照公式（8.1）进行定义：

$$\hat{x} = \text{argmax}_{x \in D^{cdd}} S_\psi(x, D^{cdd}, D^{tr}, \theta) \tag{8.1}$$

其中，选择器 $S_\psi(x, D^{cdd}, D^{tr}, \theta)$ 可以和候选集合 D^{cdd}、训练集 D^{tr}、预测器参数 θ，甚至其他变量和数据均有关系。显然，我们也可以选择一定数量的样本 $\{\hat{x}_n\}_{n=1}^{N}$ 形成 B_n，通过计算 $S_\psi(.)$，对未标记样本进行排序，前 N 个数据将被优先标记。

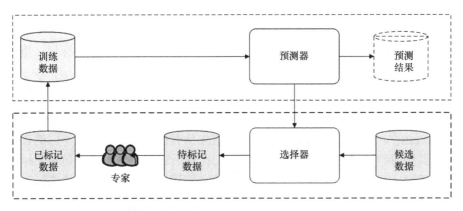

图 8.1　主动学习流程概览[1]

根据对未标记样本的评估角度不同，至少有 4 种类型的选择器 $S_\psi(\cdot)$。

1）基于未标记样本的不确定性

例如，不确定性采样（uncertain sampling）、委员会问询（query-by-committee）等。不确定性采样可能是最常用的主动学习框架，由 Lewis 等于 1995 年提出[2]。该类方法假设当不确定性较高的样本被标记和用于训练后，会提供给预测器更多的信息，能更快地提高其预测性能。决策边界附近的样本不确定性高，远离决策边界的样本则具有较高的确定性，因此后者被认为是冗余的，它们对决策边界不提供额外的信息[3]。根据不同的预测任务和所用的预测器，评估样本不确定性的方法有很多种。典型地，在二分类问题中利用概率模型进行预测时，后验概率接近 0.5 的未标记样本通常会被优先标记[4]。在更一般的多分类问题中，选择器可采用公式（8.2）进行选择：

$$\hat{x} = \mathrm{argmax}_{x \in D^{cdd}} \left(1 - P(\hat{y}_1|x) \right) \quad\quad (8.2)$$

其中，$P(\hat{y}_1|x)$ 是预测器给出的最高后验概率，即 $\hat{y}_1$ 是 x 的最可能类别。该选择器通过考虑未标记样本的最可能类别进行选择，但忽略了其他可能类别的信息。Culotta 等人提出一种改进来修正该问题，以最混淆类别之间的概率差作为测度，即最高和次高后验概率的差[5]（公式 8.3）：

$$\hat{x} = \mathrm{argmin}_{x \in D^{cdd}} \left(P(\hat{y}_1|x) - P(\hat{y}_2|x) \right) \quad\quad (8.3)$$

其中，$P(\hat{y}_1|x)$ 和 $P(\hat{y}_2|x)$ 分别是预测器给出的最高和次高后验概率，即 $\hat{y}_1$ 和 $\hat{y}_2$ 是 x 的最混淆类别。当该概率差较小时，对应未标记样本的不确定性较高。然而，当类别数目增加时，只考虑这两类信息可能还是不够。更具普适性的不确定性采样方法是最大化熵[6]（公式 8.4）：

$$\hat{x} = \mathrm{argmax}_{x \in D^{cdd}} - \sum_{k=1}^{K} P(\hat{y}_k|x) \log P(\hat{y}_k|x) \quad\quad (8.4)$$

其中，$P(\hat{y}_k|x)$ 是 x 被预测为第 k 种标记的后验概率，总共有 K 种标记。值得注意的是，最大化熵在深度学习场景下也同样适用。Vijayanarasimhan 等将交叉熵引入双向门控 RNN 中，形成损失敏感的主动学习，用于不平衡的故障诊断[7]。

委员会问询（QBC）也是常用的基于样本不确定性的选择器，由 Seung 等于 1992 年提出[8]。QBC 过程如图 8.2 所示：首先从有标记数据中选取不同的样本子集进行训练得到一系列预测器，形成委员会；然后让每个委员会成员对未标记样本进行预测。该方法假设那些让委员会成员在预测标记时产生歧义的未标记样本具有较高的不确定性，应该被优先标记。为了保证其有效性，每个委员会成员应该代表假设空间中的不同区域。Abe 等提出分别用 Boosting 和 Bagging 的集成方法来形成委员会[9]。Melville 等则提出一种改进，其强调委员会成员之间的不一致性，因为如果成员代表相似的假设，将难于产生分歧，无法有效地评估未标记样本的不确定性[10]。

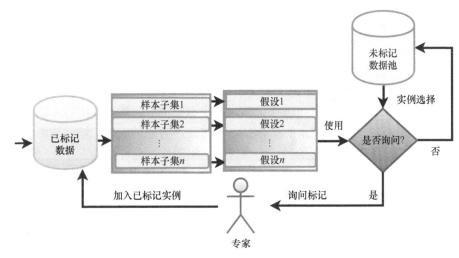

图 8.2　委员会问询过程[11]

上述选择器的核心理念是选择接近决策边界的未标记样本，因此十分直观，易于理解和实施。然而，该类方法的缺点在于没有考虑未标记样本之间的关系，并且默认每个输入数据是独立同分布[12]。这可能会导致所有的候选样本均来自输入空间的同一小片区域，样本之间彼此相似，输入空间的其他区域在建立假设的过程中却没有涉及，进而导致采样偏倚的问题。另一个问题是容易对异常值（outliers）进行标记[13]。虽然异常值也在决策边界附近，但是对于提升模型的预测性能却没有益处，标记这些样本会造成资源浪费。还有一些研究指出，用不确定性采样或 QBC 作为选择器，有时候会导致比被动随机采样效果更差或不稳定的表现[14, 15]。

2）基于未标记样本的内在分布和结构

例如，代表性、多样性等。样本分布是数据的内在特征，和预测器的结构及预测结果通常无关。该类选择器通过未标记样本在几何分布上的位置、与邻近样本之间的关系来判定它们是否值得被标记。估计样本分布的方法有很多种，包括 K-means、稀疏表示[16]、PCA 流形学习[17]等。已知样本分布之后，可以根据不同的标准对未标记样本进行筛选，最典型的两种标准是代表性和多样性，两者从不同的角度将样本选择和样本分布联系起来。

既然数据通常是冗余的，那么直觉上，从中选出具有代表性的样本来训练预测器会更加高效。该类选择器会从输入空间的高密度区域选择未标记样本，作为代表性样本（图 8.3）。因为是在高密度的区域进行选择，所以自动避免了上一类选择器所面对的异常者问题。Wu 等采用样本间距离来表征密度，对于每个未标记样本，计算它们与所有其他剩余样本的平均距离，将平均距离最小的样本优先标记[18]（公式 8.5）：

$$\hat{x} = \mathrm{argmin}_{x \in D^{cdd}} \frac{1}{M} \sum_{m=1}^{M} D\left(x, x^m\right) \tag{8.5}$$

其中，$D(\cdot)$ 是任意可以计算距离的函数，如欧氏距离、马氏距离等。Ienco 等提出另一种方法，即先对输入空间进行聚类，确定聚类中心，然后采用每个聚类中心的最近邻样本形成代表性样本的集合[19]。不过，该方法的表现依赖于聚类方法返回的聚类结果。和距离相对的另一个测度——相似性，也可以用于计算代表性。Fu 等讨论了一些在主动学习场景下常用的计算相似性的方式[12]，如余弦相似性、KL 散度和高斯相似性。当然，相似性评估要根据问题场景的不同进行变化，例如，在文本挖掘中，基于语义的相似性体系更适合。

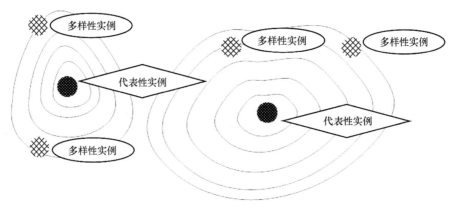

图 8.3　代表性 vs 多样性[1]

　　和代表性相对，多样性是另一个重要的采样标准（图 8.3）。当有多个候选样本同时被标记并给到预测器进行训练时，存在一个潜在的问题：用相同的选择器一次性选出多个样本，样本之间的相似性可能会导致候选集合本身的冗余。通过提高样本之间的多样性可以克服该问题。Brinker 等首次将多样性引入以 SVM 为预测器的主动学习[20]（公式 8.6）：

$$\hat{x} = \mathrm{argmax}_{x \in D^{cdd}} \left(1 - \max_{x^i \in D^{tr}} \frac{\left| K\left(x, x^i\right) \right|}{\sqrt{K(x, x) \cdot K\left(x^i, x^i\right)}} \right) \tag{8.6}$$

其中，$K(\cdot)$ 是用于计算样本相似度的核函数。Hoi 等分别将该方法用于文本分类[21]和医疗图像分类[22]。

该类选择器从输入空间的不同区域挑选未标记样本，因此可以减少采样偏倚所带来的问题，也在一定程度上避免了候选集合自身的冗余。然而，该类方法需要更多的候选样本来寻找目标决策边界，收敛较慢。而且对于代表性样本而言，难以保证输入空间的所有代表性样本均被找到。因为样本的分布通常和预测器的状态无关，所以数据内在结构上的关键样本对于预测器来说未必重要，使得该类选择器单独使用时效果会不够理想。

3）基于未标记样本对模型的影响

例如，期望误差缩减（expected error reduction）、期望梯度长度（expected gradient length）等。该类选择器基于如下假设：如果未标记样本会对预测器的模型参数产生较大影响，那么它们是重要样本，需要被优先标记。有多种方法来衡量未标记样本对模型参数的影响，期望误差缩减（EER）就是其中之一，由 Roy 等于 2001 年为文本分类提出[23]：先从未标记样本池中移出一个数据，加上任意标记后加入训练集，而剩余的未标记样本作为验证集，标记为 D^v；接着计算重新训练后的预测器在该验证集上的期望误差；最后将那些能最大程度上减小误差的样本作为候选样本。该方法和不确定性采样呈一定的互补关系：不确定性采样的目标是最大化候选样本的不确定性，而 EER 的目标则是在候选样本加入训练集后，最小化 D^v 中样本的不确定性。因此，误差缩减也可以视为不确定性缩减，只不过不确定性标准是用在剩余样本 D^v 上，而不是候选样本本身（公式 8.7）：

$$\hat{x} = \mathrm{argmin}_{x \in D^{cdd}} \sum_{k=1}^{K} P(\hat{y}_k | x) \cdot \hat{E}_{D^{trk}} \tag{8.7}$$

$$\hat{E}_{D^{trk}} = -\frac{1}{|D^v|} \sum_{x \in D^v} \sum_{k=1}^{K} P_{D^{trk}}(\hat{y}_k | x) \cdot \log P_{D^{trk}}(\hat{y}_k | x)$$

其中，$D^v = D^{cdd} - x$ 是验证集；$D^{trk} = D^{tr} + (x, \hat{y}_k)$ 是更新后的训练集；$P_{D^{trk}}(\hat{y}_k | x)$ 是 F_θ 在 D^{trk} 上重训练后将 x 预测为第 k 种标记的后验概率；$\hat{E}_{D^{trk}}$ 表示 F_θ 在 D^{trk} 上重训练后在 D^v 上的误差估计。最后，具有最小期望误差的未标记样本会被优先标记。

由 Settles 等于 2007 年提出的期望梯度长度（EGL）是另一个用来衡量未标记样本对预测器影响大小的重要方法[24]。和 EER 类似，EGL 也是先从未标记样本池中移出一个数据，加上任意标记后加入训练集，重新训练预测器。和 EER 不同的是，EGL 直接通过梯度来测定新加入的样本对模型参数的影响，而不需要验证集。虽然新加入样本的真实标记未知，无法计算其真实梯度，但可以通过计算期望的方式来进行估计（公式 8.8）：

$$\hat{x} = \mathrm{argmax}_{x \in D^{cdd}} \sum_{k=1}^{K} P(\hat{y}_k | x) \cdot \nabla J(\theta)_k \tag{8.8}$$

其中，$\nabla J(\theta)_k$ 是将 $(x, \hat{y}_k)$ 加入 D^{tr} 后重训练 F_θ 时产生的损失函数梯度。能产生最

大期望梯度的未标记样本会被优先标记。不过，由于需要计算梯度变化，所以该方法只适合利用梯度进行训练的模型。

相较于之前介绍的两类选择器，该类选择器在理论上更有依据，但是其缺陷也显而易见：对每个未标记样本都需要重新训练一次模型来计算某种期望值，这点对于稍大的数据集或者训练耗时的预测器来说，计算成本将非常高，因此限制了该类方法的广泛使用。

4）混合标准

如前所述，如果采用单一的选择器进行筛选，总会有失偏颇。如图 8.4 中所示，不确定性高的样本经常聚集在一小片特征空间上。如果基于不确定性进行选择，很可能导致在一小片区域上反复选择样本，进而降低主动学习的效率。其实，只要一个未标记样本就可以代表这一小片区域上所有的不确定性样本。同时，仅考虑代表性也存在问题，因为一些最具代表性的样本会随着预测器训练时参数的变化而变得不重要。因此，可以通过组合不同的选择器来平衡各种角度的考量，以便更全面地选择样本。Gao 等提出一个简单但有效的选择策略，基于样本一致性，其隐式地平衡了样本不确定性和多样性[25]。Coletta 等则将熵和密度进行组合来选择样本[26]。混合标准也可以用两种以上的选择器来构建。Yuan 等设计了一个新颖的解决方案——多标准主动深度学习（MCADL），将用于图像分类的深层神经网络结合主动学习策略，同时考虑了密度、相似度、不确定性和基于标记的标准[27]。Beluch 等指出基于集成的不确定性标准始终比单一的不确定性标准表现要好，并在 MNIST 和 CIFAR-10 上取得了 SOTA 的主动学习性能[28]。

不过，混合标准也存在一些限制：①因为要用多个标准来评估未标记样本，所以计算成本会相应地增加；②不同标准间的权重需要在训练过程中进行平衡，尤其是当多于两种标准时，如何理解及协调标准之间的关系会是个难题。

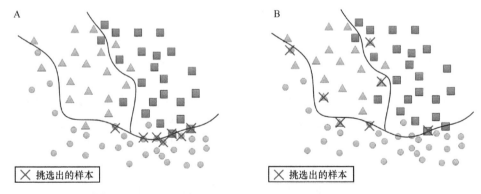

图 8.4 混合标准[29]。A. 以不确定性作为单一测度来选择样本；B. 组合不确定性和代表性两种测度来选择样本。

8.1.3 组学应用

主动学习在组学分析领域有较多的应用案例（表 8.1），包括应用于癌症分类[30]、化合物表型预测[31, 32]、蛋白质结构预测[33]、酶的新颖底物预测[34]、生物合成通路优化[35]、生物合成产量优化[36]，化学反应的定量建模[37]等。Liu 将主动学习应用于大肠癌、肺癌、前列腺癌样本的分类[30]。作者将基因表达谱作为特征，以 SVM 作为预测器，并选取接近决策边界的样本进行优先标记。文中比较了主动学习和被动学习的分类效果，结果显示，用主动学习可以实现高准确性，并大量减少所需的标记数据。尤其对于肺癌分类，要实现 96%的分类准确性，主动学习只需要 31 个标记样本，而被动学习则需要 174 个标记样本，意味着前者实现了 82%的缩减。Naik 等针对给定靶点的化合物高通量筛选设计了一个主动学习的工作流程[32]：建立概率模型、模型的结构学习（structure learning）、数据填补（data imputation）、主动采样、迭代训练。在主动采样中，作者用概率模型对未标记样本进行预测，其中置信度较低的样本进行优先标记。作者从 Connectivity Map 数据库中选取了 280 个药物对 48 个细胞系进行扰动所产生的基因表达谱，用于建立数据集来验证该工作流程，证实其可以缩减 21%~40%的实验数据并实现 95%的预测准确性。作者在之后的工作中继续将该主动学习工作流程和自动化显微技术相结合，让预测器准确预测了 48 个化合物对 48 种蛋白质的亚细胞定位产生的影响，只需要进行所有可能实验的 29%[31]。Osmanbeyoglu 等提出了一个主动学习方法用于选择最少量的蛋白质，它们的结构足以帮助确定其他蛋白质的穿膜螺旋结构[33]。作者将之前开发的一个能准确预测穿膜螺旋结构的算法 TMpro 和主动学习进行结合。首先提取氨基酸残基的物化性质，通过 SVD（singular value decomposition）、SOM（self-organizing map）提取特征，用 MLP 作为预测器，并采用了两类选择器，分别对应代表性和不确定性：①一个蛋白质对特征空间的覆盖度可以用其 SOM 节点数进行表征，即 SOM 节点数越多的蛋白质代表性越高，会被优先标记；②最混淆类概率差较小的被优先标记。该计算框架仅用 10%的数据量进行训练，就在基准测试评估和 MPtopo 数据集上分别实现 94%和 91%的 F-score，实现了 SOTA 的准确性。Pertusi 等将主动学习用于搜索 4 种不同类型的酶的新颖底物，以 SVM 作为预测器，采用不确定性和多样性相结合的方式选择样本进行实验，用比整个底物集合少 33%的化合物量就能实现 80%的模型预测准确性[34]。HamediRad 等将主动学习结合机器人设备，优化了番茄红素生物合成通路，只需要评估少于 1%的可能变体，而且表现要比随机筛选提高 77%[35]。作者采用了开发和探索两种选择模式，前者寻求目标值的最大化，而后者寻找高方差的预测，即不确定性采样。Borkowski 等采用了相同的策略，证明在大于 4×10^6 的组合空间中优化缓冲液组成，只用 10 次以内的迭代就足以实现 34 倍的产量增长[36]。主动学习同样也可以用于化学合成反应的定量建模[37]，在下一节中，我们将对该具体案例进行深入介绍。

表 8.1　主动学习的应用案例

工具	问题	组学	预测器	采样策略	年份	参考文献
—	癌症分类	基因组	SVM	不确定性	2004	[30]
TMpro-active	预测蛋白质结构	蛋白质组	MLP	不确定性	2010	[33]
—	预测化合物表型	药物基因组	Probabilistic models	不确定性	2016	[31, 32]
—	酶底物预测	酶组	SVM	不确定性+多样性	2017	[34]
BioAutomata	优化生物合成通路	基因组	GP	不确定性	2019	[35]
—	优化生物合成产量		MLP	不确定性	2020	[36]
DeepReac+	化学反应定量建模		GNN	对抗性、多样性、对抗性+贪婪性	2021	[37]

8.2　案例：基于主动学习的化学反应定量建模

8.2.1　背景介绍

有机合成是诸多学科和行业的基石，如化学生物学、材料科学及医药行业。由于有机化学的复杂性，有机合成经常被描述为一门需要多年的不断实践才能掌握的艺术[38, 39]。作为合成方法学的一个关键点，反应条件的优化通常依靠研发人员累积的经验和由此得到的直觉，会受制于个人偏见和教育背景[40-42]。随着现代合成化学的进步，诸如产率和选择性等研发人员关心的反应结果会受到诸多变量的影响，如离去基团、催化剂、温度、溶剂和添加剂等。这些因素的组合会产生一个巨大的反应条件空间，即所谓的"组合爆炸"，使得合成化学家从中找出最优的反应条件变得难上加难。许多来自学界和业界的研究团队为了解决该问题，综合利用包括高通量筛选[43]、流式反应[44, 45]和机器人等在内的先进技术，开发了各种系统性、自动化的化学合成平台来提高优化反应条件的效率。虽然这些实验技术的进步实现了标准化和并行化，但是对整个反应条件空间的盲目搜索依旧耗时费力、成本高昂。

本研究案例关注对化学合成反应进行通用且高效的定量建模这一具有广泛应用价值的科学问题。随着人工智能技术的发展，各种机器学习模型已被成功应用于类似的场景，包括虚拟筛选[46-50]、材料发现[51-54]、分子设计[55-58]和合成路线规划[59]，因此反应结果预测也开始得到关注[60-66]。然而，当前的计算方法存在两个方面的限制。①在建模不同类别化学反应时缺乏通用性。对于不同的反应机理或预测任务，研究人员往往基于某种科学假设来设计不同的定制化反应描述符。这些人为设计的描述符的应用范围局限，而且其背后的科学假设可能会引入偏见，因此无法保证描述符充分考虑了足够的任务相关信息，这也是众所周知的传统机器学习瓶颈。为了解决该问题，最近的一项研究开发了一种集成的分子指纹，在三个不同的化学反应预测任务上都取得了不错的预测表现[67]。然而，虽然该集成的分子指纹包含了尽可能多的结构信息，但是单个分子的特征维度就达到 7 万。对于一个包含多个组分的复杂有机反应，如 4 个反应组分，这个反应的特征维度将高达 28 万。同时，为了实现最佳预测表现，其用到的随机森林模型包含 5000～10 000 个决策树。上述两点使得该方法对计算资源有极高的要求，并且难以向复杂有机反应推广。②另一个挑战是依旧需要大量的实验数据来训练模型以获得较好的预测表现。为了降低实验成本并加速优化过程，需要选择性地搜索反应空间。作为一个高效的优化算法，贝叶斯优化已经被用于反应条件优化来减少实验次数[68]。其通常由两个主要步骤组成：第一，构建一个用于近似潜在黑盒函数的代理模型；第二，基于该近似模型提出新的参数点来问询黑盒函数。虽然贝叶斯优化是一个强大的工具，但是其应用可能因为其代理模型而受到限制。虽然已经开发了多种不同类型的模型作为代理模型，包括随机森林[69]、高斯过程[70, 71]和贝叶斯神经网络[68, 72]，但是并非所有的模型都能符合要求。而且，正如上一点中提到的，人为设计的描述符可能会降低效果。所以，如何设计一个通用的计算框架来建模具有不同反应机理或预测目标的有机合成反应，并且能最大限度地减少为了实现理想预测性能所需要的实验数据量，具有重要研究意义和实际应用需求。

8.2.2　解决方案

1. 计算框架总述

在本研究案例中，我们将构建一套用于预测化学反应定量结果和搜索最优反应条件的通用计算框架 DeepReac+[37]。DeepReac+以反应组分的分子结构作为直接输入，不需要额外的计算化学辅助，就能够对不同反应机理或者预测目标的合成反应进行建模。此外，通过主动选择样本让研发人员进行实验并进行迭代的方式，不但可以缩减实验成本，而且能够更快地找到最优的反应条件。DeepReac+所采用的核心思想即为主动学习，我们基于少量已知的化学反应结果数据，构建初始的学习模型，根据精心设计的采样策略从大量未标记的反应条件组合空间中筛选出具有高信息含量的样本进行标记，通过迭代学习使模型以较少的实验成本达到理想的预测性能。DeepReac+包括两个核心模块（图 8.5）。①针对化学反应表示学习而设计的深度学习模型 DeepReac：该深度学习模型基于图神经网络进行构建，直接以分子的二维结构作为输入，用于化学反应的定量建模，可以处理任何反应结果预测任务，包括产率和立体选择性。对于那些不适用或者无法用图结构表示的反应组分，我们采用一种无关机理的嵌入策略，进一步扩展了 DeepReac 的应用范围。②用于高效地探索化学反应条件空间的主动学习策略：和常用的基于样本不确定性的采样策略不同，我们提出了基于化学反应表示的多样性和对抗性两种采样策略。其中，基于对抗性的采样是首次应用于该主动学习场景。同时，我们也提出了一种基于平衡的采样，即对抗性结合贪婪采样的混合方法，用于最优反应条件搜索。最终，在三个涵盖了不同反应机理、预测目标和合成平台的化学反应数据集上全面评估 DeepReac+的表现，包括极大地提升化学反应结果的预测性能，以及快速、准确地确定最优反应条件[37]。

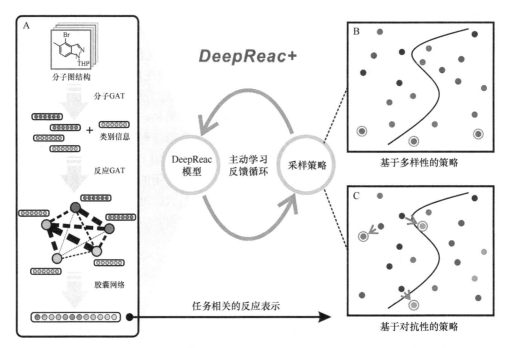

图 8.5　DeepReac+框架的示意图[37]。A. DeepReac 模型结构；B. 基于多样性的采样策略，红点和蓝点代表不同标记的数据，灰点代表未标记的数据，绿圈指出基于多样性的采样策略所选出的候选样本；C. 基于对抗性的采样策略，红点和蓝点代表不同标记的数据，淡红点和淡蓝点代表预测为不同标记的数据，橘圈指出基于多样性的采样策略所选出的候选样本，箭头标出的是对应的对抗样本对。

2. 化学反应数据收集

我们收集到三个化学反应数据集（图 8.6）来对 DeepReac+框架进行测试。为了验证该计算框架的广泛适用性，这三个数据集涵盖了不同种类的反应和预测目标。

1）数据集 A

该数据集来自 Doyle 等的工作[43]（图 8.6A）。为了研究异噁唑基团在 Buchwald-

Hartwig C-N 偶联反应中起到的抑制作用，作者进行了机器人辅助的高通量反应筛选，其中包含 15 种卤代芳烃、23 种添加剂、4 种钯催化剂和 3 种碱，总共 4608 个反应。为了预测这些反应的产率，作者从每个组分中提取了原子层面、分子层面及振动方面的描述符并将它们拼接，得到最终的反应描述符。最后，用这些数据训练诸多传统机器学习模型并发现随机森林的效果最好。

2）数据集 B

该数据集来自辉瑞公司研发团队最近发表的一篇报告[45]（图 8.6B）。他们借助流式化学，进行了 Suzuki-Miyaura C–C 偶联反应的高通量筛选，其中包含 11 种反应物、12 种配体、8 种碱和 4 种溶剂，总共 5760 个反应。目标同样是反应产率，不过在原报告中未用到机器学习技术进行预测。该数据集的首次建模尝试由 Cronin 等报道，用独热编码作为反应特征，训练了一个两层的多层感知机来预测反应产率[73]。因为该数据集中包含一些无机碱，所以我们之后的建模中会用嵌入层对它们进行编码。

3）数据集 C

该数据集来自 Denmark 等的工作[74]（图 8.6C）。作者对用手性磷酸作为催化剂的不对称 N, S-acetal formation 反应进行人工筛选，其中包含 43 种磷酸催化剂、5 种 N-乙酰化亚胺和 5 种硫醇，总共 1075 个反应。和上述两个任务不同，这个数据集的预测目标是立体选择性。作者开发了一种基于泛函计算的多重构象三维特

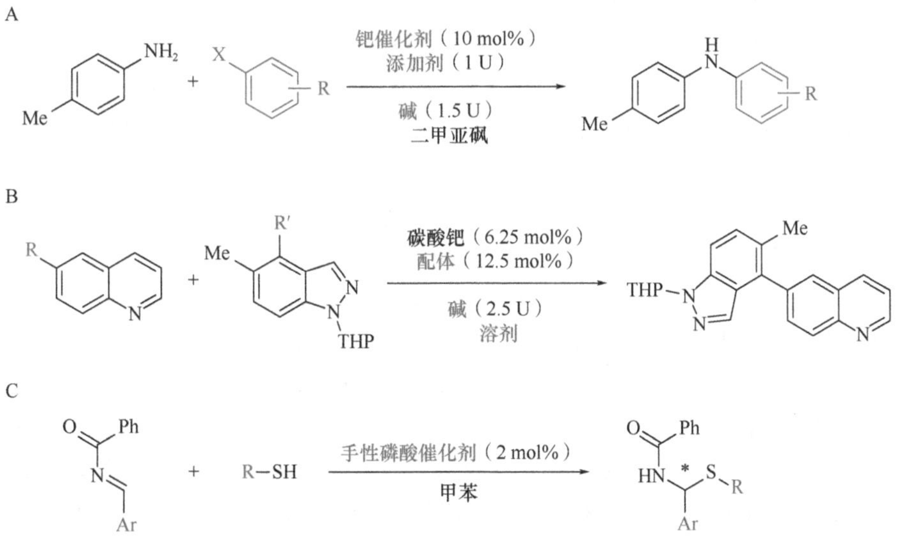

图 8.6　三个不同反应类型的基准数据集。 A. Buchwald-Hartwig C-N 偶联反应，预测目标是产率；B. Suzuki-Miyaura C-C 偶联反应，预测目标是反应产率；C. 不对称 N, S-acetal formation 反应，预测目标是对映立体选择性。筛选变量用红色标出。

征——平均立体占有率，用来表示催化剂。将这种加权的格点占有率与计算得到的静电参数进行组合，作为反应特征来预测产物的对映立体选择性（$\Delta\Delta G$，以 kcal/mol 为单位）。作者采用这些数据训练诸多传统的机器学习模型，最终发现支持向量机的效果最好。

3. DeepReac 模型构建

DeepReac 模型结构如图 8.5A 所示，其核心模块是图神经网络。就我们所知，这是第一个将图神经网络应用于化学反应定理建模的案例。一个可能的阻碍是，含有定量结果的公共反应数据集现在最多只能达到几千的数据量，这会导致深度学习模型在训练时发生过拟合现象。为了减少过拟合的风险，我们期望模型的归纳偏置能够符合化学反应潜在的通用原则[75]，因此考虑了以下模型设计原则。①对于大多数有机反应，特别是复杂反应，多个组分间彼此交织的相互作用对反应结果有决定性的影响。例如，一个过渡金属催化的有机反应由多个基元反应组成，它们彼此相连形成催化循环，每一步中的分子都会相互影响并传导至下一步，最终决定了整个反应的表现[76]。因此，反应组分之间的相互作用应该被显式地建模。②更重要的是，因为相互作用的模式会根据不同的反应机理和预测目标发生变化，模型应该以适应性的方式聚焦于与具体任务相关的特定相互作用。为了满足这些原则，DeepReac 的核心构建模块采用了图注意力网络（graph attention network，GAT）[77-79]。这个基于图的注意力网络通过注意力机制聚合和传播信息，使得模型可以显式地利用聚焦于图上任务相关部分的丰富信息。每个节点都注意到邻居节点的特征并根据彼此间的重要性动态地学习边的权重占比，这使得图注意力网络可以泛化到未见过的图结构上。如图 8.5A 所示，GAT 模块分别部署在两步中：第一步，GAT 模块用来将反应组分的二维分子结构编码为特征向量，该模块因此被命名为 Molecule GAT；第二步，每个组分被当作虚拟节点并相互连接形成一个反应图，其节点特征来自上一个模块，每条边代表了两个相连反应组分之间的相互作用。接着，第二个 GAT 模块用于在反应组分之间传递信息，因此被命名为 Reaction GAT。每条边的权重根据具体的任务进行学习。另外，有些反应组分不适合甚至不可能用图结构进行表示，包括无机添加剂、特殊的反应媒介等。在这些情况下，我们将用无关机理的嵌入层（embedding layer）来编码这些组分，并连同 Molecule GAT 的输出一并引入 Reaction GAT，这意味着我们只需要这些组分的类别信息。进一步，为了避免反应信息的损失和减轻对训练数据的需求，我们引入胶囊（capsule）模块来聚合经信息传播后反应组分的特征向量[80]。和大多数深度学习结构不同，胶囊网络在生命科学领域的小样本学习上已取得了突出表现[81-83]。作为其核心元素，胶囊是一种新型神经元，通过计算一个高信息含量的向量作为输出而不是只输出一个标量，这比常见的池化操作能够包含更多的信息。

其中的动态路由机制，可以被视为一种平行注意力机制，允许网络注意到一些和预测紧密相关的内在胶囊。因此，我们引入胶囊层作为输出模块来学习与任务相关的整个反应的表示。最终，由此得到的反应特征用于进行建模任务，并且它们在之后介绍的主动学习框架中将起到关键作用。

4. 基于表示学习的主动学习策略设计

　　DeepReac+中另一个关键点是主动学习策略，其对能最大限度提升模型预测性能的未标记数据进行选择，从而大量减少所需的实验次数。通过精心设计采样策略，DeepReac 可以通过每次增加少量选出的实验数据进行迭代训练来快速达到令人满意的预测表现（图 8.5）。作为主动学习的核心，采样策略用于在数据中区分出有较高价值的那部分数据。最常用的采样策略是基于未标记样本的不确定性，如 8.1.2 节中所述。然而，深度学习模型对其预测结果经常会过度自信，使得相应的不确定性估计变得不太可靠[84]。因此，借助其强大的表示学习能力，我们设计了两种基于表示的采样策略：基于多样性和基于对抗性的采样（图 8.5B，C）。在获得了 DeepReac 自动学习的反应特征之后，我们可以根据特定预测任务确定反应条件之间的相似性，这为两种采样策略的有效性提供了保障。在基于多样性的采样策略中，与已标记数据相似性较低的未标记数据会被优先标记（图 8.5B）。该策略背后的理念是多样化的数据可以提供给模型一个反应空间的全局观，以此提升其泛化能力。对抗性样本的概念最近在机器学习领域兴起，其一般是指对样本进行极小的扰动就能造成预测失败[85-87]。这个现象在化学领域十分常见，例如，分子结构上细微的变化、替换一个原子或者翻转一个手性中心，都会造成性质上的极大变化。因此，DeepReac+中设计的基于对抗性的策略系指如果未标记样本的预测值和与之相似的标记样本的真实值存在较大差别，则应该优先标记（图 8.5C）。该策略背后的理念是让模型在这些对抗性样本的训练下变得更具鲁棒性。值得注意的是，这里提出的多样性和对抗性虽然属于 8.1.2 节中介绍的基于未标记样本的内在分布和结构的选择器，但是有所改进：①该类选择器通常与模型无关，但是因为 DeepReac+中的采样策略是基于深度模型学习到的表征来评估样本分布的，所以与模型有关，并且随着模型的训练不断优化；②该类选择器通常与样本标记无关，而 DeepReac+用到的对抗性测度引入了未标记样本的预测标记和有标记样本的真实标记，隐式地考虑了未标记样本对于模型的影响，由此选出的样本很可能具有更高的信息含量。

8.2.3　结果与讨论

　　为了验证基于反应表示的多样性和对抗性采样策略的主动学习效果，我们在三个反应数据集上分别进行了模拟测试：

（1）随机选取数据集的 10%作为起始训练集，训练得到一个 DeepReac 模型；

（2）输出该模型学习到的反应表示以及在未标记数据集上的预测结果，并记录相应的预测表现；

（3）根据采样策略对未标记样本进行排序，将前 10 作为候选样本，加上标记后放入训练集，并用更新后的训练集对 DeepReac 模型进行重训练；

（4）重复步骤（2）～（3），直到有标记数据占总数据集的90%。

同时，随机采样策略作为基线参与比较。在三个反应数据集上分别进行了30 次模拟，每次选取不同的起始数据集，最后对 DeepReac 的预测表现进行汇总（图 8.7A～C）。从这些结果可以看出，对于每个数据集，采用主动学习策略的DeepReac 都只需要30%～50%的数据量即能实现被动学习时用 70%的数据训练才能得到的预测表现（图 8.7A～C 中虚线所示）。和随机采样策略相比，多样性和对抗性采样策略在三个反应数据集上都能用更少的训练数据获得一致的预测表现。其中，对抗性策略又比多样性策略略胜一筹，这说明前者的确隐式地考虑到了未标记样本对模型的影响，选出的样本比只考虑样本分布时含有更多的信息。

为了进行更加客观和全面的比较，我们也在三个反应数据集上分别测试了传统机器学习模型结合两种主动学习策略的效果，包括先前文献中报道为最佳的随机森林（random forest，RF）、多层感知机（multilayer perceptron，MLP）和支持向量机（support vector machine，SVM）。定制化的描述符（数据集 A、C）及独热编码（数据集 B）被用作反应特征，并进行和上述过程一致的模拟测试，对各自的预测表现进行汇总（图 8.7D～F）。从这些结果可以看出，多样性采样策略在数据集 A 和 C 上的效果比随机采样策略差，在数据集 B 上则没有区别，这说明多样性采样策略的效果是依赖于反应特征的。正如8.1.2 节中所述，在样本分布上，重要的样本对于模型的预测性能提升可能效果不大。除此之外，对抗性采样策略由于引入了标记信息，其和传统机器学习模型进行结合后依旧效果不错。

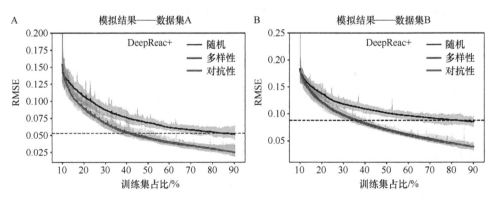

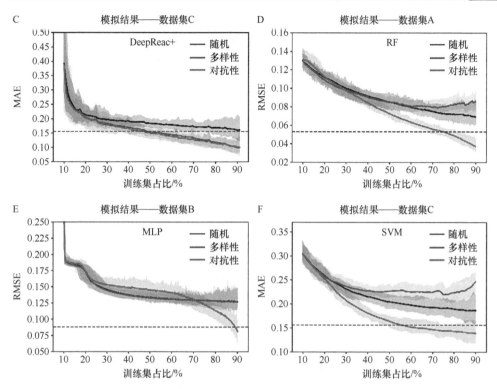

图 8.7　**DeepReac+和其他机器学习模型在三个数据集上的 30 次模拟结果汇总**[37]。A. DeepReac+ 在数据集 A 上的模拟结果；B. DeepReac+在数据集 B 上的模拟结果；C. DeepReac+在数据集 C 上的模拟结果；D. 随机森林在数据集 A 上的模拟结果；E. 多层感知机在数据集 B 上的模拟结果；F. 支持向量机在数据集 C 上的模拟结果。浅色部分的上下边分别表示最大值和最小值；虚线表示被动学习下用 70%的数据进行训练得到的模型预测表现。RMSE：均方根误差；MAE：平均绝对误差；RF：随机森林；MLP：多层感知机；SVM：支持向量机。

　　值得注意的是，根据主动学习策略进行反复的选择性采样之后，剩下的未标记数据会呈现非随机分布。与 DeepReac+相比，传统的机器学习模型更容易受到影响，在某些主动学习策略下表现异常，即随着训练数据增多，模型的预测表现反而变得更差（图 8.7D，F）。一个可能的原因是 DeepReac+可以适应性地学习反应表示，而描述符是预先定义的，因此在非随机分布的数据上预测能力较差。对所有的模拟结果进行汇总（表 8.2），我们可以清楚地看到 DeepReac 模型结合对抗性采样策略，仅用相同形式的输入即能拟合不同的反应机理和预测目标，并用较少的样本即能达到更好的预测表现，同时展现了通用性和高效性。

　　确定最优反应条件一直是化学合成领域的关注焦点。贪婪性采样策略是实现该目标的常用手段，其指预测为最优的样本会被优先标记。但是，该策略很可能会导致采样偏倚，导致训练出的模型预测性能欠佳，进而反过来影响最优样本的选择。因此，我们提出一种属于混合方法的平衡性采样策略，将贪婪性和对抗性测度进行组合。为了使模拟测试更加符合实际，我们的目标是优化特定产物的产率。数据集 A 共有 5 个产物，每个有 990 个反应，数据集 B 只有一个产物。考虑到两个数据集的产物数量，我们分别设计了两种模拟场景。

表 8.2　DeepReac+与其他机器学习模型结合三种不同采样策略所需最少训练数据量汇总

采样策略		随机	多样性	对抗性
数据集 A	DeepReac	64.3%	35.3%	**34.8%**
达到 RMSE<0.06 所需的训练数据占比	RF	>90.0%	>90.0%	64.3%
数据集 B	DeepReac	76.6%	35.6%	**34.0%**
达到 RMSE<0.09 所需的训练数据占比	MLP	>90.0%	>90.0%	88.8%
数据集 C	DeepReac	>90.0%	55.5%	**50.9%**
达到 MAE<0.15 所需的训练数据占比	SVM	>90.0%	>90.0%	64.8%

（1）数据集 A 中，我们假设一个产物的实验数据用作历史数据来确定另一个产物的最优反应条件。具体来说，数据集 A 根据产物的不同被分割为 5 个子集，其中一个作为预训练数据集来训练一个起始的 DeepReac 模型，接着根据采样策略迭代地在另一个子集中搜索最优反应条件；并且，每一个子集轮流作为预训练数据集。

（2）数据集 B 中，因为只有一个产物，我们假设没有历史数据，从头优化反应条件。具体来说，我们首先随机地选择 96 个实验数据来训练一个起始的 DeepReac 模型，然后根据采样策略迭代地在剩下的数据集中搜索最优反应条件，每次迭代会采样 96 个实验数据。

我们分别进行了 30 次模拟来测试不同采样策略的效果。对于每种模拟场景，我们将不同采样策略在前 5 轮迭代中选出的候选实验的目标值分布进行统计分析（图 8.8）。该结果清晰地显示，在早期迭代中，贪婪性和平衡性的采样策略均比其他采样策略识别出更多高产率的反应条件。但从预测表现提升的角度来评估，贪婪性采样策略最差，平衡性采样策略虽受到一定影响但依旧可以接受，具体信息可以参考相应文献[37]。

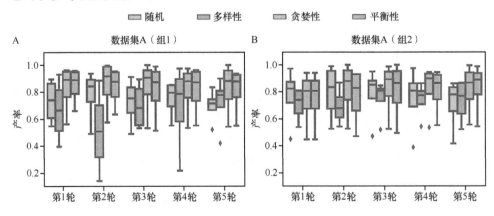

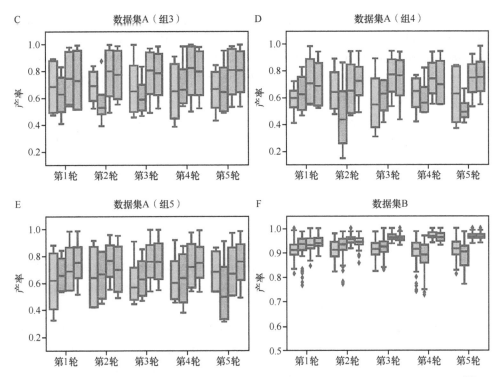

图 8.8　根据不同的采样策略，**DeepReac+**在前五轮迭代中候选样本产率分布的统计分析[37]。
A～E. 在数据集 A 的 5 个子集上的结果；F. 在数据集 B 上的结果。

8.2.4　案例小结

　　作为推动人类健康事业发展的核心力量，新药研发是化学、生物学及医学领域的长期关注焦点。药物合成作为其中的关键一环，通过人工智能技术实现该环节的降本增效，对于加快新药研发效率、降低研发风险、缩减研发费用具有重要意义。本研究案例以加速化学合成的自动化为目标，研发了一个通用的计算框架DeepReac+用于预测各种反应表现，诸如产率和立体选择性。DeepReac 是面向任意反应机理和预测目标的普适计算框架。作为一个基于图神经网络的深度学习模型，DeepReac 可以直接将有机组分的二维分子结构和无机组分的类别信息作为输入来进行建模，不需要基于某种科学假设的精心设计和复杂计算。该网络在训练过程中自动学习与具体任务相关的反应表示，在多种不同的数据集上实现最佳预测表现。进一步，我们提出两种主动学习策略，基于多样性和基于对抗性的采样，用于减少模型训练所需的实验数量。基于 DeepReac 迭代所学习的反应表征，两种采样策略选择性地开发反应空间，用少量高信息含量的样本来训练模型以实现令人满意的预测表现。值得注意的是，对抗性采样策略也同样适用于其他常见的机器学习模型,如随机森林和支持向量机。当对抗性采样策略与贪婪性采样策略相结合时,我们可以快速确定具有高产率或高立体选择性的反应条件,同时DeepReac的预测能力可以持续提升。作为一个通用且高效的反馈框架,DeepReac+有希望助力自动化学合成平台的发展[88-94],在降本增效的同时将科研人员从重复劳动中解放出来去完成更具创造性的工作。

综上,DeepReac+框架通过引入主动学习算法参与化学反应的定量建模,有效地降低了训练模型所需的样本数量及相应的标记成本,提高了反应条件优化的效率,是主动学习结合深度学习模型赋能药物合成工艺开发的一个典型案例。

8.3 本章小结

主动学习是目前通过选择性的样本标记,快速提高模型预测性能的主流学习技术之一。其适用于标记成本高昂的实验场景,可以用于各类实验条件的高通量筛选和优化。主动学习对于加速医药研发中的"设计-合成-测试-分析"循环、减少不必要的实验成本具有重要意义。

本章向读者详细展示了主动学习结合深度学习技术来进行化学反应定量建模的一个成功案例。该案例利用图神经网络这一关键技术,端到端地对化学反应结果进行预测。图神经网络对图结构数据具有强大的学习能力,符合化学反应数据的归纳偏置,因此其学习得到的表征更能反映出不同反应条件之间的关系,使得主动学习中基于样本分布的采样策略能够发挥出最大效能。

随着深度学习技术的不断发展,主动学习框架下的选择器可以从人为设计的采样策略变为数据驱动的深层模型,这将是未来的发展方向。类比于传统浅层模型和深层模型之间的关系,数据驱动的选择器相较于人为设计的选择器将具有以下优势:①不严重依赖于人类经验和先验假设;②选择器的训练也许会耗时,但样本选择的速度会很快;③其选择出来的样本能够更有效地提升预测器的性能。然而,如何设计和训练一个深层模型作为选择器十分具有挑战,毕竟选择器面对的是大量的无标记样本。已经有一些研究从不同角度进行了尝试,包括基于元学习的选择器[95, 96]、基于强化学习的选择器[97, 98]和基于数据增强的选择器[99, 100],详细内容读者可参考相应文献。

参 考 文 献

[1] Liu P, Wang L, Ranjan R, He G, Zhao L: A Survey on active deep learning: From model driven to data driven. *ACM Computing Surveys* 2022, 54: 1-34.

[2] Lewis DD: A sequential algorithm for training text classifiers. *ACM SIGIR Forum* 1995, 29: 13-19.

[3] Atlas L, Cohn D, Ladner R, El-Sharkawi MA, Marks RJ, Aggoune ME, Park DC: Training connectionist networks with queries and selective sampling. *NIPS* 1989: 566-573.

[4] Lewis DD, Catlett J: Heterogeneous uncertainty sampling for supervised learning. In *Machine Learning Proceedings 1994*. 1994: 148-156.

[5] Culotta A, McCallum A: Reducing labeling effort for structured prediction tasks. *AAAI* 2005: 746-751.

[6] Scheffer T, Decomain C, Wrobel S: Active hidden Markov models for information extraction. In *Advances in Intelligent Data Analysis*. 2001: 309-318.

[7] Vijayanarasimhan S, Jain P, Grauman K: Hashing hyperplane queries to near points with applications to large-scale active learning. *IEEE Trans Pattern Anal Mach Intell* 2014, 36: 276-288.

[8] Seung HS, Opper M, Sompolinsky H: Query by committee. In *Proceedings of the fifth annual workshop on Computational learning theory* 1992: 287-294.

[9] Abe N, Mamitsuka H: Query learning strategies using boosting and bagging. *ICML* 1998: 1-9.

[10] Melville P, Mooney RJ: Diverse ensembles for active learning. In *Twenty-first international conference on Machine learning - ICML '04*; 2004.

[11] Kumar P, Gupta A: Active learning query strategies for classification, regression, and clustering: A survey. *Journal of Computer Science and Technology* 2020, 35: 913-945.

[12] Fu Y, Zhu X, Li B: A survey on instance selection for active learning. *Knowledge and Information Systems* 2012, 35: 249-283.

[13] Settles B, Craven M: An analysis of active learning strategies for sequence labeling tasks. *EMNLP* 2008: 1070-1079.

[14] Sener O, Savarese S: Active learning for convolutional neural networks: A core-Set approach, 2017: arXiv: 1708.00489.

[15] Munjal P, Hayat N, Hayat M, Sourati J, Khan S: Towards robust and reproducible active learning using neural networks. 2020: arXiv: 2002.09564.

[16] Liu P, Zhang H, Eom KB: Active deep learning for classification of hyperspectral images. *IEEE Journal of Selected Topics in Applied Earth Observations and Remote Sensing* 2017, 10: 712-724.

[17] Chang CC, Lin PY: Active learning for semi-supervised clustering based on locally linear propagation reconstruction. *Neural Netw* 2015, 63: 170-184.

[18] Wu Y, Kozintsev I, Bouguet JY, Dulong C: Sampling strategies for active learning in personal photo retrieval. In *2006 IEEE International Conference on Multimedia and Expo* 2006: 529-532.

[19] Ienco D, Bifet A, Žliobaitė I, Pfahringer B: Clustering based active learning for evolving data streams. In *Discovery Science* 2013: 79-93.

[20] Brinker K: Incorporating diversity in active learning with support vector machines. *ICML* 2003: 59-66.

[21] Hoi SCH, Jin R, Lyu MR: Large-scale text categorization by batch mode active learning. In *Proceedings of the 15th international conference on World Wide Web* 2006: 633-642.

[22] Hoi SCH, Jin R, Zhu J, Lyu MR: Batch mode active learning and its application to medical image classification. In *Proceedings of the 23rd international conference on Machine learning - ICML* 2006: 417-424.

[23] Roy N, McCallum A: Toward optimal active learning through sampling estimation of error reduction. *ICML* 2001: 441-448.

[24] Settles B, Craven M, Ray S: Multiple-instance active learning. *Advances in Neural Information*

Processing Systems (NIPS) 2007, 20: 1-8.

[25] Gao M, Zhang Z, Yu G, Arık SÖ, Davis LS, Pfister T: Consistency-based semi-supervised active learning: Towards minimizing labeling cost. In *Computer Vision-ECCV 2020*. 2020: 510-526.

[26] Coletta LFS, Ponti M, Hruschka ER, Acharya A, Ghosh J: Combining clustering and active learning for the detection and learning of new image classes. *Neurocomputing* 2019, 358: 150-165.

[27] Yuan J, Hou X, Xiao Y, Cao D, Guan W, Nie L: Multi-criteria active deep learning for image classification. *Knowledge-Based Systems* 2019, 172: 86-94.

[28] Beluch WH, Genewein T, Nurnberger A, Kohler JM: The power of ensembles for active learning in image classification. In *2018 IEEE/CVF Conference on Computer Vision and Pattern Recognition* 2018: 9368-9377.

[29] Shu W, Liu P, He G, Wang G: Hyperspectral image classification using spectral-spatial features with informative samples. *IEEE Access* 2019, 7: 20869-20878.

[30] Liu Y: Active learning with support vector machine applied to gene expression data for cancer classification. *J Chem Inf Comput Sci* 2004, 44: 1936-1941.

[31] Naik AW, Kangas JD, Sullivan DP, Murphy RF: Active machine learning-driven experimentation to determine compound effects on protein patterns. *eLife* 2016, 5: e10047.

[32] Naik AW, Kangas JD, Langmead CJ, Murphy RF: Efficient modeling and active learning discovery of biological responses. *PLoS One* 2013, 8: e83996.

[33] Osmanbeyoglu HU, Wehner JA, Carbonell JG, Ganapathiraju MK: Active machine learning for transmembrane helix prediction. *BMC Bioinformatics* 2010, 11 Suppl 1: S58.

[34] Pertusi DA, Moura ME, Jeffryes JG, Prabhu S, Walters Biggs B, Tyo KEJ: Predicting novel substrates for enzymes with minimal experimental effort with active learning. *Metab Eng* 2017, 44: 171-181.

[35] HamediRad M, Chao R, Weisberg S, Lian J, Sinha S, Zhao H: Towards a fully automated algorithm driven platform for biosystems design. *Nat Commun* 2019, 10: 5150.

[36] Borkowski O, Koch M, Zettor A, Pandi A, Batista AC, Soudier P, Faulon JL: Large scale active-learning-guided exploration for in vitro protein production optimization. *Nat Commun* 2020, 11: 1872.

[37] Gong Y, Xue D, Chuai G, Yu J, Liu Q: DeepReac+: deep active learning for quantitative modeling of organic chemical reactions. *Chem Sci* 2021, 12: 14459-14472.

[38] Nantermet Philippe G: Reaction: The art of synthetic chemistry. *Chem* 2016, 1: 335-336.

[39] Nicolaou KC, Chen JS: The art of total synthesis through cascade reactions. *Chem Soc Rev* 2009, 38: 2993-3009.

[40] Baker M: 1, 500 scientists lift the lid on reproducibility. *Nature* 2016, 533: 452-454.

[41] Baran PS: Natural product total synthesis: As exciting as ever and here to stay. *J Am Chem Soc* 2018, 140: 4751-4755.

[42] Lajiness MS, Maggiora GM, Shanmugasundaram V: Assessment of the consistency of medicinal chemists in reviewing sets of compounds. *J Med Chem* 2004, 47: 4891-4896.

[43] Ahneman DT, Estrada JG, Lin S, Dreher SD, Doyle AG: Predicting reaction performance in C-N cross-coupling using machine learning. *Science* 2018, 360: 186-190.

[44] Sans V, Porwol L, Dragone V, Cronin L: A self optimizing synthetic organic reactor system using real-time in-line NMR spectroscopy. *Chem Sci* 2015, 6: 1258-1264.

[45] Perera D, Tucker JW, Brahmbhatt S, Helal CJ, Chong A, Farrell W, Richardson P, Sach NW: A platform for automated nanomole-scale reaction screening and micromole-scale synthesis in flow. *Science* 2018, 359: 429-434.

[46] Kim E, Huang K, Jegelka S, Olivetti E: Virtual screening of inorganic materials synthesis parameters with deep learning. *npj Computational Materials* 2017, 3: 1-9.

[47] Lee AA, Yang Q, Bassyouni A, Butler CR, Hou X, Jenkinson S, Price DA: Ligand biological activity predicted by cleaning positive and negative chemical correlations. *Proc Natl Acad Sci USA* 2019, 116: 3373-3378.

[48] Ma J, Sheridan RP, Liaw A, Dahl GE, Svetnik V: Deep neural nets as a method for quantitative structure-activity relationships. *J Chem Inf Model* 2015, 55: 263-274.

[49] Wan F, Hong L, Xiao A, Jiang T, Zeng J: NeoDTI: neural integration of neighbor information from a heterogeneous network for discovering new drug-target interactions. *Bioinformatics* 2019, 35: 104-111.

[50] Wenzel J, Matter H, Schmidt F: Predictive multitask deep neural network models for ADME-tox properties: Learning from large data sets. *J Chem Inf Model* 2019, 59: 1253-1268.

[51] Butler KT, Davies DW, Cartwright H, Isayev O, Walsh A: Machine learning for molecular and materials science. *Nature* 2018, 559: 547-555.

[52] Ding R, Wang R, Ding Y, Yin W, Liu Y, Li J, Liu J: Designing AI-aided analysis and prediction models for nonprecious metal electrocatalyst-based proton-exchange membrane fuel cells. *Angew Chem Int Ed Engl* 2020, 59: 19175-19183.

[53] Raccuglia P, Elbert KC, Adler PD, Falk C, Wenny MB, Mollo A, Zeller M, Friedler SA, Schrier J, Norquist AJ: Machine-learning-assisted materials discovery using failed experiments. *Nature* 2016, 533: 73-76.

[54] Schutt KT, Sauceda HE, Kindermans PJ, Tkatchenko A, Muller KR: SchNet - A deep learning architecture for molecules and materials. *J Chem Phys* 2018, 148: 241722.

[55] Dimitrov T, Kreisbeck C, Becker JS, Aspuru-Guzik A, Saikin SK: Autonomous molecular design: Then and now. *ACS Appl Mater Interfaces* 2019, 11: 24825-24836.

[56] Gomez-Bombarelli R, Wei JN, Duvenaud D, Hernandez-Lobato JM, Sanchez-Lengeling B, Sheberla D, Aguilera-Iparraguirre J, Hirzel TD, Adams RP, Aspuru-Guzik A: Automatic chemical design using a data-driven continuous representation of molecules. *ACS Cent Sci* 2018, 4: 268-276.

[57] Kim K, Kang S, Yoo J, Kwon Y, Nam Y, Lee D, Kim I, Choi Y-S, Jung Y, Kim S, et al: Deep-learning-based inverse design model for intelligent discovery of organic molecules. *npj Computational Materials* 2018, 4: 1-7.

[58] Zhavoronkov A, Ivanenkov YA, Aliper A, Veselov MS, Aladinskiy VA, Aladinskaya AV, Terentiev VA, Polykovskiy DA, Kuznetsov MD, Asadulaev A, et al: Deep learning enables rapid identification of potent DDR1 kinase inhibitors. *Nat Biotechnol* 2019, 37: 1038-1040.

[59] Segler MHS, Preuss M, Waller MP: Planning chemical syntheses with deep neural networks and symbolic AI. *Nature* 2018, 555: 604-610.

[60] Beker W, Gajewska EP, Badowski T, Grzybowski BA: Prediction of major regio-, site-, and diastereoisomers in diels-alder reactions by using machine-learning: The importance of physically meaningful descriptors. *Angew Chem Int Ed Engl* 2019, 58: 4515-4519.

[61] Kammeraad JA, Goetz J, Walker EA, Tewari A, Zimmerman PM: What does the machine learn? Knowledge representations of chemical reactivity. *J Chem Inf Model* 2020, 60: 1290-1301.

[62] Li X, Zhang SQ, Xu LC, Hong X: Predicting regioselectivity in radical C-H functionalization of heterocycles through machine learning. *Angew Chem Int Ed Engl* 2020, 59: 13253-13259.

[63] Pesciullesi G, Schwaller P, Laino T, Reymond JL: Transfer learning enables the molecular transformer to predict regio- and stereoselective reactions on carbohydrates. *Nat Commun* 2020, 11: 4874.

[64] Pfluger PM, Glorius F: Molecular machine learning: The future of synthetic chemistry? *Angew Chem Int Ed Engl* 2020, 59: 18860-18865.

[65] Reid JP, Sigman MS: Holistic prediction of enantioselectivity in asymmetric catalysis. *Nature* 2019, 571: 343-348.

[66] Walker E, Kammeraad J, Goetz J, Robo MT, Tewari A, Zimmerman PM: Learning to predict reaction conditions: Relationships between solvent, molecular structure, and catalyst. *J Chem Inf Model* 2019, 59: 3645-3654.

[67] Sandfort F, Strieth-Kalthoff F, Kühnemund M, Beecks C, Glorius F: A structure-based platform for predicting chemical reactivity. *Chem* 2020, 6: 1379-1390.

[68] Hase F, Roch LM, Kreisbeck C, Aspuru-Guzik A: Phoenics: A bayesian optimizer for chemistry. *ACS Cent Sci* 2018, 4: 1134-1145.

[69] Hutter F, Hoos HH, Leyton-Brown K: Sequential model-based optimization for general algorithm configuration. In *Proceedings of the 5th international conference on Learning and Intelligent Optimization*. Rome, Italy: Springer-Verlag; 2011: 507-523.

[70] Snoek J, Larochelle H, Adams RP: Practical bayesian optimization of machine learning algorithms. In *NIPS*. 2012

[71] Desautels T, Krause A, Burdick J: Parallelizing exploration-exploitation tradeoffs with Gaussian process bandit optimization. In *Proceedings of the 29th International Coference on International Conference on Machine Learning*. Edinburgh, Scotland: Omnipress; 2012: 827-834.

[72] Springenberg JT, Klein A, Falkner S, Hutter F: Bayesian optimization with robust Bayesian neural networks. In *Proceedings of the 30th International Conference on Neural Information Processing Systems*. Barcelona, Spain: Curran Associates Inc.; 2016: 4141-4149.

[73] Granda JM, Donina L, Dragone V, Long DL, Cronin L: Controlling an organic synthesis robot with machine learning to search for new reactivity. *Nature* 2018, 559: 377-381.

[74] Zahrt AF, Henle JJ, Rose BT, Wang Y, Darrow WT, Denmark SE: Prediction of higher-selectivity catalysts by computer-driven workflow and machine learning. *Science* 2019, 363: eaau5631.

[75] Battaglia PW, Hamrick JB, Bapst V, Sanchez-Gonzalez A, Zambaldi V, Malinowski M, Tacchetti A, Raposo D, Santoro A, Faulkner R, et al: Relational inductive biases, deep learning, and graph networks. 2018: arXiv: 1806.01261.

[76] Kirby AJ: *Stereoelectronic Effects*. Oxford University Press; 1996.

[77] Gonzalez G, Gong S, Laponogov I, Veselkov K, Bronstein M: Graph attentional autoencoder for anticancer hyperfood prediction. 2020: arXiv: 2001.05724.

[78] Ravindra N, Sehanobish A, Pappalardo JL, Hafler DA, van Dijk D: Disease state prediction from single-cell data using graph attention networks. In *Proceedings of the ACM Conference on Health, Inference, and Learning*. Toronto, Ontario, Canada: Association for Computing Machinery; 2020: 121-130.

[79] Veličković P, Cucurull G, Casanova A, Romero A, Liò P, Bengio Y: Graph Attention Networks. 2017: arXiv: 1710.10903.

[80] Sabour S, Frosst N, E Hinton G: Dynamic Routing Between Capsules. 2017: arXiv: 1710.09829.

[81] Wang D, Liang Y, Xu D: Capsule network for protein post-translational modification site prediction. *Bioinformatics* 2019, 35: 2386-2394.

[82] Wang Y, Hu J, Lai J, Li Y, Jin H, Zhang L, Zhang LR, Liu ZM: TF3P: Three-dimensional force fields fingerprint learned by deep capsular network. *J Chem Inf Model* 2020, 60: 2754-2765.

[83] Yang B, Chen Y, Shao QM, Yu R, Li WB, Guo GQ, Jiang JQ, Pan L: Schizophrenia classification using fMRI data based on a multiple feature image capsule network ensemble. *IEEE Access* 2019, 7: 109956-109968.

[84] Wang K, Zhang D, Li Y, Zhang R, Lin L: Cost-effective active learning for deep image classification. *IEEE Transactions on Circuits and Systems for Video Technology* 2017, 27: 2591-2600.

[85] Cubuk ED, Zoph B, Schoenholz SS, Le QV: Intriguing properties of adversarial examples. 2017: arXiv: 1711.02846.

[86] Deniz O, Vallez N, Bueno G: Adversarial examples are a manifestation of the fitting-generalization trade-off. *Advances in Computational Intelligence, Iwann 2019, Pt I* 2019, 11506: 569-580.

[87] Ducoffe M, Precioso F: Adversarial active learning for deep networks: a Margin based approach. 2018: arXiv: 1802.09841.

[88] Davies IW: The digitization of organic synthesis. *Nature* 2019, 570: 175-181.

[89] de Almeida AF, Moreira R, Rodrigues T: Synthetic organic chemistry driven by artificial intelligence. *Nature Reviews Chemistry* 2019, 3: 589-604.

[90] Dragone V, Sans V, Henson AB, Granda JM, Cronin L: An autonomous organic reaction search engine for chemical reactivity. *Nat Commun* 2017, 8: 15733.

[91] Häse F, Roch LM, Aspuru-Guzik A: Next-generation experimentation with self-driving laboratories. *Trends in Chemistry* 2019, 1: 282-291.

[92] Houben C, Lapkin AA: Automatic discovery and optimization of chemical processes. *Current Opinion in Chemical Engineering* 2015, 9: 1-7.

[93] Reizman BJ, Jensen KF: Feedback in flow for accelerated reaction development. *Acc Chem Res* 2016, 49: 1786-1796.

[94] Schneider G: Automating drug discovery. *Nat Rev Drug Discov* 2018, 17: 97-113.

[95] Konyushkova K, Raphael S, Fua P: Learning active learning from data. *Nips'17* 2017: 4228-4238.

[96] Contardo G, Denoyer L, Artieres T: A meta-learning approach to one-step active learning. 2017: arXiv: 1706.08334.

[97] Li C, Honglan H, Yanghe F, Guangquan C, Jincai H, Zhong L: Active one-shot learning by a deep Q-network strategy. *Neurocomputing* 2020, 383: 324-335.

[98] Fang M, Li Y, Cohn T: Learning how to active learn: A deep reinforcement learning approach. In Proceeding of the 2017 Conference on Empirical Methods in Natural Language Processing. Copenhagen, Renmark: Association for Computational Linguistics; 2017: 595-605.

[99] Xiao-Yu Z, Haichao S, Xiaobin Z, Peng L: Active semi-supervised learning based on self-expressive correlation with generative adversarial networks. *Neurocomputing* 2019, 345: 103-113.

[100] Tran T, Do T-T, Reid I, Carneiro G: Bayesian generative active deep learning. In *Proceedings of the 36th International Conference on Machine Learning* (Kamalika C, Ruslan S eds.), vol. 97. Proceedings of Machine Learning Research: PMLR; 2019: 6295-6304.

第四部分

组学的隐私计算

第9章 组学的隐私保护——联邦学习

9.1 联 邦 学 习

9.1.1 适用场景

联邦学习（federated learning，FL）是隐私保护计算社区中的一种分布式协作范式[1]。联邦学习能够在用户数据保存于本地的情况下由各个用户协作训练全局模型，以达到与数据整合训练近似的效果，从而解决隐私保护问题。其基本思想是每个用户在本地训练自己的模型，通过聚合所有用户加密模型参数来训练全局模型，以避免需要获取各个用户的原始数据。联邦学习的优势是最大化地利用多方涉及隐私问题的数据构建模型，解决受限于政策监管、法律法规、商业利益、个人隐私等数据隐私安全上的问题[2]。

组学数据，特别是基因组学数据和药物组学，都涉及隐私保护问题，前者由于涉及个人隐私而被法律法规所限制，后者由于商业利益而难以直接共享。这两种场景均适用联邦学习。具体适用场景描述如下。

1）涉及个人隐私被法律法规保护

该场景是组学数据联邦学习的常用场景，常见于基因组学和影像组学等生物医疗数据。有效利用生物医疗数据并发掘数据中的潜在价值，对推动临床科研的进步、临床决策支撑以及药物研发等方面都起到了积极的作用，如通过基因突变预测患者预后[3]、训练CT影像数据进行患者新冠病毒感染诊断等[4]，然而这些数据由于涉及个人隐私，被法律法规限制直接进行数据共享。而单个医疗机构所拥有的数据样本通常较为有限，难以构建有效的学习器，故需要整合多家医疗机构的数据来进行具有高泛化能力的学习器的构建。

2）涉及商业利益

该场景是组学数据联邦学习的另一种常用场景，常见于药物组学。药物公司间合作共享药物数据有助于更好的预测药物性质，加速发现新的药物靶标和疗法，但合作由于知识产权等经济利益难以进行[5]。若仅通过单个公司的少量药物样本数据，无法构建有效的学习器，故需要整合多家药物公司的药物数据来进行学习器的构建。

9.1.2 理论思想

联邦学习由谷歌最早提出[6]，而后由杨强等人进行拓展[1]。形式化的，我们有 N 个用户 $\{F_1, \cdots, F_N\}$ 和他们各自的数据 $\{D_1, \cdots, D_N\}$。传统方法是把所有数据放在一起用 $D = D_1 \cup \cdots \cup D_N$ 训练模型。联邦学习则是所有用户共同训练一个全局模型，并且用户 F_i 不需要将其数据 D_i 暴露给其他人。根据样本空间和特征空间的适用场景不同，联邦学习被分为三类：横向联邦学习、纵向联邦学习和联邦迁移学习[1]。

1）横向联邦学习

横向联邦学习（horizontal federated learning，HFL）适用于样本空间不同但特征空间相同的场景（图 9.1A）。例如，不同医院的肺癌患者 CT 图像便是一个适合横向联邦的场景[7]。横向联邦学习是最早被提出的联邦学习方式，FedAVG[6] 是最经典的横向联邦算法，由 Google 提出用于手机上模型的更新，各个手机在本地训练模型，而后上传模型参数到云端，由云端进行聚合平均模型参数，从而更新全局模型，再将更新后的全局模型发送回各个手机上。此方法之后证明在其他领域同样使用，是目前在生物医疗领域应用中的主流联邦学习方式，例如，Ittai Dayan[8] 通过横向联邦整合多个国家的机构的新冠患者 CT 图像数据，训练出模型预测新冠患者的预后，取得了良好的预测效果。我们用 X 表示特征空间，Y 代表标签空间，I 代表样本空间，三者构成了数据集 D_i，横向联邦学习可以表示为

$$X_i = X_j, Y_i = Y_j, I_i \neq I_j, \forall D_i, D_j, i \neq j \tag{9.1}$$

2）纵向联邦学习

纵向联邦学习（vertical federated learning，VFL）适用于样本空间相同但特征空间不同的场景（图 9.1B）。例如，一家银行和一家电子商务公司拥有许多共同用户，但他们掌握的是这些用户的不同信息，银行掌握的是这些用户的收入支出情况，电子商务公司掌握的是这些用户的购买和借款行为，但因为法规限制，两者无法直接利用这些数据，而纵向联邦能够很好地解决这个问题。纵向联邦目前主要应用于金融等商业领域。纵向联邦学习可以表示为

$$X_i \neq X_j, Y_i \neq Y_j, I_i = I_j, \forall D_i, D_j, i \neq j \tag{9.2}$$

3）联邦迁移学习

联邦迁移学习（federated transfer learning，FTL）适用于样本空间和特征空间都不同的场景（图 9.1C）。例如，一家中国银行和一家美国电子商务公司用户不同，同时他们掌握的是反映不同用户经济状况的不同层面信息，此时可以使用联邦迁移学习进行学习。联邦迁移学习可以表示为

$$X_i \neq X_j, Y_i \neq Y_j, I_i \neq I_j, \forall D_i, D_j, i \neq j \tag{9.3}$$

此外，2021 年，群体学习（swarming learning，SL）[9]被提出，群体学习可以看成是横向联邦学习的变体，与横向联邦学习相比，群体学习利用区块链技术去中心化的优势，能够在不需要中央服务器进行参数聚合的场景下训练模型。

本章主要针对在生物医疗领域应用较多的横向联邦学习进行展开描述，下文中的联邦学习均指横向联邦学习。

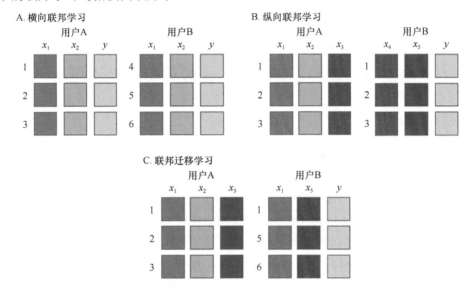

图 9.1　联邦学习分类。 A. 横向联邦学习。B. 纵向联邦学习。C. 联邦迁移学习。x_n 表示样本的第 n 个特征，y 表示样本的标签，n 表示样本 ID。

9.1.3　组学应用

联邦学习在组学分析领域有若干的应用案例，包括应用于新冠感染预测[7]、新冠患者预后预测[8]、白血病预测[9]、脑区异常检测[10]、药物性质预测[5]、单细胞组学数据分析[11]等。特别的，一些文献[4, 12, 13]给出了关于联邦学习在生物医学领域的应用综述。表 9.1 总结了组学分析领域应用联邦学习的若干经典案例。在下一节中，我们将选取具体的案例进行深入介绍。

表 9.1　联邦学习的组学应用案例

工具	问题	组学	方法	年份	参考文献
FL-QSAR	药物 QSAR 预测	药物基因组	横向联邦学习	2020	[5]
—	药物副作用	药物基因组	横向联邦学习	2020	[14]
—	药物溶解度、激酶抑制活性和 hERG 心脏毒性的预测	药物基因组	横向联邦学习	2021	[15]
—	白血病预测	转录组	群体学习	2021	[9]

续表

工具	问题	组学	方法	年份	参考文献
EXAM	新冠患者预后预测	成像组	横向联邦学习	2021	[8]
UCADI	新冠感染预测	成像组	横向联邦学习	2021	[7]
—	BRAF 基因突变计算和微卫星不稳定性预测	病理组	群体学习	2022	[16]
FedDis	脑区异常检测	成像组	横向联邦学习（无监督学习）	2022	[10]
scPrivacy	单细胞细胞类型鉴定	单细胞转录组	横向联邦学习（深度度量学习）	2022	[11]

9.2　案例一：药物小分子定量构效关系建模的联邦学习

9.2.1　背景介绍

在发现新药的前期过程中，考虑到巨大的人力、物力、财力和时间成本，医药公司不可能将所有的化合物都进行实验，而是通常从海量的化合物中预测化合物的性质，从而筛选出合适的化合物进行后续实验。定量构效关系（quantitative structure-activity relationship，QSAR）是使用定量模型来描述分子结构和分子的某种生物活性之间关系的一种数据建模方式，例如，预测化合物对靶标的亲和力，以及吸收、分布、代谢和排泄（ADME）等，有助于筛选需要的化合物，从而大大减少了所需的实验工作量。制药机构之间进行数据共享可以提高 QSAR 预测的准确率，然而知识产权和相关的经济利益仍然严重阻碍了机构间合作。制药机构之间进行数据共享可以提高 QSAR 预测的准确率，然而知识产权和相关的经济利益仍然严重阻碍了机构间合作。为解决上述问题，有研究者将多方安全计算（secure multi-party computation，MPC）引入到 QSAR 预测[17]。多方安全计算[18]是一种经典的加密方法，能在每个用户的数据不暴露给其他用户的情况下使用所有用户加密后的数据训练模型。然而，近些年来世界各地的国家都在通过加强法律建设（如欧盟的 GDPR[19]、美国的 CCPA[20]）来保护数据的私密性和安全性，多方安全计算无法解决法律法规的监管问题。数据的利益相关问题和法律监管阻碍着药物数据共享，影响着药物发现的速度。

9.2.2　解决方案

1. 计算框架总述

在本研究案例中，我们将构建一套药物 QSAR 的预测系统 FL-QSAR[5]。FL-QSAR 能在各个用户的药物数据不出本地的情况下，利用各个用户的数据训练药物 QSAR 预测模型，从而解决药物数据的隐私问题和法律监督问题。

FL-QSAR 的核心思想即为联邦学习，通过联邦学习让每个用户在本地训练自己的模型，并为所有用户聚合加密模型参数，以避免需要获取所有机构的原始数据的问题。FL-QSAR 的训练过程可以分为以下 4 个步骤（图 9.2）：①每个用户在各自数据集上训练模型，加密各自模型参数并发送到服务器；②服务器执行加密参数的聚合；③服务器将聚合模型参数发送回用户；④用户使用解密的聚合模型参数更新其模型。

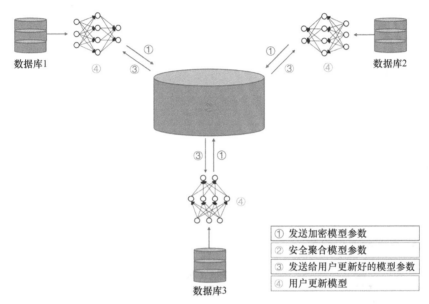

图 9.2　FL-QSAR 的构建流程图[5]。FL-QSAR 的模型训练过程。聚合模型由 4 步进行构建：①用户各自在本地进行模型训练，各个用户向中心服务器发送加密的模型参数；②中心服务器聚合加密的模型参数；③中心服务器向各个用户发送聚合后的模型参数；④用户用解密的聚合模型参数更新模型。

2. 联邦学习模型构建

我们考虑将化学结构描述符作为特征、化合物的生物活性作为标签，QSAR 的建模可以看成回归问题。联邦学习模型的训练过程可以分为以下 4 个步骤（图 9.2）：①每个用户在各自数据集上训练模型，加密各自模型参数并发送到服务器；②服务器执行加密参数的聚合；③服务器将聚合模型参数发送回用户；④用户使用解密的聚合模型参数更新其模型。在第三步的模型参数聚合过程中，我们使用了最经典的横向联邦学习算法 FedAVG[6] 来进行联邦学习模型的构建。对于神经网络而言，FedAVG 算法的基本思想是对不同用户模型中的模型参数 w 和 b 做平均，下面是算法的伪代码。

Algorithm S1 Federated Averaging. The M clients are indexed by k，T is total communication rounds，K is the number of local epochs，and η is the learning rate.

Server executes:

 initialize w_0

 for each round $t = 1, 2, \cdots, T$ do

  $S_t \leftarrow$ (random set of M clients)

  for each client $i \in S_t$ in parallel do

   $w_{t+1}^i \leftarrow \text{ClientUpdate}(i, w_t)$

 $w_{t+1} \leftarrow \sum_{k=1}^{M} \frac{1}{M} M_{t+1}^i$

ClientUpdate(i, w):

 for local step $j = 1, \cdots, K$ do

  $w \leftarrow w - \eta \nabla f(w; z)$ for $z \sim P_i$

 return w to server

3. QSAR 数据集

本研究案例中所采用的 QSAR 数据集总结如下（表 9.2）。

表 9.2　QSAR 数据集

数据集	数据类型	描述	分子数	特征数
3A4	药代动力学	抑制 CYP P450 3A4 的摩尔浓度[–log(IC$_{50}$)M]	50 000	9 491
CB1	靶标	结合大麻素受体 1 的摩尔浓度[–log(IC$_{50}$)M]	11 640	5 877
DPP4	靶标	抑制二肽酶 4 的摩尔浓度[–log(IC$_{50}$)M]	8327	5 203
HIVINT	靶标	在细胞实验中抑制 HIV 整合酶的摩尔浓度[–log(IC$_{50}$)M]	2421	4 306
HIVPROT	靶标	抑制 HIV 蛋白酶的摩尔浓度[–log(IC$_{50}$)M]	4311	6 274
LOGD	药代动力学	用 HPLC 方法测量的 LogD	50 000	8 921
METAB	药代动力学	微粒体孵化 30 分钟后所剩比例	2092	4 595
NK1	靶标	抑制神经激肽 1（底物 P）受体结合的摩尔浓度[–log(IC$_{50}$)M]	13 482	5 803
OX1	靶标	抑制食欲肽 1 受体的摩尔浓度[–log(Ki)M]	7135	4 730
OX2	靶标	抑制食欲肽 2 受体的摩尔浓度[–log(Ki)M]	14 875	5 790
PGP	药代动力学	p-糖蛋白转运效率[log(BA/AB)]	8603	5 135

续表

数据集	数据类型	描述	分子数	特征数
PPB	药代动力学	人血浆蛋白结合效率[log(bound/unbound)]	11 622	5 470
RAT_F	药代动力学	2mg/kg 剂量下对大鼠的生物利用度(取 log)	7821	5 698
TDI	药代动力学	时间依赖性 3A4 抑制效率[(没有 NADPH 的 IC_{50}/有 NADPH 的 IC_{50})取 log]	5559	5 945
THROMBIN	靶标	抑制人凝血酶的摩尔浓度[$-\log(IC_{50})$M]	6924	5 552

9.2.3 结果与讨论

我们用表 9.2 中的 14 套数据集(HIVPROT 数据集被排除,因为其结果过于反常)模拟了 2 个、3 个和 4 个用户进行联邦和不进行联邦在两种场景——"数据量差距较大"和"数据量差距较小"的表现。我们将每个数据集分为训练集和测试集,在"数据集差距较小"场景中训练集均分给各个用户;在"数据集差距较大"场景中 N 个用户中,N-1 个用户各取 1/10 的训练集,余下的训练集留给剩下的一个用户。

从图 9.3A 和图 9.4A 中可以看到,联邦学习可以获得与在不加密的情况下共享所有数据集进行训练类似的预测精度。从图 9.3B～D 和图 9.4B～D 中可以看到,在"数据集差距较小"场景中,用户进行联邦学习后的模型表现相较于单个用户训练的模型表现均有较大提升;在"数据集差距较大"场景中,用户进行联邦学习后的模型表现相较于单个用户训练的模型表现同样具有较大提升,尤其是对于数据量较小的用户而言。

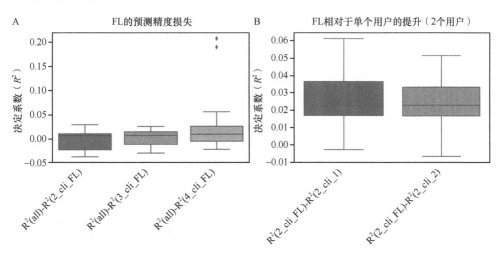

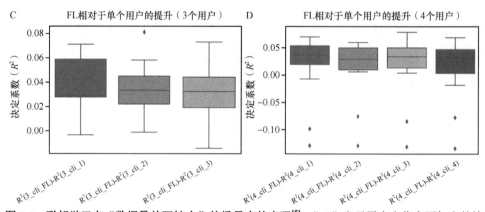

图 9.3 联邦学习在"数据量差距较小"的场景中的表现[5]。"all"表示用户合作在不加密的情况下共享所有数据集进行训练。"n_cli_p"代表 n 个用户中的第 p 个用户。A. 总的预测准确率损失。B. 两个用户进行联邦学习相较于单个用户的提升。C. 三个用户进行联邦学习相较于单个用户的提升。D. 四个用户进行联邦学习相较于单个用户的提升。

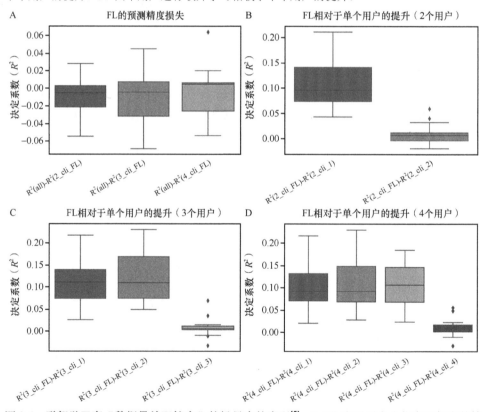

图 9.4 联邦学习在"数据量差距较大"的场景中的表现[5]。"all"表示用户合作在不加密的情况下共享所有数据集进行训练。"n_cli_p"代表 n 个用户中的第 p 个用户。A. 总的预测准确率损失。B. 两个用户进行联邦学习相较于单个用户的提升。C. 三个用户进行联邦学习相较于单个用户的提升。D. 四个用户进行联邦学习相较于单个用户的提升。

9.2.4　案例小结

整合多个公司的药物数据集有助于构建更强力、更有效和更稳健的药物 QSAR 预测系统。然而整合多个公司的药物数据集涉及利益问题，同时面临着法律监管问题，需要在数据隐私保护的环境下进行。本案例针对药物组学的隐私保护问题，提出了一个基于联邦学习的药物 QSAR 预测系统 FL-QSAR，通过以隐私保护的方式整合多个公司数据集来促进药物 QSAR 预测，从而解决药物数据利益问题和法律监管问题。我们在 14 个基准数据集上评估了 FL-QSAR，证明了 FL-QSAR 的有效性。

综上，FL-QSAR 系统采用联邦学习算法来构建药物 QSAR 预测模型，有效地解决了药物组学整合时的隐私问题，是联邦学习结合药物组学赋能药物发现的一个典型案例。

9.3　案例二：单细胞组学整合的联邦学习

9.3.1　背景介绍

单细胞转录组学在单个细胞水平上对转录组进行测序分析，对于理解复杂组织和生物体的细胞机制不可或缺[21-25]。近年来，随着单细胞测序技术的快速发展，单细胞测序技术实验通量大幅增加，可以对愈加复杂多样的样本进行分析，并随着时间的推移积累了大量的单细胞数据集。综合分析来自全球不同样本、不同平台和不同机构的大规模数据集，为建立全面的细胞景观提供了前所未有的机会。为此，各种社区生成了许多图谱级单细胞数据集，如人类细胞图谱[26]、人类肿瘤图谱网络[27]。细胞类型鉴定是单细胞组学下游分析的基础，这些数据有助于以有监督训练模型的方式自动进行细胞类型鉴定，而无需预先标记基因注释[28-33]，整合更多的数据集有助于改进细胞类型鉴定[28, 29, 33, 34]。目前已有若干工作整合单细胞参考数据集进行细胞类型鉴定的方法[28, 29, 32, 35]。然而，这些方法都需要直接使用相关数据集，无法解决数据共享相关的法律限制和数据隐私问题，故可能由于人类单细胞组学数据的隐私和安全问题而不可用。目前，不同机构或国家之间的组学数据传输及共享所涉及的隐私和政治问题正逐渐引起人们的关注。世界各国都在加强法律，通过禁止某些数据跨国家或跨组织传输来保护数据隐私和安全。这些法规包括欧盟实施的《通用数据保护条例》（GDPR）[19]，以及美国颁布的《健康保险流通与责任法案》（HIPPA）[36]、《经济与临床健康信息技术方案》（HITECH）[37]等。数据分享和整合过程中所涉及的隐私问题阻碍着急剧增长的单细胞组学数据在细胞类型鉴定上的有效利用。

9.3.2 解决方案

1. 计算框架总述

在本研究案例中，我们将构建一套以隐私保护的方式整合多机构数据的单细胞细胞类型鉴定框架 scPrivacy[11]。scPrivacy 通过使用基于联邦学习的深度度量学习框架，整合分布在不同机构的单细胞转录组数据，以数据隐私保护的整合方式进行单细胞细胞类型鉴定。scPrivacy 的核心思想即为联邦学习，通过联邦学习让每个机构在本地训练自己的模型，并为所有机构聚合加密模型参数，以避免需要获取所有机构的原始数据的问题。scPrivacy 的构建包括两部分（图 9.5）：模型训练和细胞匹配。在模型训练阶段（图 9.5A），scPrivacy 以数据隐私保护的方式在多个机构数据集上训练联邦深度度量学习模型。对于单个机构，我们采用深度度量学习来学习和拟合参考数据集中细胞类型间关系的最优度量，采用 N-pair 损失函数[38]作为模型训练的损失函数。通过深度度量学习的度量转换后，属于同一类型的细胞变得更加相似，而属于不同类型的细胞变得更不相似。然后，scPrivacy 通过联邦学习聚合机构的模型参数来构建聚合模型（图 9.5A），从而充分利用多个机构数据集中包含的信息来训练聚合模型，同时避免直接使用原始数据。我们的训练过程可以分为以下 4 个步骤：①每个机构使用深度度量学习在各自数据集上训练模型；②机构加密各自模型参数，并将加密后的参数发送到服务器；③服务器执行加密参数的聚合；④服务器将聚合模型参数发送回机构，机构使用解密的聚合模型参数更新其模型。

在细胞匹配阶段（图 9.5B），首先通过联邦学习获得的模型将需要匹配的细胞和参考数据集转换到相同的嵌入空间，然后将需要匹配的细胞与转换后的参考数据集的细胞类型数据点中心进行相似性比较，最后分配给细胞相似度最高的细胞类型。

2. 联邦深度度量学习模型

在模型训练阶段，scPrivacy 通过使用联邦深度度量学习算法，在隐私保护的前提下实现了整合多个机构数据集对模型进行训练。对于单个组织，我们用深度度量学习作为训练算法、N-pair 损失[38]作为损失函数。深度度量学习可以学到参考数据集里细胞关系的最佳度量，通过深度度量学习学得的度量可以使得同种细胞类型的细胞更加相似、不同种细胞类型的细胞更不相似。

N-pair 损失由两部分构成：批次构建和计算。N-pair 损失的批次构建：$\left\{(x_1, x_1^+) \cdots, (x_N, x_N^+)\right\}$ 代表从 N 个不同细胞类型中选出的 N 对细胞，其中 $x_i \neq x_j$，$\forall i \neq j$。之后再由 N-pair 进行扩展为 $\left\{S_i\right\}_{i=1}^{N}$，其中 $S_i = \left\{x_i, x_1^+, x_2^+, \cdots, x_N^+\right\}$。$x_i$ 为 N 个

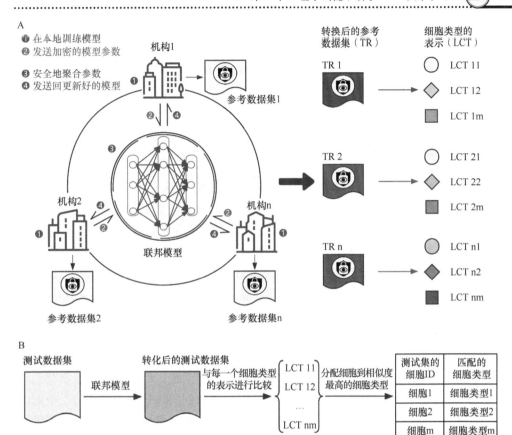

图 9.5　scPrivacy 的构建流程图[11]。A. scPrivacy 的模型训练过程。聚合模型由 4 步进行构建：①用户各自在本地进行模型训练；②各个用户向中心服务器发送加密的模型参数；③中心服务器聚合加密的模型参数；④中心服务器向各个用户发送更新后的模型。B. scPrivacy 的细胞匹配过程。首先用训练好后的聚合模型将需要匹配的细胞进行转化，而后将转化后的细胞与各个机构数据集转化后的细胞类型数据中心点表示进行比较，最后将细胞分配以相似度最高的细胞类型。

不同细胞中的一个细胞类型 S_i，x_i^+ 是正样本，$x_j^+ (j \neq i)$ 是负样本。x_i 和 x_i^+ 是同种细胞类型的两个细胞，x_j^+ 是与 x_i 不同类型的细胞。

　　N-pair 损失的计算如下：

$$L_{N-\text{pair}}\left(\left\{\left(x_i,\ x_i^+\right)\right\}_{i=1}^{N}; f\right) = \frac{1}{N}\sum_{i=1}^{N}\log\left(1 + \sum_{j \neq i}\exp\left(f_i^{\text{T}}f_j^+ - f_i^{\text{T}}f_i^+\right)\right) \quad (9.4)$$

其中，$f(\cdot; \theta)$ 是由深度神经网络来进行表征的映射函数；f_i 和 f_i^+ 是相同细胞类型的两个细胞的表征向量；f_j^+ 是与 x_i 细胞类型不同的表征向量。

　　scPrivacy 将深度度量学习拓展为一个联邦学习框架，具体步骤如下：

（1）第一步：各个机构采用深度度量学习算法在本地进行模型训练；

（2）第二步：各个机构向中心服务器发送加密的模型参数；

（3）第三步：中心服务器聚合加密的模型参数；

（4）第四步：中心服务器向各个机构发送更新后的模型，机构进行模型更新。

9.3.3 结果与讨论

我们首先对多机构训练的 scPrivacy（默认的 scPrivacy）和单机构训练的 scPrivacy 进行了基准测试与比较，以证明整合多个机构数据集的好处和必要性。这里，单机构训练的 scPrivacy（scPrivacy with single institution）表示通过使用一个机构数据集进行训练并在另一个机构数据集上进行测试的结果。多机构训练的 scPrivacy（scPrivacy with multiple institution）表示使用单个数据集来匹配、其他数据集来模拟分布在多个机构的数据集并整合训练 scPrivacy。为此，我们从四项研究中收集了 27 个数据集，以模拟机构间的数据协作场景：4 个大脑数据集、4 个胰腺数据集，以及来自不同研究的外周血单个核细胞的 7 个和 12 个数据集。同时，我们使用 15 个不同医院的患者外周血单个核细胞数据集，模拟多家医院合作，为新冠肺炎患者建立了一个自动化的细胞类型注释系统，但由于患者数据存在患者隐私问题，医院不能与其他机构直接共享患者数据的场景（图 9.8A）。相同组织的每个数据集被模拟为一个机构。从图 9.6A 和 B 中可以清楚地看到，多机构训练的 scPrivacy 与单个机构训练的 scPrivacy 相比，其模型性能得到极大的提升，表明整合多个机构数据集进行细胞类型鉴定的重要性。进一步，我们比较了外周血单个核细胞组织中每种细胞类型的 Macro-F1 评分。结果显示，scPrivacy 在几乎所有细胞类型中都取得了更好的性能，尤其是在难以区分的细胞类型中的提升尤为显著，进一步证明了整合多个机构数据集的优势和必要性（图 9.6B 和图 9.8B）。

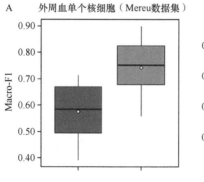
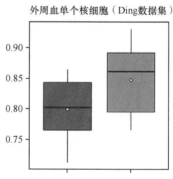

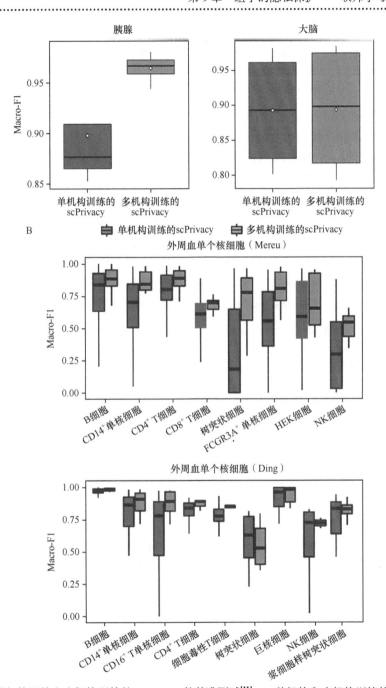

图9.6　单机构训练和多机构训练的scPrivacy的基准测试[11]。A. 单机构和多机构训练的scPrivacy 在外周血单个核细胞（Mereu 数据集）、外周血单个核细胞（Ding 数据集）、胰腺、大脑四个数据 集上的 macro F1。白色方块代表平均值。B. 单机构和多机构训练的scPrivacy 在外周血单个核细 胞（Mereu 数据集）、外周血单个核细胞（Ding 数据集）中每个细胞类型上的 macro F1。

然后，我们对于现有的非隐私保护下整合多个数据集的单细胞类型鉴定方法（scmap-cluster[29]、SingleR[28]、Seurat v3[33]和 mtSC[34]）进行基准测试。这次测试仍旧使用上述的 27 个基准数据集和 15 个患者数据集，所有方法均使用了单个数据集来进行匹配，其他数据集来模拟分布在多个机构的数据集并进行整合训练。值得注意的是，scPrivacy 以数据隐私保护的方式集成了多个机构数据集，而其他方法则直接访问所有原始数据集进行训练。结果如图 9.7A 和图 9.8C 所示，我们可以看到，尽管 scPrivacy 以数据保护的方式进行训练，其仍获得了最优的表现。我们进一步比较了外周血单个核细胞组织中每种细胞类型的 Macro-F1 评分，得出了一致的结论（图 9.7B 和图 9.8C）。

随着 scRNA 数据集的数量和大小快速增加，时间消耗是一个重要的问题。由于联邦学习的分布式特性，scPrivacy 的训练时间仅取决于所有机构数据集训练时间中的最大训练时间，而其他方法的训练时间是所有机构数据集训练时间的总和。因此，scPrivacy 具备了处理大规模单细胞数据的能力。从图 9.7C 中可以看出：①相较于 Seurat v3 和 mtSC，scPrivacy 消耗了更少的训练时间，更重要的是，scPrivacy

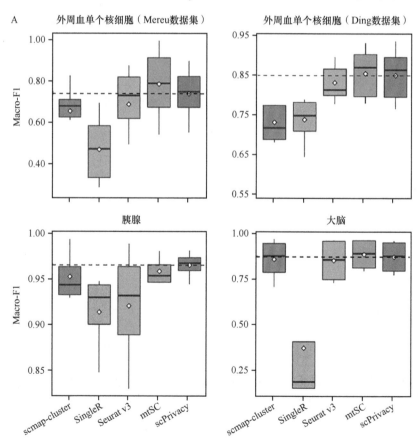

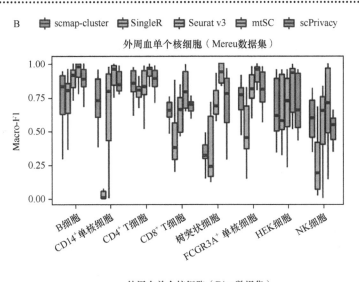

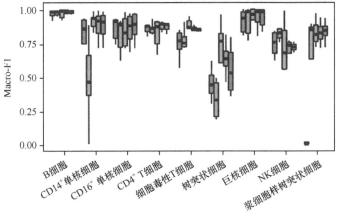

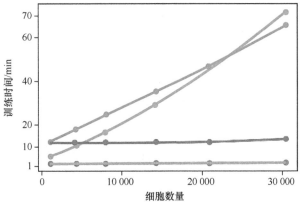

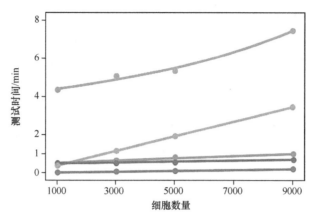

图 9.7 scPrivacy 与非隐私保护数据集整合方法的基准测试[11]。 A. scPrivacy 与非隐私保护数据集整合方法在外周血单个核细胞（Mereu 数据集）、外周血单个核细胞（Ding 数据集）、胰腺、大脑四个数据集上的 macro F1。白色方块代表平均值。B. scPrivacy 与非隐私保护数据集整合方法在外周血单个核细胞（Mereu 数据集）、外周血单个核细胞（Ding 数据集）上每个细胞类型上的 macro F1。C. scPrivacy 与非隐私保护数据集整合方法的训练时间和测试时间。

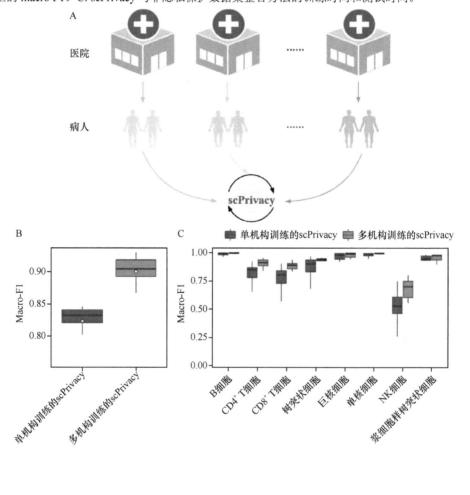

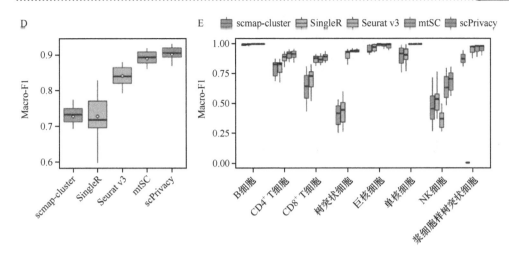

图 9.8 多家医院为新冠患者建立细胞类型鉴定系统的真实世界场景模拟。A. 模拟的流程图。B. scPrivacy 在单家医院和多家医院的 macro F1。C. scPrivacy 在单家医院和多家医院的患者数据集中细胞类型的 macro F1。D. scPrivacy 与非隐私保护数据集整合方法的 macro F1。E. scPrivacy 与非隐私保护数据集整合方法在每个细胞类型上的 macro F1。

所消耗的时间不会呈指数或线性增长，而是取决于所有机构数据集训练时间中的最大训练时间；②scPrivacy 的匹配过程迅速（对于 9000 个细胞，<1min），相较于除 scmap-cluster 之外的所有其他方法，scPrivacy 消耗了更少的时间（scmap-cluster 方法简单，但精度损失较大）。

9.3.4 案例小结

随着 scRNA-Seq 数据集呈指数级增长，整合多个机构数据集以构建更全面、更有效和更稳健的细胞类型鉴定系统迫在眉睫。然而传统方法面临着数据隐私保护的问题，本案例针对单细胞组学的隐私保护问题，提出了一个基于联邦深度度量学习的单细胞细胞类型鉴定框架 scPrivacy，通过隐私保护的方式整合多个机构数据集进行单细胞细胞类型注释，从而解决隐私问题。本案例在 27 个基准数据集和 15 个患者数据集上评估了 scPrivacy，证明了 scPrivacy 的有效性。

综上，scPrivacy 采用联邦学习算法来构建单细胞细胞类型鉴定模型，有效地解决了单细胞组学整合时的隐私问题（尤其是涉及患者），是联邦学习结合单细胞组学赋能组学数据挖掘的一个典型案例。

9.4 本 章 小 结

联邦学习是目前解决隐私安全问题的主流学习技术之一，适用于存在数据隐私安全隐患的组学挖掘场景，可在各个用户数据不离开本地的情况下，利用每个用户数据训练出高效的全局模型。联邦学习对于打破生物医学领域的数据隐私壁垒、提高生物医学数据的利用率具有重要意义。

联邦学习在生物医药领域有广阔的应用前景，本章向读者详细展示了两个案例：一是联邦学习结合药物组学进行药物 QSAR 预测；二是联邦学习结合单细胞转录组学进行细胞类型鉴定。

如何进一步设计更好的联邦学习算法，在利用所有数据的同时兼顾单个用户数据的特异性及贡献程度，是联邦学习未来发展的方向。详细内容读者可参考相关文献[39, 40]。

参 考 文 献

[1] Yang Q, Liu Y, Chen T, Tong Y: Federated machine learning: Concept and applications. *ACM Transactions on Intelligent Systems and Technology (TIST)* 2019, 10: 1-19.

[2] 郭子菁, 罗玉川, 蔡志平, 郑腾飞: 医疗健康大数据隐私保护综述. 计算机科学与探索 2021, 15: 14.

[3] Elmarakeby HA, Hwang J, Arafeh R, Crowdis J, Gang S, Liu D, AlDubayan SH, Salari K, Kregel S, Richter C, et al: Biologically informed deep neural network for prostate cancer discovery. *Nature* 2021, 598: 348-352.

[4] Kaissis GA, Makowski MR, Rückert D, Braren RF: Secure, privacy-preserving and federated machine learning in medical imaging. *Nature Machine Intelligence* 2020, 2: 305-311.

[5] Chen S, Xue D, Chuai G, Yang Q, Liu Q: FL-QSAR: a federated learning-based QSAR prototype for collaborative drug discovery. *Bioinformatics* 2021, 36: 5492-5498.

[6] Mcmahan HB, Moore E, Ramage D, Hampson S, Arcas B: Communication-efficient learning of deep networks from decentralized data. 2016.

[7] Bai X, Wang H, Ma L, Xu Y, Gan J, Fan Z, Yang F, Ma K, Yang J, Bai S, et al: Advancing COVID-19 diagnosis with privacy-preserving collaboration in artificial intelligence. *Nature Machine Intelligence* 2021, 3: 1081-1089.

[8] Dayan I, Roth HR, Zhong A, Harouni A, Gentili A, Abidin AZ, Liu A, Costa AB, Wood BJ, Tsai CS, et al: Federated learning for predicting clinical outcomes in patients with COVID-19. *Nat Med* 2021, 27: 1735-1743.

[9] Warnat-Herresthal S, Schultze H, Shastry KL, Manamohan S, Mukherjee S, Garg V, Sarveswara R, Händler K, Pickkers P, Aziz NA, et al: Swarm Learning for decentralized and confidential clinical machine learning. *Nature* 2021, 594: 265-270.

[10] Bercea CI, Wiestler B, Rueckert D, Albarqouni S: Federated disentangled representation learning for unsupervised brain anomaly detection. *Nature Machine Intelligence* 2022, 4: 685-695.

[11] Chen S, Duan B, Zhu C, Tang C, Wang S, Gao Y, Fu S, Fan L, Yang Q, Liu Q: Privacy-preserving integration of multiple institutional data for single-cell type identification with scPrivacy. *Sci China Life Sci* 2023, 66: 1183-1195.

[12] Xu J, Glicksberg BS, Su C, Walker P, Bian J, Wang F: Federated learning for healthcare informatics. *J Healthc Inform Res* 2021, 5: 1-19.

[13] Rieke N, Hancox J, Li W, Milletarì F, Roth HR, Albarqouni S, Bakas S, Galtier MN, Landman

BA, Maier-Hein K, et al: The future of digital health with federated learning. *npj Digital Medicine* 2020, 3: 119.

[14] Choudhury O, Park Y, Salonidis T, Gkoulalas-Divanis A, Das AK: Predicting adverse drug reactions on distributed health data using federated learning. *AMIA Annual Symposium proceedings / AMIA Symposium AMIA Symposium* 2020, 2019: 313-322.

[15] Xiong Z, Cheng Z, Lin X, Xu C, Liu X, Wang D, Luo X, Zhang Y, Jiang H, Qiao N, Zheng M: Facing small and biased data dilemma in drug discovery with enhanced federated learning approaches. *Science China Life Sciences* 2021, 65: 529-539.

[16] Saldanha OL, Quirke P, West NP, James JA, Loughrey MB, Grabsch HI, Salto-Tellez M, Alwers E, Cifci D, Ghaffari Laleh N, et al: Swarm learning for decentralized artificial intelligence in cancer histopathology. *Nat Med* 2022, 28: 1232-1239.

[17] Ma R, Li Y, Li C, Wan F, Hu H, Xu W, Zeng J: Secure multiparty computation for privacy-preserving drug discovery. *Bioinformatics* 2020, 36: 2872-2880.

[18] Yao AC: Protocols for secure computations. In *23rd annual symposium on foundations of computer science (sfcs 1982)*. IEEE; 1982: 160-164.

[19] Politou E, Alepis E, Patsakis C: Forgetting personal data and revoking consent under the GDPR: Challenges and proposed solutions. *Journal of Cybersecurity* 2018, 4: 1-20.

[20] de la Torre L: A guide to the california consumer privacy act of 2018. *Available at SSRN 3275571* 2018.

[21] Plass M, Solana J, Wolf FA, Ayoub S, Misios A, Glažar P, Obermayer B, Theis FJ, Kocks C, Rajewsky N: Cell type atlas and lineage tree of a whole complex animal by single-cell transcriptomics. *Science* 2018, 360: eaaq 1723.

[22] Guan YN, Li Y, Roosan M, Jing Q: Single-cell transcriptomics of murine mural cells reveals cellular heterogeneity. *Sci China Life Sci* 2021, 64: 1077-1086.

[23] Jiang H, Zhang H, Zhang X: Single-cell genomic profile-based analysis of tissue differentiation in colorectal cancer. *Sci China Life Sci* 2021, 64: 1311-1325.

[24] Xie X, Cheng X, Wang G, Zhang B, Liu M, Chen L, Cheng H, Hao S, Zhou J, Zhu P, Cheng T: Single-cell transcriptomes of peripheral blood cells indicate and elucidate severity of COVID-19. *Sci China Life Sci* 2021, 64: 1634-1644.

[25] Zhao Y, Wang T, Liu Z, Ke Y, Li R, Chen H, You Y, Wu G, Cao S, Du Z, et al: Single-cell transcriptomics of immune cells in lymph nodes reveals their composition and alterations in functional dynamics during the early stages of bubonic plague. *Sci China Life Sci* 2022, 66: 110-126.

[26] Regev A, Teichmann SA, Lander ES, Amit I, Benoist C, Birney E, Bodenmiller B, Campbell P, Carninci P, Clatworthy M, et al: The Human Cell Atlas. *Elife* 2017, 6: e27041.

[27] Rozenblatt-Rosen O, Regev A, Oberdoerffer P, Nawy T, Hupalowska A, Rood JE, Ashenberg O, Cerami E, Coffey RJ, Demir E, et al: The human tumor atlas network: Charting tumor transitions across space and time at single-cell resolution. *Cell* 2020, 181: 236-249.

[28] Aran D, Looney AP, Liu L, Wu E, Fong V, Hsu A, Chak S, Naikawadi RP, Wolters PJ, Abate AR, et al: Reference-based analysis of lung single-cell sequencing reveals a transitional profibrotic macrophage. *Nat Immunol* 2019, 20: 163-172.

[29] Kiselev VY, Yiu A, Hemberg M: scmap: projection of single-cell RNA-seq data across data sets. *Nature Methods* 2018, 15: 359-362.

[30] Li C, Liu B, Kang B, Liu Z, Liu Y, Chen C, Ren X, Zhang Z: SciBet as a portable and fast single cell type identifier. *Nature Communications* 2020, 11: 1818.

[31] Ma F, Pellegrini M: ACTINN: automated identification of cell types in single cell RNA

sequencing. *Bioinformatics* 2020, 36: 533-538.

[32] Duan B, Zhu C, Chuai G, Tang C, Chen X, Chen S, Fu S, Li G, Liu Q: Learning for single-cell assignment. *Science advances* 2020, 6: eabd0855.

[33] Stuart T, Butler A, Hoffman P, Hafemeister C, Papalexi E, Mauck WM, Hao Y, Stoeckius M, Smibert P, Satija R: Comprehensive integration of single-cell data. *Cell* 2019, 177: 1888-1902.e1821.

[34] Duan B, Chen S, Chen X, Zhu C, Tang C, Wang S, Gao Y, Fu S, Liu Q: Integrating multiple references for single-cell assignment. *Nucleic Acids Research* 2021, 49: e80.

[35] Chen S, Luo Y, Gao H, Li F, Li J, Chen Y, You R, Lv H, Hua K, Jiang R, Zhang X: Toward a unified information framework for cell atlas assembly. *Natl Sci Rev* 2022, 9: nwab179.

[36] Benefield H, Ashkanazi G, Rozensky RH: Communication and records: Hippa issues when working in health care settings. *Professional Psychology: Research and Practice* 2006, 37: 273-277.

[37] Halamka JD, Tripathi M: The HITECH era in retrospect. *N Engl J Med* 2017, 377: 907-909.

[38] Sohn K: Improved Deep Metric Learning with Multi-class N-pair Loss Objective. *30th Conference on Neural Information Processing Systems (NIPS)* 2016.

[39] Huang Y, Chu L, Zhou Z, Wang L, Zhang Y: Personalized federated learning: An attentive collaboration approach. 2020.

[40] Dinh CT, Tran NH, Nguyen TD: Personalized federated learning with moreau envelopes. Advances in Newnal Information Processing Systems 2020, 33: 21394-21405.

总结与展望

随着高通量测序技术的快速发展,组学(omics)数据挖掘是当今数据驱动(data driven)的生物医学研究的支撑性技术之一。人工智能技术的发展和应用,促进了"AI for Science"学科交叉研究范式的兴起。"21世纪是生命科学的世纪",21世纪也应该是人工智能(AI)的世纪。从AlphaGO到AlphaFold再到ChatGPT,颠覆性的AI技术和应用不断涌现。但当我们走向广阔的生物医学领域,你会发现,AI早就是个"老玩家"了,本书试图结合组学数据挖掘,对生物医学领域的AI理论和方法进行梳理与总结。需要说明的是,人工智能赋能生物医学研究,离不开对生物医学科学问题及领域数据特点和领域挑战的深刻理解,而非简单的机器学习方法学套用,这也是本书撰写的初衷。我们希望本书能够对相关领域的学生、老师、科研人员和产业人员等提供启发和指导,激发读者深入的思考,做到"授人以渔,抛砖引玉"。

如第1章所述,生物组学数据囊括众多,本书分享的研究案例中所涉及的组学数据包括基因组(genome)、转录组(transcriptome)、免疫组(immunome)、单细胞组(single cell ome)、药物基因组(pharmacogenome)、CRISPR功能基因组(functional genome)等;同样的,机器学习模型和算法层出不穷,但涉及生物医学数据的分析,笔者认为其核心思想仍是一种弱监督学习的体现,这种弱监督学习的范式包括:度量(第2章)、嵌入(第3章)、多模态整合(第4章)、半监督学习(第5章)、迁移学习(第6章)、元学习(第7章)、主动学习(第8章)。联邦学习(第9章)在生物医学领域亦是一种弱监督场景下隐私计算的特定方式。笔者建议读者以"弱监督"这一核心思想来理解本书的撰写逻辑和思路。从这个意义上说,机器学习算法的设计和应用,不是一个简简单单的模型套用和调参,而应该针对组学数据本身的特点来进行系统的发展,这也是"AI for Omics"所追求的最高目标。

本书所列举的若干研究案例以组学数据的精准医学应用为主,涉及靶点识别(第3章案例)、药物发现(第2章案例三,第6章案例二,第8章案例,第9章案例一)、精准用药(第5章案例)、免疫治疗(第7章案例)、基因编辑(第6章案例一)等多个具体领域。我们希望通过这些研究案例,向读者传递如下信息:有效的组学数据分析可以实实在在地解决临床科学问题。例如,现在火热的AI制药领域,正从传统的靶点驱动的药物发现范式向表型驱动的药物发现范式转变并深度融合，二者相辅相成，而后者离不开对于组学数据的深入分析和解读。

笔者将"人工智能（AI）"和"组学（omics）"作为提示词（promote）输入到跨模态生成的 ChatGPT 版本 Midjourney，获得了下图（图 1）。可以看到，生成的图形既包含了若干碳基元素（细胞、神经连接），也包含了若干硅基元素（方方正正的细胞，像一台台电脑）。也许，人工智能驱动的组学数据挖掘，就是一种"碳基智能"和"硅基智能"的完美融合！

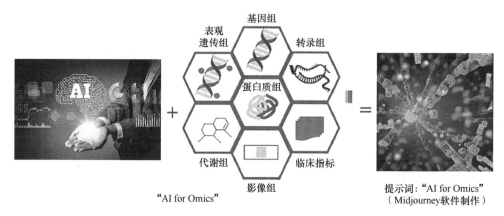

图 1 "**AI for Omics**"。将"AI for Omics"作为提示词输入到 Midjourney 生成式图像合成软件，可以生成右图所示的图像，该图像含有"碳基"元素（一个个细胞），同时也含有"硅基"元素（一个个细胞是方形的，正如一个个计算机），意喻组学人工智能的分析是一种"碳基智能"和"硅基智能"的融合。

最后，组学机器学习和"AI for Life Science"领域不断发展，笔者所展示的内容难免挂一漏万，只能算是"冰山一角"。该领域的发展离不开学者、研究员、产业从业者乃至决策机构的共同努力。在这种背景下，本书作为一本面向各种背景读者群的交叉学科书籍，希望能够满足大家对这一激动人心的前沿领域的基本需求，为进一步的深入研究打下坚实的基础。如果这本书能够对读者朋友不无裨益，作者诸君的心血和努力也就物有所值了。

术　语　表

A

AI 生成内容　　　　　　　　　　AI generated content，AIGC

B

表观遗传组　　　　　　　　　　epigenome
表型组　　　　　　　　　　　　phenome
靶点驱动药物发现　　　　　　　target-based drug discovery，TBDD
表型驱动药物发现　　　　　　　phenotypic drug discovery，PDD
标准化互信息　　　　　　　　　normalized mutual information，NMI
表示学习　　　　　　　　　　　representation learning
变分自编码器　　　　　　　　　variational autoencoder，VAE
半监督学习　　　　　　　　　　semi-supervised learning，SSL
标签传播算法　　　　　　　　　label propagation algorithm，LP

C

CRISPR　　　　　　　　　　　clustered regularly interspaced short palindromic
　　　　　　　　　　　　　　　　repeat
CRISPR 筛选　　　　　　　　　CRISPR screening
成像组　　　　　　　　　　　　imaginome
词嵌入　　　　　　　　　　　　word embedding
长尾分布　　　　　　　　　　　long-tail distribution

D

蛋白质组　　　　　　　　　　　proteome
代谢组　　　　　　　　　　　　metabolome
单细胞测序　　　　　　　　　　single cell sequencing
单细胞多组学　　　　　　　　　single cell multimodal omics
度量学习　　　　　　　　　　　metric learning
多标签分类　　　　　　　　　　multi-label classification
单细胞 CRISPR 筛选　　　　　　single cell CRISPR screening
大语言模型　　　　　　　　　　large language model，LLM
单细胞转录组测序　　　　　　　single cell RNA-seq，scRNA-seq
大型信息网络嵌入　　　　　　　large-scale information network embedding，LINE

多模态整合　　　　　　　　　multi-modality integration
典型相关分析　　　　　　　　canonical correlation analysis，CCA
定量构效关系　　　　　　　　quantitative structure-activity relationship，
　　　　　　　　　　　　　　　QSAR
定量结构性质关系　　　　　　quantitative structure-property relationship，
　　　　　　　　　　　　　　　QSPR
多层感知机　　　　　　　　　multilayer perceptron，MLP

F

非线性度量　　　　　　　　　nonlinear metrics
非负矩阵分解　　　　　　　　non-negative matrix factorization，NMF
非同源末端链接　　　　　　　non-homologous end-joining，NHEJ
负迁移　　　　　　　　　　　negative transfer

G

功能基因组　　　　　　　　　functional genomics
关联图谱数据库　　　　　　　connectivity map，CMap
高内涵 CRISPR 功能基因组筛选　high content CRISPR screening
干预组　　　　　　　　　　　perturbomics
概率隐语义分析模型　　　　　probabilistic latent semantic analysis，PLSA
高斯过程　　　　　　　　　　Gaussian process，GP
高斯混合模型　　　　　　　　Gaussian mixture model，GMM

H

宏基因组　　　　　　　　　　metagenome
混测序　　　　　　　　　　　bulk sequencing
横向联邦学习　　　　　　　　horizontal federated learning，HFL

J

基于 transformers 的双向编码器　bidirectional encoder representation from
　　　　　　　　　　　　　　　transformer，BERT
基因组　　　　　　　　　　　genome
机器学习　　　　　　　　　　machine learning，ML
简化分子线性输入系统　　　　simplified molecular input line entry system，
　　　　　　　　　　　　　　　SMILES
捷径学习　　　　　　　　　　shortcut learning
距离度量学习　　　　　　　　distance metric learning，DML
局部度量　　　　　　　　　　local metrics
剂量-效应曲线　　　　　　　　dose-response curve
解耦蒸馏　　　　　　　　　　disentanglement distillation
结构学习　　　　　　　　　　structure learning

K

KL 散度	Kullback-Leibeler divergence
空间组测序	spatial sequencing
可解释性 AI	explainable AI，XAI

L

LINCS	Library of Integrated Network-Based Cellular Signatures
连接组	connectome
连续词袋模型	continuous bag of word，CBOW
流形对齐	manifold alignment
联合用药	drug combination
零样本学习	zero-shot learning
联邦学习	federated learning，FL
联邦迁移学习	federated transfer learning，FTL

M

MDDM	multilabel dimension reduction via dependence maximization
免疫组	immunomics

P

PDX 模型	patient-derived tumor xenograft
PU 学习	positive and unlabeled learning，PU Learning
频率-逆文档频率	term frequency-inverse document frequency，TF-IDF

Q

潜在狄利克雷分配	latent Dirichlet allocation，LDA
嵌入	embedding
奇异值分解	singular value decomposition，SVD
权重近邻网络	weighted nearest neighbor，WNN
迁移学习	transfer learning，TL
群体学习	swarming learning，SL

R

人工智能	artificial intelligence，AI
人类基因组计划	Human Genome Project，HGP
人类细胞图谱计划	Human Cell Atlas，HCA
染色质开放测序	ATAC-seq
弱监督	weakly-supervised

S

数据驱动	data driven
三维基因组	3D genome
深度学习	deep learning
深度度量学习	deep metric learning，DML
自监督学习	self-supervised learning
随机森林	random forest，RF
神经图灵机	neural turning machine，NTM
数据填补	data imputation

T

t-分布随机近邻嵌入	t-distributed stochastic neighbor embedding，t-SNE
统一流形逼近与投影	uniform manifold approximation and projection，UMAP
图嵌入	graph embedding
调整后兰德指数	adjusted Rand index，ARI
图注意力网络	graph attention network，GAT

W

微调	fine-tuning
无遗忘学习	learning without forgetting，LwF

X

相似性学习	similarity learning
线性度量	linear metrics
相关成分分析	relevant component analysis，RCA
信息论度量	information-theoretic metric learning，ITML
相似性匹配	similarity matching
线性判别分析	linear discriminant analysis，LDA
向导 RNA	single-guide RNA，sgRNA
小样本学习	few-shot learning

Y

药物基因组	pharmacogenome
药物重定位	drug repositioning
药物作用机制	mechanism of action，MOA
隐含狄利克雷分布	latent Dirichlet allocation，LDA
隐语义索引模型	latent semantic indexing，LSI
与模型无关的元学习	model-agnostic meta learning，MAML

预训练	pre-train
域自适应	domain adaptation，DA
域泛化	domain generalization，DG
元学习	meta learning
异常值	outliers

Z

组学	omics
转录组	transcriptome
在线学习	online learning
大间隔最近邻	large margin nearest neighbor，LMNN
主成分分析	principal component analysis，PCA
正交变换	orthogonal transformation
自然语言处理	natural language processing，NLP
自编码器	autoencoder，AE
主题模型	topic modeling
折叠吉布斯抽样	collapsed Gibbs sampling
转录组测序	RNA-seq
组蛋白修饰免疫捕获测序	ChIP-seq
主动学习	active learning
自组织网络	self-organizing map，SOM
支持向量机	support vector machine，SVM
纵向联邦学习	vertical federated learning，VFL